高等学校电子信息学科"十二五"规划教材

红外辐射及应用

王海晏　编著

U0340768

西安电子科技大学出版社

内 容 简 介

本书由红外辐射的基本概念、大气传输、红外探测器及噪声、红外系统作用距离等基本理论、系统结构等内容构成,分别系统地介绍了红外物理、红外辐射的探测及影响探测的因素,典型红外系统结构、工作原理和技术特点,最后还讲述了有关红外对抗(包括红外隐身及性能评估等方面)的方法和基本概念,其中不乏笔者近年来的研究成果。

全书取材广泛,内容详尽,不论在理论上还是技术上都有深入的研究和探讨,在很大程度上既反映了理论研究的前沿,又反映了军事装备中用到的新原理和新技术。

本书可作为光电技术及应用、自动控制、导航、航空火力控制、导弹、雷达及对抗相关专业的本科生和研究生教材使用,也可供物理电子学、光学工程等专业学生和技术人员学习参考。

图书在版编目(CIP)数据

红外辐射及应用/王海晏编著. —西安:西安电子科技大学出版社,2014.8
高等学校电子信息学科"十二五"规划教材
ISBN 978 - 7 - 5606 - 3419 - 7

Ⅰ. ① 红… Ⅱ. ① 王… Ⅲ. ① 红外辐射-高等学校-教材 Ⅳ. ① O434.3

中国版本图书馆 CIP 数据核字(2014)第 181290 号

策　　划	马晓娟
责任编辑	雷鸿俊　马晓娟
出版发行	西安电子科技大学出版社(西安市太白南路2号)
电　　话	(029)88242885　88201467　　邮　　编　710071
网　　址	www.xduph.com　　　　　电子邮箱　xdupfxb001@163.com
经　　销	新华书店
印刷单位	陕西华沐印刷科技有限责任公司
版　　次	2014年8月第1版　2014年8月第1次印刷
开　　本	787毫米×1092毫米　1/16　印张 17
字　　数	402千字
印　　数	1～3000册
定　　价	30.00元

ISBN 978 - 7 - 5606 - 3419 - 7/O

XDUP 3711001—1

＊＊＊如有印装问题可调换＊＊＊

本社图书封面为激光防伪覆膜,谨防盗版。

前　言

　　红外辐射既是古老的研究课题，又是当今科技前沿的发展方向之一。如今，红外技术不论是民用还是军用，不论是原理、材料，还是应用技术，都有长足的发展。然而，红外辐射的许多现象和应用对很多人来说，好像很熟悉，但又不能很准确地解释和说明。但是，毫无疑问，红外辐射的研究和红外技术的应用已经到了一个飞速发展的时期，作为科技工作者和从事相关教学工作的人员，应该很好地把握这一领域的动向和基本技术。

　　撰写本书正是基于以上原因，同时也是笔者教学工作的需要。当然，教学工作的需要也就是军事装备发展的需要。

　　在未来战场上，具备深厚理论基础和宽广专业知识的各类科技人员无疑是装备完好保障的重要条件之一。对于在现役和未来装备中占的比例越来越大的红外系统和相关装备的基础知识、基本技能知识的学习及掌握，也是培养这类科技人员必要的手段之一。

　　本书定位为工程技术应用类图书。但读者在阅读过程中可以发现，书中对许多物理过程用了大量的篇幅进行定性、定量的数学描述。这是笔者一种观念的体现。笔者认为，工程人员与理论研究者同样应该具有深厚的理论基础知识和方法，正像理论工作者也应该熟悉工程设计技能一样。他们之间的区别不应该在知识背景和层次上，而只应该在工作的侧重点方面。前者侧重工程实现，后者侧重理论创新。因此，本书在编写过程中非但没有避免数学公式的描述，而尽可能用严谨的数学描述介绍工程内容，目的就是希望读者学会甚至养成用科学的语言——数学去描述问题的习惯。而一旦建立这样的思维方式和描述问题的方法，工程人员的技术生命从某种意义上讲才能长久，工程创新才能源源不断。笔者在教学和编写本书的过程中，在这一方面进行了尝试，希望能收到成效。

　　本书以红外辐射的基本概念为起点，以红外辐射的传输、探测（包括噪声）、各类红外系统构成以及涉及的相关技术为延伸拓展，最后以军用红外技术和系统（尤其是在航空机载类）的应用为结尾总成全书，同时又提出红外技术新应用的一些基本概念，作为研究的新起点。

　　全书共9章，各章的主要内容如下：

　　第1章是关于红外辐射和应用的概论，介绍了光电技术、红外探测器以及机载光电系统设备的现状、特点与发展趋势。

　　第2章是红外辐射的定量描述、红外辐射遵循的定律和计算以及红外辐射大气传输的一些规律、大气透过率的测量方法。

　　第3章详细讨论了红外技术的核心器件——红外探测器。首先将红外探测器中用到的半导体知识做了一个简单介绍，然后介绍了红外探测器的性能参数，继而介绍了红外探测器的分类和工作原理，其中还介绍了行波探测器、共振腔探测器等概念。在光导和光伏探测器的理论部分，用了大量的篇幅对这两种器件的物理原理进行了详尽的描述。最后还讨论了谱测量、制冷等与红外探测器相关的技术内容。

量子阱红外探测器是近些年发展起来的新型探测器，笔者认为量子阱光电探测器将是人类认识光辐射乃至探索自然规律的利器之一，因此，单独用第 4 章专门介绍了量子阱红外探测器及其相关应用和技术。

在各类信号探测过程中，人们对系统噪声特性的研究远比信号要少。然而，噪声在某种程度上却比信号本身更能反映出一个探测系统的结构特性和功能特性。因此，本书在第 5 章专门讨论红外辐射探测器中噪声的问题。在本章的后半部分，应用量子理论分析了散粒噪声，这部分内容连同第 3 章的后半部分也是笔者"用数学描述问题"观点的体现之一。

第 6 章是红外光学系统和光学材料的介绍。首先介绍了光学系统的基本概念、调制、空间滤波和红外窗口材料，还讨论了机载红外窗口的设计问题，最后介绍了负折射材料。

第 7 章是红外成像跟踪的内容。首先将热成像系统按照扫描形式分成三大类，分别介绍了它们的原理；然后对成像系统的参数、性能进行了讨论，并介绍了成像系统性能及其测试以及成像系统的具体应用——成像跟踪系统；最后还介绍了量子成像的概念。

在机载红外设备中，方位探测、搜索系统是非常重要的红外设备。第 8 章中，对机载红外成像跟踪系统的一些基本原理与基本技术进行了介绍和研究。

第 9 章研究了红外系统的作用距离与红外隐身。首先研究了点源、面源目标探测系统的作用距离；然后讨论了虚警概率与探测概率。在红外隐身部分中，不仅给出了模型，还进行了探测距离的估算和隐身效果的评估，并且提出了一些关于红外隐身性能的新概念，希望能在进一步的研究中起到抛砖引玉的作用；最后简要介绍了红外定向对抗系统。本章中笔者再次试图利用理论描述工程性很强的实际问题，即红外隐身问题。

学习本书，读者应具有一定的电路、计算机、物理光学、简单量子力学的基本概念等基础知识。本书适合从事光电技术的相关人员阅读，也可作为高等院校物理电子学、光学工程等专业本科生教材，个别章节可以作为研究生教学资料。

本书在编写过程中参考了大量国内外文献和资料，由于篇幅所限，不能一一列出，在此特向各位作者表示感谢。

由于笔者水平有限，书中难免存在疏漏与不足，敬请读者批评指正。笔者的电子邮箱：whh_shx@sohu.com。

编 者

2014 年 4 月

目　　录

第1章

概　　论

1.1　光电技术及探测器

　　光电技术是以激光、红外、微电子技术为基础，由光学、电子、精密机械和计算机技术相结合而形成的一个高新技术领域。近几十年来，这一新技术得到了长足的进步与发展，已形成多种军用光电装备，广泛用于侦察、火控、制导、遥感、预警、导航、通信、训练模拟及光电对抗等领域。应用光电技术构成的各式光电探测器、光电传感器在现代战争中显示了强大的威力，由激光、红外、电视等光电传感器构成的光电火控系统在电子对抗中发挥了愈来愈大的作用。目前，世界各种先进的火控系统几乎都配有光电系统。从空军用的光电制导平台和吊舱、地炮和高炮的光电坐标仪、坦克的夜视瞄准具到海军用的光电反导系统，它们都是现代战争的宠儿。

　　红外技术是一项既古老又年轻的技术。两百多年前人们就发现了红外线的存在。1800年，英国科学家赫歇耳用分光办法把可见光展开成七色光，并把各色光分别照在温度计上，发现在红光外依然有可以使温度计的温度升高的部分，而且升得更快；红外一词也源于此，意即在红光以外的辐射。利用这一点做成的红外加温装置是众所周知的，如工业用红外烤炉、红外加温箱、医用红外治疗机等。红外技术在军事上的应用是在人们发现各种物质都能发射红外辐射以后才开始的。19世纪末，科学家们对红外辐射的性质认识更加透彻了，著名的斯特芬—玻耳兹曼定律和维恩位移定律相继问世。红外在军事上的应用促进了红外光谱学、红外大气光学以及各种敏感红外元件、材料的发展。之所以说红外技术是一门年轻的技术，是由于近20多年来一直围绕红外应用的各种元器件、材料，特别是近年来半导体工艺、微电子学的迅猛发展，大大促进了红外技术的应用。红外技术在军事上的应用由简单的红外探测定向发展成了各式红外热成像仪器，应用范围从航天到陆海空三军。红外目标寻的头是精确制导武器关键的目标传感装置。随着红外热成像仪器光机扫描器的进一步小型化和红外焦平面阵列器件的进一步成熟，红外目标寻的头的性能将进一步提高，将具有对目标成像和识别功能，从而可实现"发射后不管"。红外热像仪作为侦察、跟踪仪器，可以在夜晚如同白昼一样进行观察。

　　红外探测器是红外技术的核心内容。红外探测器可分为两类，即热探测器和光电探测器。光电探测器的工作原理是目标红外辐射的光子流与探测器材料相互作用，并在灵敏区域产生内光电效应。因具有灵敏度高、响应速度快的优点，光电探测器在预警、精确制导、火控和侦察等红外探测系统中得到了广泛应用。红外焦平面阵列可探测目标的红外辐射，通过光电转换、电信号处理等手段，可将目标物体的温度分布图像转换成视频图像，是集光、机、电等尖端技术于一体的红外光电探测器。目前，许多国家，尤其是美国等西方军事发达国家都花费大量的人力、物力和财力进行此方面的研究与开发，并获得了成功。

红外光电探测器研究从第一代开始至今已有 40 余年的历史，按照其特点可分为三代。第一代（1970—1980 年）主要是以单元、多元器件进行光机串/并扫描成像，还包括以 4×288 为代表的时间延迟积分（Time Delay Integration，TDI）类扫描型（Scanning）红外焦平面列阵。单元、多元探测器扫描成像需要复杂笨重的二维、一维扫描系统结构，且灵敏度低。第二代红外光电探测器是小、中规格的凝视型（Staring）红外焦平面列阵。$M \times N$ 凝视型红外焦平面探测元数从 1 元、N 元变成 $M \times N$ 元，灵敏度也分别从 1 与 $N^{1/2}$ 增长 $(M \times N)^{1/2}$ 倍和 $M^{1/2}$。而且大规模凝视焦平面阵列不再需要光机扫描，大大简化了整机系统。目前，正在发展第三代红外光电探测器。红外光电探测器具有大面阵、小型化、低成本、双色（Two-color）与多色（Multi-color）、智能型系统级灵巧芯片等特点，并集成有高性能数字信号处理功能，可实现单片多波段融合高分辨率探测与识别。

除了常规探测器的发展以外，目前基于量子效应的量子探测器技术正蓬勃发展。量子阱探测器（QWIP）是利用量子阱中能级电子跃迁原理实现目标的红外辐射探测，其探测波长可覆盖 $6 \sim 20~\mu m$。由于材料和器件工艺成熟、产量高、成本低，经过近 15 年的快速发展，QWIP 已成为长波致冷型红处焦平面器件的两大主要分支之一。基于"能带工程"和"波函数工程"获得的量子阱材料，能级结构可"柔性裁减"的 QWIP 非常适合于发展双色、多色的红外焦平面列阵器件。目前，美国和英国、法国、德国、瑞典等欧洲发达国家已研制出全电视制式的 640×512（包含 640×480）长波红外焦平面器件和中等规模的 320×240（包含 256×256 和 384×288 格式）双色器件产品。美国 NASA/ARL 联合研制的大面阵 1024×1024 长波红外焦平面和 NASA/JPL 研制的 1024×1024 双色、640×512 四色红外焦平面，代表了当前 GaAs/Al—GaAs 量子阱红外探测器的最高研究水平。量子点（QDIP）又称"人造原子"，目前作为提高电子与光电子器件性能的一种手段，已经被广泛应用。量子点的尺寸很小，通常只有 10 nm，因此其具有独特的三维光学限制特性。与量子阱红外光电探测器相比，量子点红外光电探测器具有无需制作表面光栅就能响应垂直入射的红外光照射以及工作温度更高等优势。

虽然 HgCdTe 材料存在制备困难、均匀性差、器件工艺特殊和稳定性差等缺点，致使 HgCdTe 红外光电探测器的成品率低，为此，人们始终没有放弃寻找更低成本、更高稳定性的新型红外光电探测材料的努力，但是，在量子效率、工作温度、响应速度和多光谱探测等综合性能上，迄今还没有一种新材料能同时具有等同或超过 HgCdTe 材料的优点。因此，为满足未来军事、天文和航天应用更高的性能要求，HgCdTe 材料在未来相当长的时期内仍然是第三代、第四代 IRFPA（红外焦平面阵列）探测器的首选。与此同时，HgCdTe 红外探测器自身也在进行降低成本、拓展波长等努力，以提高竞争力。

QWIP 光电探测器是 GaAs 基材料，在本身材料与器件工艺方面具有稳定性高、成本低的优势。相对 HgCdTe 探测器而言，QWIP 在均匀性、成本方面具有明显的优势。但是，QWIP 红外光电探测器的量子效率比碲镉汞低约 1 个数量级，同时工作温度要求要低约 $10 \sim 30$ K。从 IRFPA 探测器的功能特征上看，QWIP 技术将重点在 VLWIR（超长波红外）和超大规模方面拓展自身的优势。

InAs/GaSb 二类 SLS 红外光电探测器是新一代的红外探测器材料。由于 InAs 和

GaSb 的最优生长温度并不相同，以及 InAs/GaSb 界面有类 InSb 和类 GaAs 界面两种类型，致使高质量 InAs/GaSb 超晶格材料的外延生长成为获得 SLS 红外光电探测器的关键。在器件制备技术上，InAs/GaSb 超晶格探测器需要有效抑制台面侧壁的表面漏电。在解决了材料生长与器件制备工艺后，二类 SLS 红外光电探测器将是第三代、未来第四代红外光电器件技术的重要发展方向之一。

与 QWIP 光电探测器相比，QDIP 红外探测器具有直接响应垂直入射红外光照射以及工作温度更高等优势。然而，目前阻碍 QDIP 红外探测器性能提高的技术瓶颈主要是组装量子点尺寸均匀性较差和量子点密度较低。在提高了量子点尺寸均匀性与密度后，QDIP 将是第三代、未来第四代红外光电器件的重要材料选择。

随着材料、器件和系统技术的进步，探测器将向更多的光谱波段发展，以获得目标的"彩色"热图像，更丰富、更精确、更可靠地得到目标的信息。双色与多色红外探测器通过在深度方向上垂直集成两个、多个波段的探测结构，不仅能实现两个波段的探测在空间上完全同步，为准确地获取目标信息提供一个真正意义上的新自由度，而且可极大地提高目标的识别能力。这对存在模糊背景或者目标特性过程中不断发生变化的目标探测而言，具有非常重要的意义。叩以预见，发展大列阵规格、小像元尺寸的双色和多色工作的红外焦平面阵列光电探测器将是 2020 年前世界各国研究的重要内容。

红外主被动三维双模成像探测器采用单一器件，实现对激光返回信号以及热红外信号进行同时集成探测成像，是本世纪初针对军事需求而提出的新概念。在像素级水平上对微弱光信号进行放大和信号时间的精确测量，可实现对红外辐射信号以及激光返回信号的高灵敏度、高速探测和成像，为目标探测和识别提供新的自由度。该技术的优势是基于红外被动和主动探测的互补，可提高红外探测系统在复杂战场环境下的目标识别能力（红外像、轮廓像和距离像）。

高级的红外成像系统要求光谱分辨率越来越高，并将经历多光谱、高光谱和超光谱的发展过程。目前，国际上通常都采用在红外光学系统上设置棱镜、光栅等对红外辐射进行分光，以实现红外多光谱、高光谱成像。一种新型的多光谱成像技术是基于微机械系统（MEMS）结构列阵的像素级分光型红外焦平面探测器来实现的。该类红外焦平面探测器的每个像元在各自目标辐射入射方向上都对应一个分立的微机械系统结构，并通过红外焦平面探测器读出电路给像素级微机械系统结构提供输入电压来控制每个像元上入射红外辐射的波段。这种基于像素级分光功能的红外焦平面探测器可有效简化多光谱成像的光学系统，其高的光谱选择灵活性和分光精确性会推动多光谱成像技术的深入发展。

红外偏振成像技术可以很好地解决普通红外探测技术常遇到的背景杂乱问题，比传统的红外成像技术在目标感知、认知和识别上有着明显的优势。为有效利用目标的反射辐射和自发辐射中包含的偏振信息，国外早在 20 年前就已经开展了相关的偏振选择红外焦平面探测器和红外偏振成像技术的研究。偏振红外探测器是在红外焦平面探测器的前视光场上集成了具有起偏功能的像素级金属网格光栅列阵或光子晶体等，以实现某一波长内的 S 光、P 光分离，即实现偏振。通过新增一个获取目标偏振信息的维度，基于偏振红外探测器可提高目标识别的准确性和有效性，对未来的红外成像系统可发挥重要的作用。

总之，为简化红外成像系统结构并提高探测的可靠性与探测性能，红外焦平面探测器的复杂度和集成度会越来越高，捕获的信息必然会越来越丰富。换言之，未来在红外探测技术从初级阶段向中级阶段、高级阶段发展的驱使下，红外光电探测器将主要依托多层材料的精密生长技术、智能处理的读出电路技术和微纳结构的精细加工技术，不断探索新型材料、新颖结构和光机电集成一体化等的集成与耦合技术，以提升未来红外光电系统的应用价值。

基于以上论述，本书将对上述探测器进行详细介绍和深入研究。

1.2 军用光电系统的特点、结构与应用

军用光电系统的种类非常多，按照不同的功能主要可以分成以下几类。

1. 夜视系统

夜视系统主要包括主动红外夜视系统和微光夜视系统两类。主动红外夜视系统需自带近红外探照灯，被照明目标反射的红外光经光学系统成像在变像管的光电阴极上，再经变像管转换，由其荧光屏上输出可见的目标像，人眼通过目镜进行直接观察。这种观察对人眼来说是隐蔽的。其作用距离除取决于变像管和光学系统的特性外，还与红外探照灯所辐射的与变像管光电阴极光谱特性相匹配的红外光的功率密切相关。其观察距离约为 1 km。这种系统的优点是对比度好，可识别某些伪装；缺点是当对方也有此类系统时，红外灯源极易被对方发现，发现距离约为观察距离的三倍。微光夜视系统的工作是依赖于夜间非月光的夜天可见光波段光辐射，利用像增强器配以光学系统实现直接观察。这类系统的观察距离通常在 0.75～1.5 km。当采用大口径、大相对孔径的光学系统时，作用距离可达数千米，海上可达 10 km 以上。这种系统的优点是被动工作，隐蔽性好；缺点是对比度较差，受天空情况变化的影响较大。以上两种系统无专门的选通技术配合时，都不能在雾天甚至薄雾条件下工作。

2. 红外热成像系统

红外热成像系统的工作依赖于目标自身的热平衡辐射，主要工作波段为中、远红外的两个大气窗口，即 $3～5~\mu m$ 和 $8～14~\mu m$。它是以完全被动的方式工作的，通常认为 $3～5~\mu m$ 波段的热成像系统可通过薄雾及烟尘观察目标，而 $8～14~\mu m$ 的热成像系统可通过中等雾和烟尘进行观察。大雾是一切光电系统的大忌。由于探测器技术、致冷技术、红外光学系统以及电子技术的发展，已使热成像系统发展到了相当高的水平，已为各军种中各种装备上所配备。如一些国外的通用组件热像仪，在视场为 $3.4°×6.8°$ 时分辨角达 0.5 mrad，而视场为 $1.1°×2.2°$ 时分辨角可达 0.167 mrad。它们的最小分辨温差都在 0.3℃ 左右。光电成像系统开始只用于一般的观瞄系统，目前已成为各类军用光电系统的重要组成部分，由于它们的引入也使各类系统的性能有了很大的提高。

3. 光电火控系统

光电火控系统应用于火力系统中，是以光电的方式实现高命中率的控制系统。它是建立在光电技术和计算机技术基础上的新型火控系统，也是各种火控领域的一大重要分支。通常要求火控系统应具有如下功能：完全被动地、高分辨率地对目标实现探测、跟踪、识别和精密测距；良好的抗电磁干扰的性能，以及具有对抗和反对抗的功能；具有目标外形姿态、弹体轨迹的直接观察和显示功能，具有弹体脱靶量测量及校正功能；能"准全天候"

地进行工作。以上是一般要求，在目前的火控系统中，有些功能还不能实现。目前，光电火控系统的组成有多种，有的单纯采用各种光电传感器，有的是光电兼用雷达等传感器的组合，它们可以是独立的火控系统，也可以是大型火控系统的一部分。在光电火控系统中，用于捕获、识别、监视或跟踪目标的传感器常采用电视、微光电视或红外热像仪等，而用于测距的多为激光测距系统，用于图像及信号处理的是火控计算机。

4. 光电制导技术

光电制导技术是目前光电技术应用于军事装备中的发展最快、种类最多且最为活跃的技术。光电制导技术的任务是使攻击性武器完成对待袭击目标的跟踪或"寻的"的作用，也可以说是把视觉和控制功能延伸到弹体上。光电制导中的"热"制导技术不仅可以精确攻击飞机、直升机或来袭弹等"热"目标，也可针对常温下辐射差很小的"冷"目标，如表观温度不到1℃的目标。光电制导有多种分类方法，如按工作波段可分为可见光与红外两类，按工作方式可分为主动式和被动式两类，按信息形式可分为非成像制导和成像制导，按使用方法又可分为发射前锁定目标和发射后通过指令线锁定目标两种。

5. 非成像红外制导技术

非成像红外制导的目标通常为机动目标上的高温热源，如飞机的尾喷口和尾焰等，并以此为点目标来处理。将红外导引系统安装在导弹上，导弹发射前对目标进行大致瞄准，使目标在导弹可捕获的范围内即可发射，发射后利用红外位标检测系统，测定导弹轴线与目标间的偏角误差信号，以此控制导弹方位修正，进而击中目标。

6. 热成像制导技术

热成像制导装备主要由热像仪与微机组成。将热像探测头置于弹头，飞行中将目标信息送回发射处，由射手判断控制导弹跟踪目标，使之精确打击目标。有的将热像探测头与微机一起置于弹头，飞行中自行进行图像处理和决策，按预先锁定的目标进行形心跟踪或自相关跟踪。这是目前最高形式的制导方式。此外，还有激光制导、电视制导等方式，这里不再讨论。

上面大致介绍了目前光电技术在军事武器装备上的主要应用。通过以上的综述不难看出，目前军用光电系统的性能已具有很高的水平，许多方面的性能是采用其他方法所达不到或很难达到的；从中也可以看出，在与这些装备打交道时，不能不采取对抗的措施，不然很难保存自己，更谈不上消灭敌人。这就是光电对抗技术研究的必要性、迫切性和高技术性的理由。

1.3　机载光电系统设备的现状、特点与发展趋势

1.3.1　军用红外光电系统的分类

虽然光电系统的基本组成大体类似，但就其工作原理、应用目的和使用场所来讲又是千变万化的，分类方式也多种多样。例如，按主动（有源）工作还是被动（无源）工作分类，按装置的扫描方式分类，按信号处理的方式分类，按应用载体分类以及按用途分类等。但由于相互穿插，又很难作出明确的分类。

本书从系统工作的基本目的和原理出发，将光电系统分为以下三大类。

1. 探测与测量系统

探测与测量系统主要是通过测量待测目标的光度量和辐射变量，对其光辐射特性、光谱特性、温度特性、光辐射的空间方位特性等进行记录和分析，如光照度计、光亮度计、辐射计、光谱仪、分光光度计、测温仪、辐射方位仪等。这些系统多用于测定或计量目标反射、辐射等基本参量，用于对其基本光辐射特性进行分析。

2. 搜索与跟踪系统

搜索与跟踪系统主要通过对视场内的搜索，发现特定的入侵或运动的目标，进而测定其方位，进行跟踪，如导弹制导装置、寻的器、光电搜索与跟踪系统、光电预警系统、光电探测系统、光电测距与测角仪、红外导航系统等。

3. 光电成像系统

光电成像系统主要通过像管（像增强器）或扫描实现对观察视场内的目标进行光电成像，如主动夜视仪、微光夜视仪、CCD 摄像机、微光电视、红外显微镜、光机扫描热像仪、周视全景成像系统等。这里要说明的是目前的成像系统除用于观、瞄外，已大量应用于前述的两类系统中，使上述系统获得更全面的信息，更好地完成各自的功能。

1.3.2 军用红外光电系统的基本构成

军用红外光电系统主要由目标与背景的红外辐射、红外辐射的大气传输、红外光学系统、红外探测器、信号处理单元、输出或控制单元和主动照射光源组成，如图 1-1 所示。在一些系统内，有些部分可能没有，有的又会因某个特殊功能的需要而增加一些其他的部分。

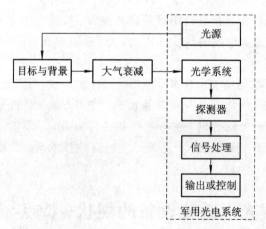

图 1-1 军用光电系统组成框图

军用红外光电系统的工作过程为：由景物（包括目标和背景）发出的红外辐射经过空间传输到红外光学系统，光学系统接收景物的红外辐射，并将景物的红外辐射会聚在红外探测器上，由探测器将辐射转换成电信号。信号处理单元将探测器送来的电信号处理后便得出与目标温度、方位、相对运动角速度等参量有关的信号。最后由输出或控制单元显示出来或以此作为控制信号，实现系统所需要的某种功能。

下面对各组成部分进行介绍。

1. 目标与背景的红外辐射

由于自然界中实际景物的温度均高于绝对 0 K，因此所有的物体(包括目标和背景)都会产生热辐射，而通常温度在 7000 K 以下的物体热辐射的波段均集中于可见光、红外及远红外波段。

目标与背景的红外辐射特性，对于红外系统是十分重要的。所谓目标就是红外系统对其进行探测、定位或识别的对象，而背景就是从外界到探测装置的可以干扰对目标进行探测的一切辐射功率。任何一个红外系统都是针对具体目标使用的，例如当从空中红外系统侦察地面的军事设施时，该军事设施就是它的目标，周围的工厂、树木与山河均属于背景；反之，如果目的是作森林资源勘探，则树林周围的其他物体全是背景。因此，目标和背景实际上都是相对而言的。

2. 红外辐射的大气传输

对于野外使用的红外仪器设备来说，目标和背景辐射的红外线都要通过大气才能到达红外接收器。由于大气的吸收和散射作用，红外辐射将发生衰减。这种大气对红外辐射的传输削弱作用，通常称为大气衰减。大气衰减对红外系统的探测性能有着直接影响，它决定了红外探测装置能否接收到目标辐射，以及能接收到多少辐射，也就是探测的灵敏度的问题。因此，研究红外辐射在大气中的传输规律是十分重要的，它将有助于在设计和使用时减小这些衰减因素，提高探测器的信噪比。

3. 红外光学系统

光学系统通常由光学物镜、光学滤波器、光学调制器、光机扫描器等多种部件组成。其中，光学物镜用于收集入射的光辐射，并将其聚集或成像到探测器上；光学滤波器用于配合探测器的光谱特性，共同确定系统所探测的光谱范围；光学调制器用于对入射光辐射进行调制，将连续的或恒定的光辐射转换为具有一定规律或包含目标方位信息的交变的光辐射；光机扫描器用于使单元或非凝视多元探测器能按一定规律连续而完整地分解目标图像。可见，光学系统实现的主要功能概括为聚焦、调制、扫描、光学滤波等。

4. 红外探测器

红外探测器是红外系统的核心，其主要功能是将入射的光辐射转换为电信号。就其原理来说，探测器可分为光电探测器和热电探测器两大类。

光电探测器是基于光辐射的光子与物质中的电子直接作用而使物质电学特性发生变化的光电效应。由于光子和电子间的直接作用，因此光电效应的灵敏度高，反应速度较快。此外，由于光子的能量与光辐射的波长有关，且材料的电学特性变化存在阈值等，因此光电效应的光谱特性对光谱有选择性，且有红限存在。

热电探测器的基础是热电效应，光辐射的能量被某些物质吸收，产生温升而使其电学特性发生变化。由于这类探测器增加了升温过程，因此热电效应的反应速度较慢，灵敏度较低。但由于有吸能升温过程存在，使这类探测器具有一个重要的特性，即只要吸收光辐射的材料足够"黑"，则其光谱特性将无选择性。

就其形式来说红外探测器有单元、串联多元、并联多元、并串联多元、多条扫积型、凝视型等探测器。此外，还有光电阴极面、光电靶面探测器等。可按照各种军用光电系统的实际需要，适当地选用不同原理、不同类型、不同形式、不同材料的探测器。

5. 信号处理单元

军用红外光电系统的信号处理单元具有多样性，归纳起来主要包括以下几部分：

（1）为使红外探测器工作在所要求的合理的工作点上，就需要设计适当的偏置电路。例如，光敏电阻的偏置电路根据工作要求不同可以有恒流偏置、恒压偏置及最大输出功率偏置电路，探测器不同，所要求的偏置电路亦不同。

（2）为使红外探测器偏置电路获得的信号电平得到提高，首先应采用前置放大器进行放大。这种放大器根据工作要求，与偏置电路间可以是功率匹配，也可以是最佳信噪比匹配。军用光电系统中因信号通常很弱，一般采用后者。

（3）经前置放大后的信号，按照不同系统功能要求采用完全不同的信号处理电路。归纳起来可以包括各种类型的放大器、带宽限制电路、检波电路、整形电路、钳位电路、直流电平恢复电路、有用信号提取电路等。

（4）为使各种电路正常工作，还必须要有专门的满足各自需要的电源，有些电源还可能有很特殊的要求。

6. 输出或控制单元

输出或控制单元是红外光电系统检测到的目标信号的最终表现或应用的形式。有些系统只需要目标信号的显示和记录，那么可以通过显示屏显示、数字显示或指针式显示，以供人眼判读。也可通过其他多种记录方式记录所获得的信息。有些系统在获得目标信号后不仅需要判读，还需要把它作为控制信号，达到某种控制的目的。这样目标信号还要通过A/D变换、计算机处理、D/A变换以及其他的专用控制部件，完成系统要求的控制功能，如红外跟踪与制导系统。

7. 主动照射光源

当物体受到外来的光源辐照时，会产生反射、吸收和透射现象，利用这些现象做成的红外光电系统，称为"主动的红外光电系统"，如激光测距系统、激光制导系统、激光雷达、主动红外夜视仪等。主动照射光源通常采用不同波段、不同功率的激光器来实现。

1.3.3　军用红外光电系统及其发展趋势

军用红外系统是以光电器件（主要是激光器和红外探测器）为核心，将红外光学技术、电子、微电子技术、计算机技术和精密机械技术等融为一体，具有特定战术功能的军事装备。具体来讲，可以定义为是一种用于接受来自目标反射或目标自身辐射的红外辐射，通过变换、处理、控制等环节，获得所需要的信息，并进行必要的处理的红外光电装置。它的基本功能是将接收的光辐射转换为电信号，并利用它去达到某种实际应用的目的。例如：测定目标的光度量、辐射度量或各种表观温度；测定目标光辐射的空间分布及温度分布；测定目标所处三维空间的位置或图像等。利用这些所测信息，按实际应用的要求进行处理和控制，分别构成诸如成像、瞄准、搜索、跟踪、预警、测距、制导等多种军用红外光电系统。

目前，各国先进的军用飞机和直升机都配有机载光电设备，完成目标搜索、跟踪、测距、精确制导武器投放、火控、夜间低空导航、夜间侦察、夜视、光电对抗等任务，明显提高了作战能力。

机载光电系统的主要战术应用范围包括：对空目标搜索、跟踪，对地目标搜索、跟踪，战场态势感知、导弹来袭告警、辅助导航与起飞着陆等。

机载光电探测系统的发展趋势是多光谱多波段的综合以及全面的数据融合，它主要表现在：

· 多光谱多波段综合。随着双色甚至三色红外成像器件的大规模应用，多个波段同时工作已成为可能，也为进一步的图像融合、自动目标探测与识别、自动攻击与防卫提供了技术基础。

· 光电探测系统受其工作原理的限制，在某些战场条件如尘埃、烟雾等情况下，工作性能下降，而目前电磁微波雷达的技术进步也同样是日新月异的，将两种不同类型、不同工作原理的探测技术互相综合，在信息处理上实现真正的融合，是大幅度提高机载探测能力的必由之路。

· 光电探测系统如何在隐身飞机上实现是目前急需突破的一项关键技术，在光学窗口的构形、光窗材料与加工工艺等方面还有大量的工作。

军用红外光电系统有以下发展趋势：

（1）发展分布孔径红外系统，提高平台全方位感知能力。

近期的发展趋势是将各种分立系统综合到一个系统中，共享通光口径和信息处理资源。要实现光电探测的全方位、全动态过程，一个很重要的概念是分布孔径红外系统（DAIRS）。分布孔径红外系统是军用被动光电系统研究领域的一个新概念，是 21 世纪军用光电系统发展的新方向。分布孔径红外系统将以上各种分立系统综合到一个系统中，共享通光口径和信息处理资源，实现全方位、全动态的光电探测。

分布孔径红外系统采用一组精心布置在飞机上的传感器阵列实现全方位、全空间探测，并采用各种信号处理方法实现地面和空中目标探测、跟踪、瞄准，威胁告警，战场杀伤效果评定，夜间与恶劣气候条件下的辅助导航、着陆等多种功能，从而能够用一个单一的系统完成目前要多个单独的专用红外传感器系统完成的功能。

分布孔径红外系统所采用的红外传感器使用了二维大面阵红外焦平面阵列，直接固定在飞机结构上，可以输出多个波段的高帧频图像，取消了现有的前视红外瞄准系统、红外搜索跟踪系统等所采用的高成本的稳定瞄准系统，重量、体积、功耗和成本大大降低，而且具有高可靠性、高生存性、高可支持性的特征，完全符合新一代军用航空电子综合系统的要求。但目前红外探测器在分辨率等上还无法满足对地攻击所要求的性能，因此，仍然保留了一个单独的瞄准用前视红外系统与分布孔径红外系统并列。该系统与激光等其他光电传感器综合，以实现目前各类机载瞄准吊舱的功能。

（2）开发合成增强视觉技术，提高飞机和着陆的安全性与自主性。

将增强视觉（由前视红外系统提供）和合成视觉（由计算机从数字地形数据库生成三维视图）组合，可帮助飞行员在低能见度或灯火管制条件下进行操作。这两种装备还可以与毫米波雷达（穿透烟雾进行观察）等其他着陆辅助设备相配合，使空军飞行员能够在任何天气条件下降落在不平坦的或无道面的机场上；采用同样的设备，特种作战部队的飞行员可驾驶运输机在低空飞行；另外，在没有地面导航设备帮助的情况下，飞行员借助驾驶舱内的传感器和数字地形数据库，可以像平时一样驾驶飞机自动进场。

（3）发展定向红外对抗系统，提高平台防护能力。

定向红外对抗系统将干扰能量集中向一个方向发射，干扰能量集中，不但能显著增强干扰信号，而且可增加干扰隐蔽性。另外，定向红外对抗系统只在实施干扰时辐射能量，所以工作时间更长。定向红外对抗系统的传感器头具有半球或全球视场，可以探测导弹羽烟辐射出的红外信号，从而指示出来袭导弹的方向，并提供视觉和声音告警，以便采取有效的对抗措施。采用定向红外对抗技术将大大提高平台的安全性，提高机组人员在面对红外寻的导弹威胁时的生存能力。

（4）开发多模导引头，增强全天候作战能力。

为了提高武器的精确打击能力，各国依然在不遗余力地加快各种精确制导技术的开发和应用。具体的措施包括将非制导炸弹通过加装制导组件升级为精确制导弹药，将精确制导弹药原有的单模/双模制导组件升级为双模/多模制导组件。这些措施使武器具备了昼夜、全天候、防区外、多目标攻击能力，极大地增加了在作战过程中的灵活性。

1.3.4　军用红外光电系统需要解决的问题

1. 解决传输和融合问题

红外光电探测系统受工作原理限制，在某些战场条件如尘埃、烟雾等情况下性能会下降，而目前微波雷达的技术进步也是日新月异，将两种不同工作原理的探测技术互相综合，在信息处理上实现真正融合，是大幅度提高机载探测能力的必由之路。

2. 解决对抗与隐身问题

红外光电探测系统如何在隐身飞机上实现是目前亟需突破的一项关键技术，在光学窗口的构形、光窗材料与加工工艺等方面还有大量的工作要做。

第 2 章

红外辐射及传输

◇◆◆

2.1　红外辐射的度量与计算

红外光电系统所探测的目标有各种类型。有的目标是以自身辐射为主,有的目标是以反射外界光辐射为主。而且从目标发出的辐射能有的以红外辐射为主,有的以可见光为主。因此有必要研究对辐射的度量方法,从时间、空间、光谱波段等不同角度去描述辐射的特性,掌握不同度量值间的转换关系。

辐射度学是研究电磁辐射能测量的科学。在光辐射能的定量描述中,采用了各种辐射度量。简单地说,辐射度量是用能量单位描述光辐射能的客观物理量。光度学是研究光度测量的一门科学。光度量是光辐射能为平均人眼接受所引起的视觉刺激大小的度量。也就是说,光度量是具有标准人眼视觉特性的人眼所接收到辐射量的度量。因此,辐射度量和光度量都是用来定量地描述辐射能强度的,两者在研究方法和概念上基本相同,它们的基本物理量也是一一对应的。然而,辐射度量是辐射能本身的客观度量,是纯粹的物理量;而光度量则还包括生理学和心理学等概念在内。光电测量系统的典型配置包括辐射源(或光源)、信息载体、光电探测器以及信息处理装置。

衡量光电探测器的性能或者评价光电测量系统的指标时,辐射量和光度量是紧密相关的。因此在讨论光电技术知识之前,先介绍有关辐射度学和光度学的基本概念。

2.1.1　基本辐射量

1. 辐射能 Q

根据经典电磁理论,物质内部的带电粒子变速运动或旋转就会发射或吸收电磁波,形成振动的电磁场,以振动的电磁场的形式在空间传播能量,称电磁辐射能。辐射能用符号 Q 表示,单位为 J(焦耳)。辐射能 Q 是对辐射的一个总能量描述,我们还需了解辐射的时间、空间、光谱等特性,所以还需要定义相应的物理量。

2. 辐射功率 P

辐射功率是指单位时间内传输(发射或接受)的辐射能,用符号 P 表示,有时也称辐通量 $\Phi(W)$。其单位为 W(瓦),数学表达式为

$$P = \lim_{\Delta t \to 0} \left(\frac{\Delta Q}{\Delta t} \right) = \frac{\partial Q}{\partial t} \quad [\mathrm{W(J/s)}] \tag{2-1}$$

辐射功率的物理含义表示整个辐射源表面在单位时间向整个半球空间发射的辐射能。

3. 辐射度 M

辐射功率与辐射源的面积有关，在其他条件相同的情况下，辐射源的面积越大，发射的功率也就越大。为了研究辐射源面积对辐射特性的影响，我们引入辐射度的概念，也称辐出度或辐射出射度。

辐射度是指辐射源在其表面上某点处的微面元 dA 向半球空间发射的辐射功率 dP，则 dP 与 dA 之比就是辐射源在该点处的辐出度，用符号 M 表示。其数学表达式为

$$M = \lim\left(\frac{\Delta P}{\Delta A}\right) = \frac{\partial P}{\partial A} = \frac{dP}{dA} \quad (\text{W/cm}^2) \tag{2-2}$$

式中，A 为辐射源的发射面积，M 的单位为 W/m^2（瓦每平方米）。它表征辐射源表面所发射的辐射功率 P 沿表面的分布情况，是辐射源单位表面积上向半球空间发射的辐射功率。这里的"半球空间"指的是"向前"的辐射，而不包括"向后"的辐射。

对于表面发射不均匀的辐射源，辐射度 M 是辐射源表面位置的函数。

有了辐射功率和辐射度这两个概念后，可以知道一个辐射源发射的总辐射功率及其在辐射表面上的分布情况。人们有时还需要了解辐射源辐射的功率在空间不同方向上的分布情况。表征这一特性的辐射量就是辐射强度 I 和辐射亮度 L，前者用于点源，后者用于扩展源，也叫面辐射源。

点辐射源和面辐射源是相对而言的，而真正的点源在自然界当中是不存在的，因为"点"本身就是一个几何概念而不是一个物理概念。区别点源和面源的标准并不是根据辐射源的尺寸大小来划分的，而是根据辐射源的面积是否充满仪器的测量视场来划分的。如果辐射源的面积小于仪器视场的空间覆盖，辐射源面积都是有效的，则这样的辐射源称为点源，反之为面源。具体而言可以分为以下两种情况进行讨论：

（1）当探测装置不带成像的光学系统时。探测装置到辐射源的距离是辐射源最大尺寸的 10 倍以上，该辐射源就可认为是点辐射源，反之为面辐射源。

（2）探测装置带成像的光学系统。由辐射源像的尺寸与探测器尺寸相比较，若像尺寸小于探测探测器尺寸，则可认为是点辐射源，反之为面辐射源。

举例说明点源与面源。比如喷气式发动机的尾喷口，1 km 以外可以看成是点源，而 3 m 的距离上就应看成是扩展源；当用热像仪近距离探测导弹的尾焰辐射特性时，由于只有部分尾焰辐射面积进入视场，不能探测到全部尾焰，故此处尾焰应视为面源。

4. 辐射强度 I

如图 2-1 所示，对于点源而言，辐射强度是在给定方向的立体角内 $d\Omega$ 内，离开点辐射源的辐射功率 dP 除以该立体角，以符号 I 表示。数学表达式为

$$I = \lim_{\Delta\Omega \to 0} \frac{\Delta P}{\Delta\Omega} = \frac{\partial P}{\partial\Omega} \tag{2-3}$$

式中，Ω 为空间立体角，单位为 sr（球面度）。

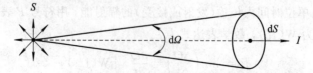

图 2-1　辐射强度定义的几何图示

可见，辐射强度是点源在某方向上单位立体角内发射的辐射功率，单位为 W/sr(瓦每球面度)。

如图 2-2 所示，在一个半径为 R 的球面上取一个面元 A，此面元与球心构成的锥体就称为空间立体角，数学描述为 $\Omega = A/R^2$，其中 A 为球面阴影的面积，R 为球的半径。这样，整个球面对球心的立体角为 $4\pi R^2 / R^2 = 4\pi$。

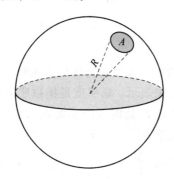

图 2-2　空间立体角几何图示

辐射强度的物理意义是：某个方向上一定空间内辐射功率 P 的度量，也可以称为"辐射功率在某一个方向上的角密度的度量"。

5. 辐射亮度 L

点辐射源辐射功率在空间不同方向的分布用辐射强度来描述，而面辐射源辐射功率在空间不同方向的分布不仅与立体角的大小有关，而且还与源的发射表面积和观测方向有关。为了描述面辐射源辐射功率在空间的分布情况，下面引入辐射亮度的概念。

如图 2-3 所示，在面辐射源 A_S 某点处取一微小面积元 ΔA_S，该面积元向半球空间发射的辐射功率为 ΔP，因而在与该面元 ΔA_S 的法线成 θ 角方向上取一微小立体角 $\Delta \Omega$ 内发射的辐射功率为 $\Delta(\Delta P) = \Delta^2 P$，也就是在 θ 方向上所观测到的辐射功率。在 θ 方向上所观测到的辐射源的表面积为 $\Delta A_\theta = \Delta A_S \cdot \cos\theta$，因此定义面辐射源 A_S 上某点在 θ 方向上的辐射亮度 L 为

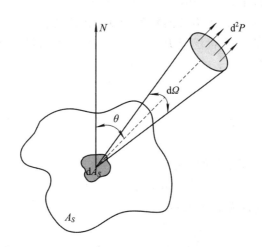

图 2-3　辐射亮度定义的几何图示

$$L = \lim_{\substack{\Delta A \to 0 \\ \Delta \Omega \to 0}} \frac{\Delta^2 P}{\Delta A_\theta \Delta \Omega} = \frac{\partial^2 P}{\partial A_\theta \partial \Omega} = \frac{\partial^2 P}{\partial A_s \partial \Omega \cos\theta} \qquad (2-4)$$

其单位为 $\text{W} \cdot \text{sr}^{-1} \cdot \text{m}^{-2}$（瓦每球面度平方米）。辐射亮度表征扩展源在某方向上单位投影面积向单位立体角内发射的辐射功率，即辐射源单位面积上的辐射强度：

$$L = \frac{\partial \left(\dfrac{\partial P}{\partial \Omega} \right)}{\partial A_\theta} = \frac{\partial I}{\partial A_\theta} \qquad (2-5)$$

6. 辐照度 E

辐射源所发出的辐射功率照射到被照射物体的表面时，单位面积所接收到的辐射功率的大小，就用辐照度这一物理量来表示。辐照度是指被照射物体表面单位面积上接收到的辐射功率。设被照射表面上某位置 X 处附近的小面积 ΔA 接收到的辐射功率为 ΔP，则二者之比的极限值即为辐射度，数学表达式如下：

$$E = \lim \left(\frac{\Delta P}{\Delta A} \right) \bigg|_{\Delta A \to 0} = \frac{\partial P}{\partial A} \quad (\text{W/cm}^2) \qquad (2-6)$$

辐照度和辐射度的定义式是一样的，但其物理意义不同，物理过程也各不相同。区别为辐射度 M 是辐射源表面的辐射功率沿表面的分布情况；而辐照度 E 则是入射到被照表面的辐射功率在其表面的分布情况，它包括一个或者几个辐射源的照射。另外，辐照度不仅与被照射面的位置和辐射源的特性有关，还与被照表面和辐射源的相对位置有关。

以上所讨论的是"全辐射量"，也就是说这些辐射包括所有的辐射波段。而实际上任何一个辐射源所发出的辐射除了具有以上的空间分布以外，还具有一定的甚至比较明显的光谱特征，即以上 5 个量与发射或者接收到的辐射的波长或频率有关，有与其相对应的光谱辐射量。

7. 光谱辐射量 X_λ

前面讨论的几个基本辐射量，全部只考虑了辐射功率的空间分布特征，默认这些辐射量包含了波长从零到无穷大的全部辐射，因此称为全辐射量。但实际上任何一个辐射源发出的辐射或投射到一个表面上的辐射功率均有一定的光谱（或波长）分布特征，即不同波段上基本辐射量的值是不同的，需要相应的光谱特征量。

若需了解辐射源在某波长 λ 附近的辐射特性，在该波长 λ 附近取一微小的波长间隔 $\text{d}\lambda$，设此波长间隔内的辐射量 X（泛指 P、M、I、L 和 E）的增量为 ΔX，则 ΔX 与 $\Delta \lambda$ 之比定义为该波长 λ 的光谱辐射量，以符号 X_λ 表示：

$$X_\lambda = \frac{\partial X}{\partial \lambda} \qquad (2-7)$$

它表示在波长 λ 附近单位波长间隔内的辐射量。将上式中 X 代以具体辐射量时，则有各个光谱辐射参数。

光谱辐射量与全辐射量之间的关系为

$$\text{d}X = X_\lambda \text{d}\lambda \qquad (2-8)$$

若波长在 λ_1 到 λ_2 的波段内，则由上式得

$$X_{\Delta\lambda} = \int_{\lambda 1}^{\lambda 2} \text{d}X = \int_{\lambda 1}^{\lambda 2} X_\lambda \, \text{d}X \qquad (2-9)$$

在全辐射情况时，则有

$$X = \int_0^\infty \mathrm{d}X = \int_0^\infty X_\lambda \, \mathrm{d}\lambda \qquad (2-10)$$

应用以上两式可列出光谱波段和全辐射量的具体形式，请读者自己一一列出。

2.1.2　各辐射量间的关系

现讨论各辐射量之间的关系，这些关系对辐射的测量十分有用。下面分为四类关系进行讨论。

1. P 与 M、I、L、E 的关系

（1）P 与 M 的关系：

$$P = \int_{A_S} M \cdot \mathrm{d}A_S \qquad (2-11)$$

（2）P 与 I 的关系：

$$P = \int_\Omega I \, \mathrm{d}\Omega \qquad (2-12)$$

（3）P 与 L 的关系：

$$P = \int_{A_S} \int_\Omega L \, \cos\theta \, \mathrm{d}A_S \, \mathrm{d}\Omega \qquad (2-13)$$

（4）P 与 E 的关系：

$$P = \int_{A_S} E \, \mathrm{d}A_C \qquad (2-14)$$

在这些式子中，只要找出积分变量的变化规律，确定出相应的积分限，即可求得辐射功率值。

2. I 与 L 的关系

由辐射亮度和辐射强度的定义可得

$$L = \frac{\mathrm{d}^2 P}{\mathrm{d}A \, \mathrm{d}\Omega \, \cos\theta} = \frac{\mathrm{d}^2 P}{\mathrm{d}A_\theta \, \mathrm{d}\Omega} = \frac{\mathrm{d}\left(\dfrac{\mathrm{d}P}{\mathrm{d}\Omega}\right)}{\mathrm{d}A_\theta} = \frac{\mathrm{d}I}{\mathrm{d}A_\theta} \qquad (2-15)$$

由此看出，辐射源的辐射亮度是辐射源在给定方向单位投影面积上的辐射强度，也就是说，辐射源的辐射亮度是该辐射源在给定方向上辐射强度沿表面分布的度量。

辐射源在给定方向上的总辐射强度为：

$$I = \int_{A_S} L \, \cos\theta \, \mathrm{d}As \qquad (2-16)$$

3. M 与 L 的关系

根据辐射亮度和辐射度的定义可得

$$L = \frac{\partial^2 P}{\partial A \partial\Omega \, \cos\theta} = \frac{\partial\left(\dfrac{\partial P}{\partial A_\theta}\right)}{\partial\Omega} = \frac{\partial M}{\partial\Omega} \qquad (2-17)$$

该公式的物理含义为：辐射亮度是该辐射源在给定方向上辐射度沿空间分布的度量，或辐射亮度是辐射源在给定方向单位投影立体角内的辐射度。

同样，辐射源的辐射度 M 与 L 的关系为

$$M = \int_\Omega L \, \cos\theta \, \mathrm{d}\Omega \qquad (2-18)$$

4. E 与 I、L 的关系

1）对于点辐射源

如图 2-4 所示，点辐射源 S 在点 A 处所产生的

辐照度，由式 $E=\dfrac{\mathrm{d}P}{\mathrm{d}A_C}$ 和式 $I=\dfrac{\mathrm{d}P}{\mathrm{d}\Omega}$ 得

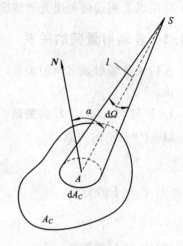

$$E = \frac{\mathrm{d}P}{\mathrm{d}A_C} = \frac{I\,\mathrm{d}\Omega}{\mathrm{d}A_C} \qquad (2-19)$$

从几何关系看出 $\mathrm{d}\Omega = \dfrac{\mathrm{d}A_C\cos\alpha}{l^2}$，那么

$$E = \frac{I}{\mathrm{d}A_C} = \frac{\mathrm{d}A_C\cos\alpha}{l^2} = \frac{I\cos\alpha}{l^2} \qquad (2-20)$$

此式常称为距离平方反比定律，即点辐射源在某一
方向、某点处所形成的辐照度 E 与该方向上辐射源
的辐射强度 I 成正比，与辐射源到该点的距离 l^2 平方
成反比，与辐射方向及该点所处的平面法线间的夹

图 2-4　点辐射源对平面上一点的照射

角的余弦 $\cos\alpha$ 成正比。

从式（2-20）可以看出，当对点目标进行测量时，尽管点源的辐射强度 I 不变，但测量
的辐射数据却在变化，随测量距离的不同而不同，不能直接反映辐射源的真实情况。其原
因就是点源对系统所张的立体角会随着距离增加而减小。这一点在测量中需要注意。

2）对于面辐射源

对于面辐射源而言，由于仪器视场的限制，原发射面积中只有部分是有效的，也就是
说面源向空间发射的能量只有落在有限的立体角内的部分能被系统所接收。

如图 2-5 所示，$\mathrm{d}A_1$ 为面源有效发射面积，θ_1 为 $\mathrm{d}A_1$ 法线与测量方向的夹角，$\mathrm{d}\Omega_1$ 为面
源发射立体角，$\mathrm{d}A_2$ 为仪器的入瞳面积，θ_2 为 $\mathrm{d}A_2$ 法线与测量方向的夹角，$\mathrm{d}\Omega_2$ 为仪器的视
场立体角，l 为测量距离，则有关系式：

$$\mathrm{d}\Omega_1 = \frac{\mathrm{d}A_2\cos\theta_2}{l^2}$$

$$\mathrm{d}\Omega_2 = \frac{\mathrm{d}A_1\cos\theta_1}{l^2} \qquad (2-21)$$

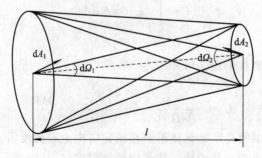

图 2-5　封闭光束无损传输时的亮度守恒关系

假定光束在传输过程中没有吸收、反射等损失，则根据 P 与 L 的关系式：

$$P = L_1\cos\theta_1\,\mathrm{d}\Omega_1\,\mathrm{d}A_1 = L_2\cos\theta_2\,\mathrm{d}\Omega_2\,\mathrm{d}A_2 \qquad (2-22)$$

将式(2-20)带入式(2-21)得

$$L_1 = L_2$$

式(2-22)表明，若忽略传输损失，则辐射源的亮度等于仪器接收端的亮度。如考虑传输的损失，两者之间也仅差一个传输效率。该结论具有普遍意义，它反映了一个封闭光束在无损失的同种介质中传输时亮度的传递关系。不仅光束源端和接收端的亮度是相等的，在封闭光束的各个截面的亮度也处处相等，故称之为亮度守恒定律。

因此，在描述面辐射源的辐照度 E 时，希望用辐射亮度 L 这个量来描述。

如图 2-6 所示，求面辐射源 S 在点 A 处所产生的辐照度。设面辐射源面积为 A_S，受照面为 P。若要求 P 上点 A 处的辐照度时，首先将辐射源 S 分成许多微小面源 dA_S，使其满足点辐射源的条件，那么每个小面源在点 A 处的辐照度用距离平方反比定律(即式(2-20))求得

$$dE = \frac{dI \cos\alpha}{l^2}$$

式中，dI 为微小面源 dA_S 在与 dA_S 的法线成 θ 角方向上的辐射强度，α 为辐射线与受照面法线的夹角。

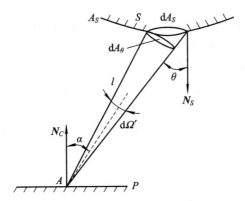

图 2-6　面辐射源对平面上一点的照射

由 I 与 L 的关系式得 $dI = L \cos\theta \, dA_S$，并带入上式，则得

$$dE = \frac{L \cos\theta \cos\alpha \, dA_S}{l^2} = L \cos\alpha \, d\Omega'$$

式中，$d\Omega'$ 为辐射源 dA_S 对受照点 A 张的立体角(仪器的视场立体角)，$d\Omega' = \dfrac{dA_S \cos\theta}{l^2}$。对于整个面辐射源在点 A 处产生的辐照度为

$$E = \int_{\Omega'} L \cos\alpha \, d\Omega' = L \cdot \cos\alpha \cdot (\sin\omega)^2 \approx L \cdot \cos\alpha \cdot \omega^2$$

其中，ω 为视场角，它等于受照面 P 对辐射源 A_S 能张开的最大平面角的一半。此式常称为立体角投影定律。

运用辐射的一些基本定律可以较为方便地求出辐射亮度，知道了仪器接收的辐亮度 L，便不难求得辐照度 E 和辐射功率 P。当测量方向与仪器光轴重合时，有

$$E = L \cdot \Omega = L \cdot \omega^2 \tag{2-23}$$

$$P = L \cdot A \cdot \Omega = L \cdot A \cdot \omega^2 \tag{2-24}$$

由于 $A \cdot \Omega$ 是仪器固有的参数，只要满足面源的约定，仪器测得的辐照度正比于源的辐射亮度，而与测量距离无关，这样就可以获得真实的辐射数据。

2.1.3　朗伯源(Lambert)及其辐射特性

一般来讲，自然界辐射源的辐通量角分布(辐射功率的空间分布)是很复杂的，因而对辐射量的计算也是复杂的，甚至是不可能的。但在实际中经常会遇到一类特殊的辐射源——朗伯辐射源(或称为漫辐射源)，可以使辐射特性的计算变得十分简单。

下面通过定性和定量两种方式描述朗伯辐射源。

1. 朗伯源和朗伯余弦定律

在生活实践中，对于一个磨得很光或镀得很好的反射镜，当有一束光入射到它表面时，反射的光线具有很好的方向性。也就是说，当恰好逆着反射光线的方向观察时感到十分耀眼。但是，只要稍微偏离一个不太大的角度观察时，就看不到这个耀眼的反射光了。然而，对于一个表面粗糙的反射器，如毛玻璃，就观察不到上述现象，它对投射到其上的辐射呈一种漫反射的特性，即对于一条入射光线，反射光线四面八方，这类物体统称为朗伯源，也称为漫反射源。

通过对朗伯源的定性描述，可以看出漫反射体反射的辐射，在空间的角分布与镜面反射器不同，它的辐射量遵循某种新规律——朗伯余弦定律。

因此，对于朗伯源的数学描述采用朗伯余弦定理，对于理想的漫反射源，在任何方向的辐射强度随该方向与表面法线夹角的余弦而变化，即

$$I_\theta = I_0 \cos\theta \tag{2-25}$$

式中，I_0 为表面法线方向的辐射强度，θ 为辐射方向与表面法线方向的夹角。

朗伯辐射源的辐射强度分布如图 2-7 所示。

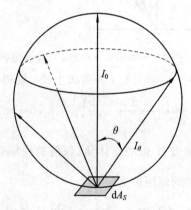

图 2-7　朗伯辐射源的辐射强度分布

严格地说，只有绝对黑体才是真正的朗伯辐射源。实际中遇到的许多辐射源，在一定范围内十分接近朗伯余弦定律的辐射规律。例如，自身发光的荧光屏、受照射的毛玻璃和涂有氧化镁、硫酸钡、硫酸钙表面以及极为粗糙的无光泽表面都近似地看做朗伯辐射源。此外，大多数电绝缘体当相对于表面法线方向的观察角不超过 $60°$ 时，都服从余弦定律；导电材料虽然有较大的偏差，但在工程设计中，当观察角不超过 $50°$ 时，也能运用朗伯余弦定律。

下面对朗伯源的辐射特性进行讨论和计算，从这些讨论中可了解朗伯源各辐射量之间的简单关系。

2. 朗伯源的辐射特性

1）朗伯源向空间发射的总辐射功率

总辐射功率为不同方向上辐射强度 I 对空间立体角的积分，即

$$P = \int_{\Omega} I_{\theta} \, \mathrm{d}\Omega$$

其中：I_{θ} 满足朗伯余弦定理 $I_{\theta} = I_{0} \cos\theta$；$\mathrm{d}\Omega$ 是以辐射源为圆心向空间张开的立体角，如图 2-8 所示。

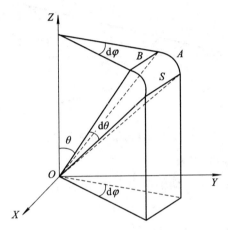

图 2-8　漫辐射源的空间立体角

通过几何变换可以将 $\mathrm{d}\Omega$ 描述为方位角 φ 和俯仰角 θ 的形式：

$$A = r \, \mathrm{d}\theta, \; B = r' \, \mathrm{d}\varphi = r \sin\theta \, \mathrm{d}\varphi$$

所以

$$\mathrm{d}S = r \, \mathrm{d}\theta r \sin\theta \, \mathrm{d}\varphi$$

即

$$\mathrm{d}S = r^{2} \sin\theta \, \mathrm{d}\theta \, \mathrm{d}\varphi$$

所以

$$\mathrm{d}\Omega = \frac{\mathrm{d}S}{r^{2}} = \sin\theta \, \mathrm{d}\theta \, \mathrm{d}\varphi$$

于是，将 I_{θ} 和 $\mathrm{d}\Omega$ 带入 $P = \int_{\Omega} I_{\theta} \mathrm{d}\Omega$ 中，得到

$$P = \int_{\varphi} \int_{\theta} I_{0} \cos\theta \sin\theta \, \mathrm{d}\theta \, \mathrm{d}\varphi \qquad (2-26)$$

下面对式(2-26)进行讨论。

(1) 当朗伯源向半球空间发射时。如图 2-7 所示，方位角 φ 和俯仰角 θ 的积分限取值分别为 $0 \leqslant \varphi \leqslant 2\pi$ 和 $0 \leqslant \theta \leqslant \pi/2$，于是

$$P = \int_{0}^{2\pi} \mathrm{d}\varphi \int_{0}^{\pi/2} I_{0} \cos\theta \sin\theta \, \mathrm{d}\theta = 2\pi I_{0} \frac{\sin^{2}\theta}{2} \Big|_{0}^{\frac{\pi}{2}} = \pi I_{0} \qquad (2-27)$$

可见，朗伯源向半球空间发射的总辐射功率是辐射源法线方向辐射强度的 π 倍。

（2）当朗伯源向某一立体角 Ω 内发射时。如图 2-9 所示，立体角 Ω 为辐射源 S 向距离为 l_0 处半径为 r 的圆盘所展开的空间角，方位角 φ 和俯仰角 θ 的积分限取值分别为 $0 \leqslant \varphi \leqslant 2\pi$ 和 $0 \leqslant \theta \leqslant \mathrm{arctan}^{-1}\left(\dfrac{r}{l_0}\right)$，于是

$$P = \int_0^{2\pi} \mathrm{d}\varphi \int_0^{\mathrm{arctan}(r/l_0)} I_0 \cos\theta \, \sin\theta \, \mathrm{d}\theta = \frac{\pi I_0 r^2}{r^2 + l_0^2} \qquad (2-28)$$

当 $l_0 \geqslant r$ 时，则有

$$P = \pi I_0 \frac{r^2}{l_0^2} \qquad (2-29)$$

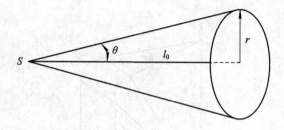

图 2-9　朗伯源向某一立体角 Ω 内发射

2）朗伯源的辐射亮度和辐射强度

根据朗伯余弦定律的表达式，朗伯源小面元 $\mathrm{d}A$ 上有

$$\mathrm{d}I = \mathrm{d}I_0 \cos\theta$$

由辐射亮度 L 与辐射强度 I 的关系式得到

$$L = \frac{\mathrm{d}I_0 \cos\theta}{\mathrm{d}A \cos\theta} = \frac{\mathrm{d}I_0}{\mathrm{d}A} = L_0 \qquad (2-30)$$

这表明理想漫辐射源的辐射亮度 L 是一个与方向无关的常数。例如，镜面反射只在一个反向方向具有较高的亮度，而朗伯源在各个方向均具有相同的亮度；在实际应用中可以利用镜面反射的"猫眼效应"实现激光主动探测光电设备，利用朗伯源辐射亮度与方向无关特性进行激光制导。

同样，朗伯源的辐射强度可以写为

$$I_\theta = \int_{A_S} L_\theta \cos\theta \, \mathrm{d}A_S = L A_S \cos\theta \qquad (2-31)$$

当 $\theta = 90°$ 时，$I_0 = L \cdot A_S$。由此可得，当辐射源是一个小面积的朗伯源时，辐射源法线方向的辐射强度等于该面辐射源辐射亮度与该面辐射源面积的乘积。

3）朗伯源的辐射度 M 与辐射亮度 L 的关系

辐射亮度 L 与辐射度 M 都是描述扩展源的辐射量，它们都表明了辐射功率 P 在源表面上的分布特性，L 是源的有效单位面积向空间指定方向单位立体角内发射的辐射功率，M 是源的单位面积向半球空间发射的辐射功率，两者之间有下列关系：

$$M = \int_\Omega L_\theta \cos\theta \, \mathrm{d}\Omega = \iint_\varphi \int_\theta L_\theta \cos\theta \, \sin\theta \, \mathrm{d}\theta \, \mathrm{d}\varphi \qquad (2-32)$$

对于半球空间，$0 \leqslant \varphi \leqslant 2\pi$，$0 \leqslant \theta \leqslant \dfrac{\pi}{2}$，$L_\theta = L$，于是

$$M = \int_0^{2\pi} d\varphi \int_0^{\frac{\pi}{2}} L \cos\theta \sin\theta \, d\theta = \pi L \qquad (2-33)$$

此式表明，朗伯源的辐射度 M 是一个常数，其值为辐射亮度 L 的 π 倍。

归纳以上所述，朗伯源具有以下辐射特性：

(1) 辐射强度满足 $I_\theta = I_0 \cos\theta$；

(2) 辐射亮度 L_θ 为与方向无关的常数 L；

(3) 法线方向的辐射强度满足 $I_0 = L \cdot A_s$；

(4) 向半球空间发射的辐射功率满足 $P = \pi I_0$。

2.2　红外辐射规律

2.2.1　热辐射与红外辐射

物体因自身的温度而向外辐射能量称热辐射。根据经典电磁理论，热辐射产生的原因是由于自然界的物质都在不停地发射和吸收电磁波，其本质是物质内部的带电粒子的运动和旋转。由于运动方式和速度等的不同，就会产生不同波长的辐射。热辐射的光谱是连续谱，波长覆盖范围理论上为 $0\sim\infty$，见图 $2-10$。

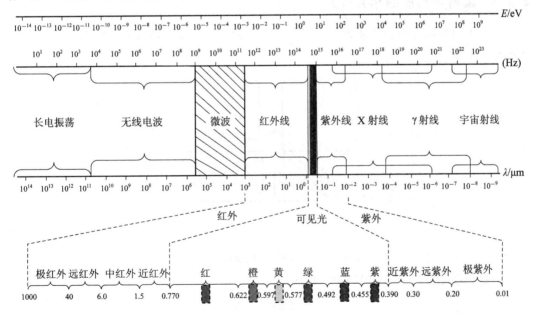

图 $2-10$　电磁辐射谱

定义辐射源为能发出辐射能的物质。由于发出的波长的不同，即辐射种类的不同，探测的方法也不尽相同。

红外辐射也是一种电磁辐射，其特点是不可见光，波长比可见光长，大气衰减比可见光小，传播距离远，有明显的热效应。

早在 1800 年，英国科学家赫歇耳通过棱镜分光、测量太阳光谱中各种颜色光热效应的实验，发现并显示了红外辐射具有明显的热效应。因此，红外辐射是自然界中最基本、最普遍的热辐射，可以说红外辐射存在于自然界的任何一个角落。事实上，由于分子热运动是物体存在的基本属性，所以一切温度高于绝对零度的有生命和无生命的物体时时刻刻都在不停地辐射红外线。太阳是红外线的巨大辐射源，整个星空都是红外线源，而地球表面，无论是高山大海，还是森林湖波、冰川雪地都在不断地辐射红外线。特别是活动在地面、水面和空中的军事装置，如坦克、军舰、飞机、导弹等，由于它们有高温部位，往往都是强红外辐射源。在人们生活的环境中，如居住的房间里照明灯、火炉，甚至一杯热茶，都在放出大量红外线。人体自身就是一个红外辐射源。总之，红外辐射充满整个空间。

红外辐射具有以下特点：

① 不可见光，波长比可见光长，对人类而言具有隐蔽性；

② 有明显的热效应，去除可见光下的伪装，体现物体温度的本质特性；

③ 包含了比可见光更丰富的信息，便于观测细节，提高测量精度；

④ 绝对零度以上的自然界物体均能产生红外辐射，这是探测、识别红外目标的客观基础。

正是由于红外辐射的上述特性，使得红外器件、红外技术、红外系统在民用和军用领域均被广泛应用。而研究物体红外辐射的规律是实现红外探测、促进红外技术应用的基础。红外辐射是自然界中最普遍、最基本的热辐射，所以需要对热辐射规律进行深入研究。

2.2.2 辐射与物质的相互作用

当一束辐射投射到物体表面后，都会产生三种去向：被物体吸收、反射和穿透物体，如图 2-11 所示。

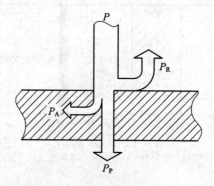

图 2-11 辐射与物质的相互作用

根据能量守恒定律，入射功率的组成可以表示为

$$P = P_A + P_R + P_P \tag{2-34}$$

或

$$\frac{P_A}{P} + \frac{P_R}{P} + \frac{P_P}{P} = 1 \tag{2-35}$$

式中，P_A/P 表示物体吸收的辐射功率与入射的辐射功率之比，称为该物体的吸收率，用 α 表示；P_R/P 表示物体反射的辐射功率与入射的辐射功率之比，称为该物体的反射率，用 ρ 表示；P_P/P 表示透过物体输出的辐射功率与入射的辐射功率之比，称为该物体的透射率，用 τ 表示。于是

$$\alpha + \rho + \tau = 1 \tag{2-36}$$

通过对以上 3 个比值进行讨论，可以对辐射体进行如下分类：

（1）若 $\alpha = 1$，$\rho = \tau = 0$，表明吸收率为 1，即在任意温度条件下，能全部吸收入射在其表面上的任意波长的辐射的物体，定义为"绝对黑体"，简称"黑体"。

在自然界中没有绝对黑体。吸收能力最大的是煤烟和黑色天鹅绒，它们对太阳光来说吸收能力也不过为 0.998。于是，定义了某个波段上的黑体，即在任意温度条件下，在该波段上的辐射可以被全部吸收。

（2）若 $\alpha = 0$，$\rho = 1$，$\tau = 0$，表明反射率为 1，即在任意温度条件下，对入射在其表面上的任意波长的辐射能全部反射的物体，称为"绝对白体"，简称"白体"。

（3）若 $\alpha = 0$，$\rho = 0$，$\tau = 1$，表明透过率为 1，即在任意温度条件下，对入射在其表面上的任意波长的辐射能全部透过的物体，称为"绝对透明体"，简称"透明体"。

红外物理中"黑白"的概念与日常生活中黑白的概念既有区别，又有联系：前者的范围更广，指的是物体对各个波段的电磁波的吸收情况；而后者仅限于可见光，对于人的肉眼能辨识的部分。例如：冬天的雪，在可见光波段是白色的，说明它对可见光波段的所有波长的光反射率都比较高，因此呈现"白"颜色；而由于它对红外波段的光吸收得比较多，吸收率高，因此雪在红外波段是很"黑"的。

2.2.3　基尔霍夫定律

1. 热辐射的辐射能力和吸收能力

为了描述物体辐射和吸收辐射能的水平，首先定义两个量：光谱辐射能力和光谱吸收能力。

用光谱辐出度 $M(\lambda, T)$ 描述光谱辐射能力，即在一定温度 T，物体从单位时间、单位面积上属于波长 λ 的单位波长间隔内所辐射出的辐射能。对于不同物体、不同表面状态，$M(\lambda, T)$ 的值是不同的。一切可能波长的辐射能之总和称为总辐射能力，用 $M(T)$ 表示：

$$M(T) = \int_0^\infty M(\lambda, T) \mathrm{d}\lambda \tag{2-37}$$

用光谱吸收率 $\alpha(\lambda, T)$ 描述光谱吸收能力，其定义为：在某一温度 T，物体对某一波长 λ 附近单位间隔内的辐通量的吸收与入射之比，即

$$\alpha(\lambda, T) = \frac{P_{吸收}(\lambda, T)}{P_{入射}(\lambda, T)} \tag{2-38}$$

同样，不同物体、不同表面状态，$\alpha(\lambda, T)$ 的值是不同的。同辐射能力类似，总的吸收能力为 $\alpha(T)$。

2. 基尔霍夫定律

为了找到物体辐射和吸收能力之间的关系，基尔霍夫做了一个实验。如图 2-12 所示，假设温度不同的物体 1（T_1）、2（T_2）、3（T_3）放置在一个与外界隔离的封闭容器内，其中"B"表示黑体。若容器内部是真空的，则物体之间只能通过辐射相互交换能量。热辐射与其他形式的辐射不同，对于一个孤立的系统而言，热辐射形式的能量交换能够达到热平衡。而对于其他形式的辐射，如光致发光、电致发光、化学

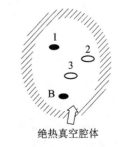

绝热真空腔体

图 2-12　孤立的绝热系统

发光等,其辐射都是不平衡的。实验证明,经过一段时间后,容器内的物体以及容器都会达到同一温度 T,建立起热平衡。此时各物体之间在单位时间内辐射出的能量恰好等于吸收的能量。这个结果说明辐射能力大的物体吸收能力也大,而辐射能力小的物体吸收能力也小。

基尔霍夫将实验结果用定律的形式表达为

$$\frac{M_1(\lambda,\,T)}{\alpha_1(\lambda,\,T)} = \frac{M_2(\lambda,\,T)}{\alpha_2(\lambda,\,T)} = \cdots = \frac{M_B(\lambda,\,T)}{\alpha_B(\lambda,\,T)}$$

$$= M_B(\lambda,\,T) = f(\lambda,\,T) \qquad (2-39)$$

其中,$M_B(\lambda,\,T)$ 表示黑体的辐射度,$\alpha_B(\lambda,\,T)$ 表示黑体吸收率,根据黑体定义 $\alpha_B(\lambda,\,T) = 1$。

式(2-39)说明物体在相同温度、相同波长上的辐射和吸收能力之比值与物体的性质无关,对于所有物体这个比值只是波长和温度的函数,等于同温度、同波长下的黑体光谱辐射度。于是,式(2-39)可变换成为:

$$M(\lambda,\,T) = \alpha(\lambda,\,T) M_B(\lambda,\,T) \qquad (2-40)$$

式(2-40)就是常用的基尔霍夫定律表达形式。同样,总辐射能力和总吸收能力之间的关系满足:

$$M(T) = \alpha(T) M_B(T) \qquad (2-41)$$

从基尔霍夫定律可得到以下结论:

(1) 若物体的辐射能力 $M(\lambda,\,T)$ 大,则吸收能力 $\alpha(\lambda,\,T)$ 也大。

(2) 若物体不辐射某种波长的辐射能,则它就不吸收这种波长的辐射能;反之亦然。

(3) 黑体的辐射能力 $M_B(\lambda,\,T)$ 和吸收能力 $\alpha_B(\lambda,\,T)$ 大于一切非黑体的辐射能力 $M(\lambda,\,T)$ 和吸收能力 $\alpha(\lambda,\,T)$。

(4) 一切真实物体的辐射能力不仅与所观察的辐射波长有关,而且还与物体的温度有关,尤其与物体的材料、不同组成成分的性质以及用任何方法改变材料的特殊性质有关。但辐射能力与吸收能力之比值却与物体的性质、材料无关,仅取决于该温度、波长下的黑体辐射能力。

这样,要研究任何物体的辐射性质,只要研究黑体辐射的规律和该物体的吸收能力就可以了。因此,黑体的辐射特性及规律是人们研究物体热辐射的基础。

在对绝对黑体的定义和讨论中,就提到在自然界中不存在真正的黑体,黑体只是一个理想化的概念,如何研究黑体辐射特性呢?经过多年的研究,人们在实际工程中可近似地构建黑体模型。

2.2.4 黑体模型与实验曲线

1860 年,基尔霍夫建立了这样一个黑体模型,即取一个几乎密闭的等温空腔 A,如图 2-13 所示。在 A 上只有一个小孔 C,所有经过小孔 C 射入空腔内的辐射线都必须经过多次反射之后才能由小孔 C 射出。设空腔 A 内表面的吸收比为 α,则每次反射的辐射能就等于入射辐射能乘以 $1-\alpha$,经 n 次反射后,反射辐射能是入射能的 $(1-\alpha)^n$ 倍。当 n 很大时,$(1-\alpha)^n$ 就很小了,那么只有极其微小的一部分辐射能从孔 C 射出。因此,孔 C 的吸收能力对所有波长都接近于 1。

同样，如果把空腔等温加热，小孔 C 向外辐射，此时小孔 C 的作用就相当于一个面积等于 C 面积的黑体。因此，一个开有小孔的等温空腔就是一个很好的黑体模型，密闭的空腔辐射即为黑体辐射。

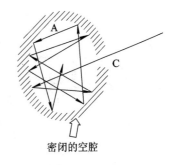

密闭的空腔

典型的腔型辐射源的结构如图 2-14 所示，它主要由包容腔体的黑体腔芯、无感加热绕组、测量腔体温度的温度计、腔体温度控制器以及腔外的保温绝热层等组成。

图 2-13　绝对黑体模型

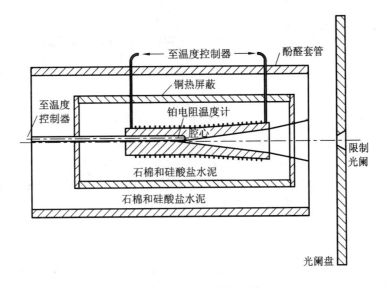

图 2-14　腔型黑体辐射源

有了黑体模型后，利用透镜、单色仪、接收器和显示器就可测出黑体的光谱能量分布，测量黑体模型热辐射的实验装置如图 2-15 所示。

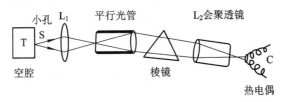

图 2-15　测量黑体模型热辐射的实验装置

在热平衡条件下，对不同温度的黑体辐射进行实验，其辐射能谱即 $M_B(\lambda, T) \sim \lambda$ 的关系曲线如图 2-16 所示，它展示了黑体辐射能力随温度及波长的变化规律。

从图 2-16 中可明显地看出黑体辐射具有以下几个特点：

（1）在任何温度下，黑体的辐射能力 $M_B(\lambda, T)$ 都随波长连续变化，并且每一条曲线仅有一极大值。

（2）随温度的升高，曲线的极大值向短波方向移动，这说明随着温度的升高，黑体辐射中短波长的辐射比例增大。

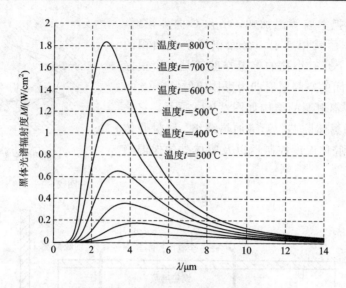

图 2-16 不同温度下黑体辐射曲线

（3）各条曲线彼此互不相交，并且曲线随温度的上升而整体提高。也就是说，在任意指定波长处，温度较高的黑体其辐射能力也就较高，反之亦然。

（4）由于每条曲线下所包围的面积代表总辐射能力 $M(T)$，且温度高曲线位置也高，因而它所包围的面积也相应增大。所以，黑体的总辐射能力 $M(T)$ 随温度的升高而迅速增大。

（5）辐射特性曲线与黑体的材料无关。

2.2.5 普朗克定律

图 2-16 是人们通过实验获得黑体辐射能力与温度及波长变化规律的曲线，由该曲线得出的五个特点只能定性地描述黑体辐射规律。例如，随着温度升高，峰值波长向短波方向移动，究竟移动多少，从图中不能得到准确的答案。任何科学研究都经过从感性到理性、从定性研究到定量分析的过程，黑体辐射规律的研究也不例外。长期以来人们一直希望找到描述上述实验曲线的数学表达式，即正确确定 $M_B(\lambda, T)$ 的函数形式。然而，所有想从经典理论中得到这一函数正确形式的尝试都遭到了失败。

1. 普朗克黑体辐射定律的由来

1896 年，德国物理学家维恩（W. Wien）假设黑体辐射能谱分布与麦克斯韦分子速率分布相似，并分析实验数据后得出了一个经验公式——维恩公式，即

$$M_B(\lambda, T) = c_1 \frac{\exp\left(-\dfrac{c_2}{\lambda T}\right)}{\lambda^5} \quad (2-42)$$

式中，c_1 和 c_2 为两个经验参数。根据维恩公式获得的辐射能谱曲线如图 2-17 所示，圆圈构成的曲线是实验曲线，图中显示维恩公式在短波波段与实验符合得较好，但在长波波段却与实验结果相差悬殊。

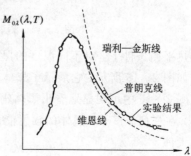

图 2-17 维恩线、瑞利—金斯线和普朗克线比较

1900 年，英国物理学家瑞利(Lord Rayleigh)根据经典理论建立了黑体辐射的理论模型，把空腔壁中振动的电子看做一维简谐振子，根据振动频率不同，辐射各种波长的电磁波。从这一模型出发可以得到简谐振子的平均能量与温度 T 成正比。由经典电磁学理论结合统计物理学中的能量按自由度均分原理得到了一个黑体辐射的能谱分布公式，后经天文学家金斯(J. H. Jeans)纠正了其中的一个错误因子，最后的公式表示为

$$M_B(\lambda, T) = \frac{2\pi c k_B T}{\lambda^4} \qquad (2-43)$$

该式被称为瑞利—金斯公式，式中的 k_B 为玻耳兹曼常量，$k_B = 1.38 \times 10^{-23}$ J·K^{-1}，c 为光速，T 为绝对温度。根据瑞利—金斯公式获得的辐射能谱曲线也显示在图 2-17 中，图中显示瑞利—金斯公式虽然在低频部分与实验符合，但由于辐射的能量与频率的平方成正比，所以辐射能量将随频率增大而单调增加，在高频部分出现趋于无限大，即在紫端发散，后来这个失败被埃伦菲斯特(Ehrenfest)称为"紫外灾难"，这个灾难正是经典物理学的灾难。

1900 年 4 月 27 日，开尔文在英国皇家学会作的题为《在热和光的动力理论的上空的 19 世纪乌云》的演讲中，把迈克尔逊所作的以太漂移实验的零结果比做经典物理学晴空中的第一朵乌云，把与"紫外灾难"相联系的能量均分定理比做第二朵乌云。他满怀信心地预言："对于在 19 世纪最后四分之一时期内遮蔽了热和光的动力理论上空的这两朵乌云，人们在 20 世纪就可以使其消散。"历史发展表明，这两朵乌云终于由量子论和相对论的诞生而拨开了。

2. 普朗克公式

根据经典物理我们得到了维恩公式和瑞利—金斯公式。维恩公式在短波段与实验符合得较好，而瑞利—金斯公式则在长波段与实验曲线相吻合。这使德国物理学家普朗克(M. Planck)受到了很大的启发。他认为可以把两者结合起来，首先找到一个与实验结果相符合的经验公式，然后再寻求理论解释。

普朗克依据熵对能量二阶导数的两个极限值(分别由维恩公式和瑞利—金斯公式确定)内推，并用经典的玻耳兹曼统计取代了能量按自由度均分原理，得出一个能够在全波段范围内很好反映实验结果的普朗克公式：

$$M_B(\lambda, T) = \frac{c_1}{\lambda^5} \cdot \frac{1}{e^{c_2/(\lambda T)} - 1} \qquad (2-44)$$

式中：$c_1 = 2\pi h c^2 = 3.7415 \times 10^8$ W·μm^4·m^{-2}；$c_2 = hc/k_B = 1.438 \times 10^4$ μm·K；h 称为普朗克常量，其值为 $h = 6.63 \times 10^{-34}$ J·S。根据普朗克公式给出的 $M_B(\lambda, T) \sim \lambda$ 曲线也显示在图 2-17 中，从图中可以看出，它与实验结果非常吻合。

在长波段，由于 λ 较大，$\exp\left(\frac{hc}{\lambda k_B T}\right) \approx 1 + \frac{hc}{\lambda k_B T}$，则普朗克公式转化为瑞利—金斯公式。

在短波段，由于 λ 很小，因此可以忽略普朗克公式分母中的 1，于是普朗克公式就又可以转化为维恩公式了。

3. 普朗克量子假设

普朗克得到上述公式后意识到，如果仅仅是一个侥幸揣测出来的内插公式，其价值只能是有限的，必须寻找这个公式的理论根据。他认为这个公式必能从某些理论中推导出

来，经典物理学的所有理论和方法他都试过了，但都失败了。这使他认识到不能单纯从经典理论中推导出来，他注意到能量"连续变化"导致了"紫外灾难"。

为此，普朗克引入了一个大胆而有争议的假设——能量子假设：对于频率为 ν 的谐振子，其辐射能量是不连续的，只能取最小能量 $h\nu$ 的整数倍，即

$$\varepsilon_n = nh\nu \tag{2-45}$$

式中，n 称为量子数，$n=1$ 时的能量 $\varepsilon = h\nu$ 称为能量子。普朗克把 h 称为作用量子，它是最基本的自然常量之一，体现了微观世界的基本特征。由于 h 值非常小，因此能量的不连续性在宏观尺度上很难被觉察。

2.2.6 斯特芬—玻耳兹曼定律

斯特芬—玻耳兹曼定律揭示了辐射度随温度的增加而迅速增加的变化规律。1879 年，斯特芬(J. Stefan)从实验总结出一条黑体辐射度与温度关系的经验公式。1884 年，玻尔兹曼把热力学和麦克斯韦电磁理论综合起来，从理论上也导出了相同的结果，即

$$M_{\mathrm{B}}(T) = \sigma T^4 \tag{2-46}$$

其中，$\sigma = 5.670 \times 10^{-8}$ W·m^{-2}·K^{-4}，σ 称为斯特芬—玻耳兹曼常量，故上式所反映的黑体辐射规律称为斯特芬—玻尔兹曼定律。

利用普朗克公式也可以推导出斯特芬—玻耳兹曼定律，将普朗克公式的波长从零到无穷大进行积分，就可以得到整个波长上的辐射度(全辐射度)：

$$M_{\mathrm{B}}(T) = \int_0^\infty M_{\mathrm{B}}(\lambda, T)\mathrm{d}\lambda = \sigma T^4 \tag{2-47}$$

该公式表明黑体辐射的总能量与波长是无关的，仅与绝对温度的四次方成正比，即黑体的温度有很小的变化时，就会引起其辐射度 M 很大的变化。例如，如果黑体表面温度提高一倍(即原来的两倍)，则其单位面积上单位时间内总的辐射能量将是原来的 $2^4 = 16$ 倍。利用该公式可以很容易地计算出黑体在单位时间内从单位面积上向半球空间辐射的能量。例如，经过计算，氢弹爆炸时，其温度迅速升高，与物质聚合前相比本身温度提高千万倍，可以产生高达 3×10^7 K 的温度，物体在如此的高温下，从每平方厘米表面向外辐射的能量将是它在常温下辐射能量的 10^{20} 倍，这么大的能量，可以在 1 s 内，使得 2×10^7 t 的 0℃ 的冰水沸腾。

在实际应用中，通常利用斯特芬—玻耳兹曼定律计算物体的总辐射功率 P，有两种形式：一种是物体的绝对辐射功率，与物体的温度 T、发射率 ε、辐射面积 A 有关，数学描述为 $P = A\varepsilon\sigma T^4$；另一种是物体的相对辐射功率，不仅与物体的温度 T、发射率 ε、辐射面积 A 有关，而且与周围环境温度有关，即 $P = A\varepsilon_{\mathrm{T}}\varepsilon_{\mathrm{S}}\sigma(T_{\mathrm{T}} - T_{\mathrm{S}})^4$，$T_{\mathrm{T}}$ 是辐射体温度，T_{S} 是环境温度。后一种形式更能体现物体热辐射具有热平衡性，在辐射能量的同时也在吸收能量。

2.2.7 维恩位移定律和最大辐射度定律

1893 年，维恩由经典电磁学和热力学理论得到了能谱峰值对应的波长 λ_{m} 与黑体温度 T 的维恩位移定律：

$$\lambda_{\mathrm{m}}T = a = 2897 \ \mu\mathrm{m}\cdot\mathrm{K} \tag{2-48}$$

式中，a 称为维恩常量。

维恩位移定理指出，当提高温度 T 时，M_λ 的峰值向 λ 减小的方向移动，如图 2-18 所示。为了确定 M_λ 的峰值在 λ 处的值，令 $\mathrm{d}M_\lambda/\mathrm{d}\lambda=0$，则可得 $\lambda_\mathrm{m}T=a=2897\ \mu\mathrm{m}\cdot\mathrm{K}$，$a$ 是个常数。这表明，辐射度 M_λ 的峰值对应的波长 λ_m 与 T 成反比。维恩位移定律表明黑体辐射能力 $M_\mathrm{B}(\lambda,T)$ 的最大值所对应的波长 λ_m 与温度 T 成反比。随温度 T 的升高，波长 λ_m 就向短波方向移动，如图 2-18 所示。这就是定律中"位移"的物理意义。

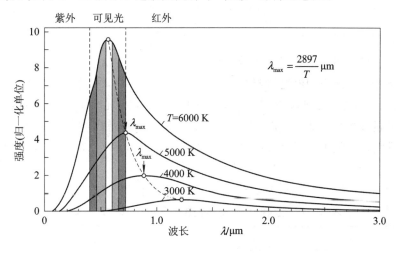

图 2-18　维恩位移定律

由式 (2-48) 可以算出不同物体辐射的峰值波长。例如，人体 (310 K) 的 $\lambda_\mathrm{m}=9.4\ \mu\mathrm{m}$，喷气发动机 (773 K) 的 $\lambda_\mathrm{m}=3.7\ \mu\mathrm{m}$，太阳 (6000 K) 的 $\lambda_\mathrm{m}=0.48\ \mu\mathrm{m}$。通过计算可知太阳的最大辐射在紫外区，而人体和喷气发动机的最大辐射几乎都在红外区 ($3\sim14\ \mu\mathrm{m}$)，据此结果选用对不同波长敏感的红外探测器，既可以发现人体、发动机，又不至于误跟踪上太阳。可见了解辐射体的辐射度的大致分布是合理选择探测器的依据。

若将 $\lambda_\mathrm{m}T$ 的值代入普朗克公式，则可以求出黑体光谱辐射度 $M_\mathrm{B}(\lambda,T)$ 的峰值，即

$$M_{\lambda\max}=BT^5 \tag{2-49}$$

其中，$B=c_1a^{-5}(\mathrm{e}^{c_2/a}-1)^{-1}=1.2867\times10^{-11}$。该公式称为维恩最大辐射度定律。

图 2-18 中的虚线就是黑体光谱辐射度峰值的轨迹，其物理意义表明当温度提高以后，物体所发出的辐射能大部分 (M_λ 曲线下的面积) 来自于频率较高、波长比较短的波段，相应的波长变化也就是维恩位移定律的几何表示。

维恩位移定理说明的物理意义是，当温度提高以后，物体所发出的辐射能大部分 (M_λ 曲线下的面积) 来自于频率较高、波长比较短的波段。例如，金属在室温下，向外的辐射能主要集中在红外波段。当金属受到加热后，就会逐渐发出红色的可见光，此时它向外的辐射能就主要来自于比红外波段频率更高的红光波段了。

斯特芬—玻耳兹曼定律和维恩位移定律都可以从普朗克定律推导得出。具体公式留给读者练习。

2.2.8　非黑体辐射规律

上面仅讨论了黑体辐射的规律，而自然界中所有的实际物体都是非黑体，即 $\alpha(\lambda,T)\neq1$，因而应该对它们进行研究，了解它们的辐射规律。在研究非黑体辐射规律，通常会用到一

个与材料性质有关的系数——发射率，来描述非黑体的热辐射。

1. 发射率 $\varepsilon(\lambda, T)$

定义发射率为实际物体的辐射量与同温度、同波长的黑体辐射量之比，用 $\varepsilon(\lambda, T)$ 表示，数学描述为

$$\varepsilon(\lambda, T) = \frac{M_{实}(\lambda, T)}{M_{黑}(\lambda, T)} \tag{2-50}$$

发射率 $\varepsilon(\lambda, T)$ 与材料种类、表面光洁度有关，随 λ、T 而变化。其物理含义表明实际辐射源接近黑体的程度，也叫黑体系数，其取值范围是 $0 < \varepsilon(\lambda, T) < 1$。

现实生活中，热绝缘和电绝缘材料往往是很好的发射体，如木材、橡胶、塑料、PVC、泥土、陶瓷、纸、混凝土、油漆的表面、建筑材料等，可以放心测量它们的发射率 $\varepsilon(\lambda, T)$；而金属是很差的发射体，如铜、钢、铁、黄铜、铬、镍、锌、铅、铝等，除了高度氧化的物体，一般金属发射率很少高于 0.25，所以测量它们的发射率 $\varepsilon(\lambda, T)$ 时需谨慎，容易引入反射的辐射能。

表 2-1 是各种金属化合物(常温至 800℃)的发射率值。

表 2-1 金属化合物(常温至 800℃)的发射率值

物　质	ε	物　质	ε
Al_2O_3	0.50	SnO_2	0.70
BeO	0.35	TiO_2	0.60
V_2O_5	0.70	Cr_2O_3	0.70
Fe_2O_3	0.70	Ce_2O_3	0.70
Y_2O_3	0.60	ZrO_2	0.74
Co_3O_4	0.75	$CaCO_3$	0.40
MgO	0.20	TaC	0.81
Cu_2O	0.70	ZrC	0.46
NiO	0.90	SiC	0.72
ZnO	0.11	Nb_2O_3	0.70
SiO_2	0.83		

2. 影响材料发射率的因素

影响材料反射、透射和辐射性能的有关因素必然会在其发射率的变化规律中反映出来。材料发出辐射是因其组成原子、分子或离子体系在不同能量状态间跃迁产生的。一般来说，这种发出的辐射，在短波段主要与其电子的跃迁有关，在长波段则与其晶格振动特性有关。因此，组成材料的元素、化学键形式、晶体结构以及存在缺陷等因素都将对材料的发射率产生影响。

影响发射率的因素有很多，常见的有以下几种：

(1) 材料本身的结构。一般地，金属导电体的 ε 值较小，电介质材料的 ε 值较高。存在这种差异的原因与构成金属和电介质材料的带电粒子及其运动特性直接有关。带电粒子的

特性不同,材料的电性和发射红外辐射的性能就不一样,而这往往与材料的晶体结构有关。氧化铝、氧化硅等电介质材料属于离子型晶体,碳化硅、硼化锆、氮化锆等材料属于共价晶体,铝等金属晶体的结构是正离子晶格由自由电子把它们约束在一起。

(2) 辐射波长。多数红外辐射材料,其发射红外线的性能,在短波主要与电子在价带至导带间的跃迁有关(绝缘体为 9 eV,半导体为 1~3 eV),在长波段主要与晶格振动有关。晶格振动频率取决于晶体结构、组成晶体的元素的原子量及化学键特性。图 2-19 所示为纯 SiC 的单色发射率与波长的关系。

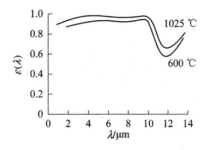

图 2-19 纯 SiC 的单色发射率与波长的关系

(3) 原材料预处理工艺。同一种原材料因预处理工艺条件不同而有不同的发射率值。例如,经 700℃空气气氛处理与经 1400℃煤气气氛处理的氧化钛的常温发射率分别为 0.81 和 0.86。

(4) 温度。电介质材料的发射率较金属大得多,有些随温度的升高而降低,有些随温度的升高而有复杂的变化。图 2-20 是各种材料的发射率和温度特性。

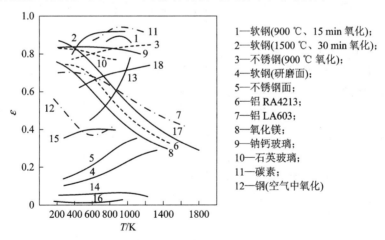

1—软钢(900 ℃、15 min 氧化);
2—软钢(1500 ℃、30 min 氧化);
3—不锈钢(900 ℃ 氧化);
4—软钢(研磨面);
5—不锈钢面;
6—铝 RA4213;
7—铝 LA603;
8—氧化镁;
9—钠钙玻璃;
10—石英玻璃;
11—碳素;
12—钢(空气中氧化)

图 2-20 各种材料的发射率和温度特性

(5) 其他因素。影响材料发射率的因素还有表面状态、材料的体因素、材料的工作时间等。一般来说,材料表面愈粗糙,其发射率值愈大(暖气片表面不光滑)。红外线在金属表上的反射性能与红外线波长对表面不平整度的相对大小有关,与金属表面上的化学特征(如油脂玷污、附有金属氧化膜等)和物理特征(如气体吸附、晶格缺陷及机械加工引起的表面结构改变等)有关。而材料的体因素包括材料的厚度、填料的粒径和含量等。对某些材料,如红外线透明材料或半透明的材料,其发射率值还与其体因素有关。原因是红外线能量在传播过程中材料的吸收所致。随着玻璃厚度的增加，发射率增大。在工作条件下，由于与环境介质发生相互作用或其他物理化学变化，从而引起成分及结构的变化，将使材料的发射率改变。

红外辐射搪瓷（表 2-2 显示的是一种高温搪瓷的发射率）、红外辐射陶瓷以及红外辐射涂料等是一般红外辐射材料通常使用的形式。

表 2-2　一种高温搪瓷的发射率

温度/℃	未处理前	经 1000℃、50 h 处理后
400	0.71	0.80
500	0.70	0.79
600	0.69	0.78
700	0.67	0.77
800	0.65	0.75
900	0.63	0.75

常用的发射率较高的红外辐射材料有碳、石墨、氧化物、碳化物、氮化物及硅化物等。

红外辐射涂料通常涂敷在热物体表面构成红外辐射体。红外辐射涂料中一般都选用在工作温度范围内发射率高的材料。红外辐射涂料由辐射材料的粉末与黏结剂（无机）等按适当比例混合配制而成。

3. 应用

航天器用红外辐射涂层是一种高温高发射率涂层，涂在航天器蒙皮表面上，作为辐射防热结构。

红外伪装的最基本原理是降低和消除目标与背景的辐射差别，以降低目标被发现和识别的可能性。近红外伪装涂层要求目标与背景的光谱反射率尽可能接近；中、远红外伪装涂层则一般采用低发射率涂层材料，以弥补二者的温度差异。据称美国隐形战斗机的机身表面就涂有减少雷达波及红外线的伪装涂层。

红外诱饵器作为对付红外制导导弹的一种对抗手段，正受到重视。若采用固体热红外假目标（诱饵），在表面涂上高发射率涂层，则能提高诱饵的红外辐射强度，从而提高假目标的有效性。选择不同辐射频率的材料做成的红外诱饵器可以模拟各种武器装备的红外辐射特征，更好地发挥红外诱饵假目标的作用。

4. 基尔霍夫定律的推论

下面从发射率定义、基尔霍夫定律和能量守恒公式出发，对发射率与吸收率、反射率、透过率的关系进行简单讨论，得到如下推论：

（1）好的吸收体也是好的发射体。

由 $\alpha(\lambda, T) = \dfrac{M(\lambda, T)}{M_B(\lambda, T)}$ 和 $\varepsilon(\lambda, T) = \dfrac{M(\lambda, T)}{M_B(\lambda, T)}$，得到 $\varepsilon(\lambda, T) = \alpha(\lambda, T)$，即发射率等于吸收率。所以对于物体的发射率不好测量时，通常就用吸收率来代替之。

（2）好的发射体绝不是好的反射体，好的反射体必定不是好的发射体和吸收体。

由 $\rho + \tau + \alpha = 1$ 可以得知，对于不透明物体，$\tau = 0$，所以 $\rho = 1 - \alpha$，可见吸收率增大，反

射率下降。结合(1)的结论，好的吸收体也是好的发射体，但不是好的反射体；好的反射体必定不是好的发射体和吸收体。

5. 辐射体分类

通常，以光谱发射率 $\varepsilon(\lambda, T)$ 与波长 λ 的不同关系把非黑体分成两大类：灰体和选择辐射体。

1）灰体

物体的光谱发射率 $\varepsilon(\lambda, T)$ 与波长 λ 无关，只与温度有关且发射率值又小于 1 的辐射体都叫灰体，即 $\varepsilon(\lambda, T) = \varepsilon(T)$。

对于一定温度而言，灰体辐射的光谱分布规律与黑体辐射的光谱规律分布规律完全一样，但每一波长处灰体辐射都小于黑体辐射。工程中常将喷气飞机的尾喷管、气动加热表面、人、大地及空间背景看成灰体。

2）选择辐射体

物体的光谱发射率 $\varepsilon(\lambda, T)$ 与温度和波长 λ 都有关的物体叫选择辐射体。选择辐射体在不同温度下对不同波长的辐射呈现选择性辐射，对入射的辐射能也呈现选择性吸收。

图 2-21 给出了非黑体的辐射特性与同温度下黑体辐射的比较示意图。图 2-22 是三类不同辐射体的光谱辐射出射度与波长之间的关系对比曲线。

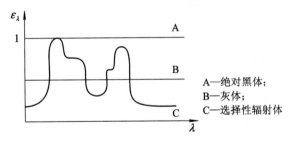

图 2-21　灰体与选择体辐射特性

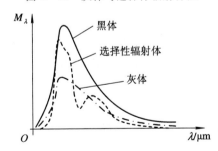

图 2-22　不同辐射体的光谱辐射出射度与波长之间的关系曲线

3）非黑体辐射的计算公式

由于引入了发射率，便可以把黑体的辐射定律应用于非黑体，并只要知道某物体在一定温度、一定条件下的发射率，应用相应发射率的定义式即可计算出非黑体的辐射规律。

对于非黑体在一定温度下的辐射特性与同温度下黑体辐射的关系由下式决定：

$$M_{\text{实际}}(\lambda, T) = M_{\text{黑体}}(\lambda, T) \cdot \varepsilon(\lambda, T) \tag{2-51}$$

或

$$M_{实际}(\lambda, T) = M_{黑体}(\lambda, T) \cdot \alpha(\lambda, T) \qquad (2-52)$$

由式(2-51)或式(2-52)看出，由于在给定温度下的黑体辐射规律已经得知，因此，研究非黑体的辐射特性，其实质是研究非黑体的发射率或吸收率。这就是说，只有获得了物体的发射率或吸收率值，才有可能知道物体的辐射特性。

2.2.9 黑体辐射计算及函数表

黑体辐射度 $M_{黑体(\lambda, T)}$ 的计算可以由普朗克公式来求出，但是，由普朗克公式求 $M_{黑体(\lambda, T)}$ 太过烦琐，因此工程中为了简化计算，引入黑体辐射函数表 $f(\lambda T)$、$F(\lambda T)$，分别称为"相对光谱辐射度表"和"相对辐射度表"。前者用于求给定温度下某一波长处的光谱辐射度，后者用于求给定温度下任意波长间隔内的辐射度。

1. 相对光谱辐射度表 $f(\lambda T)$

相对光谱辐射度表 $f(\lambda T)$ 表示特定的 λ、T 时的光谱辐射度与峰值波长的辐射度的比值。其定义式如下：

$$f(\lambda T) = \frac{M_{\lambda T 黑体}}{M_{\lambda T 峰值波长处}} \qquad (2-53)$$

由维恩位移定律可知

$$M_{\lambda T 峰值波长处} = BT^5$$

$$f(\lambda T) = \frac{M_{\lambda T 黑体}}{BT^5} = \frac{\dfrac{C_1}{\lambda^5 T^5} \dfrac{T^5}{e^{\frac{C_2}{\lambda T}} - 1}}{BT^5} = \frac{C_1}{B(\lambda T)^5} \frac{1}{e^{\frac{C_2}{\lambda T}} - 1} \qquad (2-54)$$

利用此式，以 λT 为变量，列出 $f(\lambda T)$ 的函数表。应用时，只要知道黑体的温度 T，则在任意给定的波长处黑体的光谱辐射度可以通过如下方法求出：

因为

$$f(\lambda T) = \frac{M_{\lambda T 黑体}}{M_{\lambda T 峰值波长处-黑体}}$$

$$M_{\lambda T 黑体} = f(\lambda T) M_{\lambda T 峰值波长处-黑体} = BT^5 f(\lambda T)$$

而 $f(\lambda T)$ 查表可知。查表时的变量是 λT，当求出该温度下某一波长处黑体的光谱辐射度 $M_{\lambda T 黑}$ 后，就可以根据

$$M_{\lambda T 实际} = M_{\lambda T 黑体} \cdot \varepsilon_{\lambda T} = M_{\lambda T 黑体} \cdot \alpha_{\lambda T} \qquad (2-55)$$

求出实际物体在该温度下某一波长处的光谱辐射度。

2. 相对辐射度表 $F(\lambda T)$

相对辐射度表 $F(\lambda T)$ 表示的是某个波段的辐射度在全波段的辐射当中所占的百分比，用以表示辐射体的辐射特性。其定义式如下：

$$F(\lambda T) = \frac{M_{0\sim\lambda}}{M_{0\sim\infty}} = \frac{\int_0^\lambda M_\lambda \, d\lambda}{\sigma T^4} = \frac{C_1}{\sigma C_2^4} \int_{\frac{C_2}{\lambda T}}^\infty \frac{\left(\dfrac{C_2}{\lambda T}\right)^3 d\left(\dfrac{C_2}{\lambda T}\right)}{e^{\frac{C_2}{\lambda T}} - 1} \qquad (2-56)$$

按照此式列出相对辐射度表，则可以按照下式计算波长从 0 到 λ 之间的辐射度值，即

$$M_{0\sim\lambda} = F(\lambda T) M_{0\sim\infty} = F(\lambda T) \sigma T^4 \qquad (2-57)$$

波长为 $\lambda_1 \sim \lambda_2$ 之间的计算方法如下：

$$M_{\lambda 1 \sim \lambda 2} = M_{0 \sim \lambda 2} - M_{0 \sim \lambda 1} = [F(\lambda_2 T) - F(\lambda_1 T)]\sigma T^4 \qquad (2-58)$$

引入"相对光谱辐射度表"和"相对辐射度表"两个表格的意义就是为了方便计算，也便于设备上的实现，因为高次运算很费时间。

3. 计算实例

计算 $T = 1000$ K 黑体的有关辐射特性：

- 峰值波长 λ_m；
- 光谱辐射度的峰值 $M_{\lambda m}$；
- $\lambda = 4$ μm 时的光谱辐射度 $M_{\lambda = 4}$；
- $0 \sim 3$ μm 波段辐射度 $M_{0 \sim 3 \mu m}$；
- $3 \sim 5$ μm 波段辐射度 $M_{3 \sim 5 \mu m}$。

(1) 由维恩位移定理 $\lambda_m T = a = 2897$ μm·K 可得

$$\lambda_m = \frac{a}{T} = \frac{2897}{1000 \text{ K}} = 2.8978 \ \mu\text{m}$$

说明 1000 K 黑体辐射的能量最大在波长为 2.8978 μm 处。

(2) $\qquad M_\lambda \max = BT^5 = 1.2867 \times 10^{-11} \times 1000^5 = 1.2867 \times 10^4 \ \text{W/m}^2$

此公式也叫"维恩最大辐射度定律"。

(3) $\lambda = 4$ μm 处，

$$M_{\lambda = 4} = BT^5 f(\lambda T)$$

又

$$f(\lambda T) = f(4 \times 1000)$$

经过查表可得

$$f(\lambda T) = f(4 \times 1000) = 8.0029 \times 10^{-1}$$

所以

$$M_{\lambda = 4} = 0.80029 \times 1.2867 \times 10^4 = 1.0279 \times 10^4 \ \text{W/(m}^2 \cdot \mu\text{m)}$$

(4) $\qquad M_{0 \sim 3 \mu m} = [F(\lambda T)]\sigma T^4 = F(3 \times 1000) \times 5.6697 \times 1000^4$

$$= 2.7322 \times 10^{-1} \times 5.6697 \times 1000^4 = 1.5490 \times 10^4 \ \text{W/m}^2$$

(5) $\qquad M_{3 \sim 5 \mu m} = [F(\lambda T)]\sigma T^4 = [F(5 \times 1000) - F(3 \times 1000)]\sigma T^4$

$$= 2.0442 \times 10^4 \ \text{W/m}^2$$

计算黑体及实际物体在某温度下任意波长处光谱辐射度 $M_\lambda(T)$ 的意义是：光谱辐射度表达的是黑体所发出的辐射的波长、温度与该辐射源的单位面积向半球空间发射的辐射功率三者之间的关系。制作成曲线见图 2-16。由该图可以看出，在某一温度曲线上，波长在何处的黑体辐射功率最强。以此可以确定探测设备的工作波长范围。

例如，人的体温是 36~37℃，据此可以计算出各波长处人体皮肤辐射的光谱辐射度。由此可以看出其辐射波长的范围主要在 2.5~15 μm，峰值波长在 9.4 μm 处。其中 8~14 μm 波段的辐射能占人体总辐射能的 46%，因此，医用或军用热像仪选择 8~14 μm 的波段工作，以便能接受人体辐射能的大部分能量。简言之，对于军事目标的辐射，研究 $M_\lambda(T)$ 的意义是研制军用光电系统的核心问题。光电系统能否探测到待测目标最重要的因素之一就是目标辐射能的大小及其光谱的分布，同时也依赖于目标与背景的辐射差异和随时间的变化情况，以区分目标和背景。

黑体的辐射具有如下特征：光谱辐射度随波长连续变化，每条曲线只有一个极大值；不同温度的曲线彼此互不相交；在任意波长上，温度越高，光谱辐射度越大，反之亦然；每条曲线下的面积（总辐射能量）为 $M = \int_0^\infty M_\lambda \, d\lambda = \sigma T^4$；随温度 T 的升高，曲线的极值所对应的峰值波长向短波方向移动（维恩位移定律），这表明黑体辐射中短波部分所占的比例在温度升高后，比例增大，长波辐射的比例减小；波长小于峰值波长的部分的能量约占 25%，大于峰值波长的能量约占 75%。强辐射体有 50% 以上的辐射能集中在峰值波长附近。因此，2000 K 以上的热金属的辐射能大部分集中在 3 μm 以下的近红外区域或可见光区。

2.3　目标与背景的辐射特性

目标与背景的红外辐射特性的研究，对于红外系统的设计、红外技术的使用是十分重要的。例如，若已知目标的一些特性，比如温度、尺寸、结构、发射率、反射比等，如何求得整个目标的辐射能量的数值，这是系统设计中首要考虑的问题。

所谓目标就是红外系统对其进行探测、定位或识别的对象，而背景就是从外界到探测装置的可以干扰对目标进行探测的一切辐射功率。任何一个红外系统都是针对某一种具体的目标和背景而使用的，因此，通常目标与背景是相对而言的。例如，当从空中红外系统侦察地面的军事设施时，该军事设施就是它的目标，周围的工厂、树木与山河均属于背景；反之，如果目的是作森林资源勘探，则周围的其他物体全是背景。

目标与背景都是红外辐射体，都遵从热辐射的基本定律，这是二者的共同特点。但人们更关注二者之间的差异，以便区别它们，这才是红外系统探测目标的基础。正是由于目标与背景具有不同的红外辐射特性，这就为目标和景物的探测、识别奠定了客观基础。

2.3.1　目标辐射特性

目标辐射特性主要包括三方面：
① 辐射能量在空间的分布情况；
② 辐射能量的光谱分布情况；
③ 辐射面积的分布情况。
其中，①、②与红外系统接收的有用能量大小有关，③与目标在红外装置中成像的面积大小有关。

由红外辐射的讨论可知，红外辐射的最基本问题是辐射体的温度、辐射体的表面反射率及辐射能的空间分布情况，因此，在分析目标辐射特性时要紧紧围绕这几方面来展开。

1. 空中目标红外辐射特性

空中目标指飞机、导弹、运载火箭、卫星等飞行器。典型飞行器的红外辐射的来源主要由三部分组成，分别是发动机尾喷口的辐射、尾焰的辐射（发动机喷出的燃烧废气）及气动加热导致的蒙皮的辐射。图 2-23 为飞行中飞机的红外辐射照片。

图 2-23　飞行中飞机的红外辐射照片

以某典型战斗机为例，首先为其建立物理模型（如图 2 - 24 所示），包括机头、机舱盖、机身、机翼、水平尾翼、垂直尾翼和尾喷管。其中，尾喷管部件较为复杂，包括外涵进口、内涵进口、混合器和中心锥。

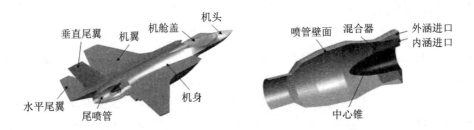

图 2 - 24　飞机模型

对飞行器流场与飞机各区域内分别建立计算网格，如图 2 - 25 所示。通过求解不同的辐射传输方程确定飞机各部位的温度分布情况。通常采用 FLUENT 软件进行流场的数值模拟，运用耦合显式求解器进行求解，流场计算的湍流模拟采用 SST $k - \omega$ 两方程模型。方程组解收敛的判别标准是残差小于 1.0×10^{-3}。

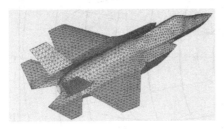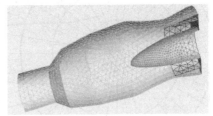

图 2 - 25　飞机红外网格划分示意图

1）发动机尾喷口的辐射

（1）辐射强度 I 及其空间分布。通常在粗略计算中，可将喷管内腔看做灰体，利用黑体辐射公式及实际物体的光谱辐射度计算公式(2 - 51)进行辐射特性的计算。

实际的喷管内腔各点的温度是不相同的，但在计算中，可以认为喷管内腔各点的温度是均匀的，且呈漫射特性，近似看成朗伯源，因此我们可以根据前面所讲的辐射能计算公式求出尾喷管的总辐射功率 P，即

$$M = \sigma T^4$$

$$P = \varepsilon M \cdot \frac{\pi D^2}{4} \tag{2 - 59}$$

式中：D 为喷管的直径，单位为 cm；ε 为喷管的发射率。

对于朗伯源而言，空间各方向上的辐射强度 I_θ 按余弦规律分布，即

$$I_\theta = I_0 \cos\theta$$

式中：θ 为偏离喷管轴线方向角；I_0 为尾喷管轴向的辐射强度。朗伯源在面辐射源法线方向上的辐射强度为

$$I_0 = \frac{P}{\pi} \qquad\qquad (2-60)$$

已知 I_0 后，将式（2-59）、式（2-60）带入 $I_\theta = I_0\cos\theta$ 即可求出尾喷管的辐射强度的空间分布：

$$I_\theta = \frac{\sigma}{4}\varepsilon D^2 T^4 \cos\theta \qquad\qquad (2-61)$$

可见尾喷管辐射强度的空间分布与尾喷管的温度、形状、发射率、后半球空间方向角有关，改变任意一个参量，均会改变尾喷管辐射强度的空间分布情况。

部分飞机发动机辐射强度空间分布曲线如图 2-26 所示，0°表示发动机的轴线，圆弧表示等强线（圆上的各点辐射强度相等）。从图中可以看出机身后半球空间方向范围的红外辐射强度普遍大于前半球空间方向范围，在机身正后向小角度空间范围内，红外辐射强度比较大，最大值在机身正后向。

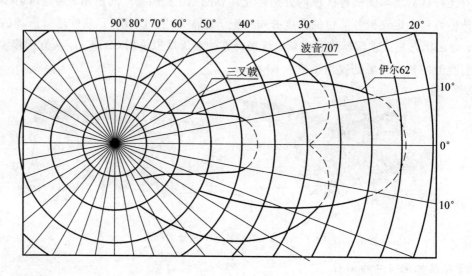

图 2-26 部分飞机发动机尾喷管辐射强度空间分布曲线

（2）光谱分布情况。尾喷口的红外辐射特性除了空间分布特性外，还具有不同的光谱分布特性。根据维恩定律首先计算出光谱辐射度的峰值波长 λ_m。如果喷口温度为 $500\,^{\circ}\!\mathrm{C}$，则

$$\lambda_m = \frac{\alpha}{T} = \frac{2897}{773} = 3.74 \ \mu m$$

即喷口的辐射在 $3.74 \ \mu m$ 处出现最大值。

红外装置总是选择在某一波长范围之内工作，围绕峰值波长 λ_m 确定一个波长范围 $\lambda_1 \sim \lambda_2$，依据普朗克公式和喷管发射率 ε 确定红外装置在有效波长范围（$\lambda_1 \sim \lambda_2$）内的光谱辐射度 $M_{\lambda_1\lambda_2}$，即

$$M_{\lambda, b} = \frac{2\pi hc^2}{\lambda^5} \cdot \frac{1}{e^{hc/\lambda k_B T} - 1}$$

$$M_{\lambda_1 \lambda_2} = \int_{\lambda_1}^{\lambda_2} \varepsilon_\lambda M_{\lambda,b}\, \mathrm{d}\lambda \qquad (2-62)$$

进而可以求得辐射功率的光谱分布 $P_{\lambda_1 \lambda_2}$ 和辐射强度的光谱分布 $I_{\theta\lambda_1\lambda_2}$：

$$P_{\lambda_1 \lambda_2} = \varepsilon_\lambda M_{\lambda_1 \lambda_2} \frac{\pi D^2}{4} \qquad (2-63)$$

$$I_{\theta_{\lambda_1 \lambda_2}} = \frac{P_{\lambda_1 \lambda_2}}{\pi} \cos\theta \qquad (2-64)$$

（3）辐射面积的大小。对空中目标进行探测时，红外探测器与飞行器之间的距离远大于目标尺寸，因此，飞行器可当作点辐射源处理，所以此处不考虑辐射面积的影响。

2）尾焰的辐射

尾焰是飞机发动机喷射的高温、高速气流，由碳微粒、二氧化碳及水蒸气等组成，各种高温气体之间存在着放射与吸收红外能量的复杂关系。气流喷出后迅速扩散，温度也迅速降低，尾焰在喷口后方的温度分布如图 2-27 所示。

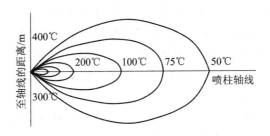

图 2-27　尾焰在喷口后方温度分布图

根据普朗克定律可以求出尾焰温度场中各点处的光谱辐射度 M_λ，从而得到各点的光谱辐射亮度 L_λ。对于空气喷气发动机尾焰辐射，利用传输方程可得到：

$$L_\lambda(\lambda, s) = -\int_0^s L_{\lambda,b}(\lambda, s') \frac{\partial}{\partial s}\tau(\lambda; s', s)\,\mathrm{d}s' \qquad (2-65)$$

式中，L_λ 为尾焰外沿研究点处相对于观测方向的光谱辐射亮度，s 为观测方向的传输路径，$\tau(\lambda; s', s)$ 为沿 s 路径中某一点 s' 的光谱透过率。

根据在气体介质中辐射亮度的定义，使公式（2-65）对波长范围（$\lambda_1 \sim \lambda_2$）、空间立体角范围 $\omega_1 \sim \omega_2$ 积分，就可得到观测点处的辐照度 E_s：

$$E_{s_{\lambda_1 \lambda_2}} = \int_{\omega_1}^{\omega_2} \int_{\lambda_1}^{\lambda_2} L_\lambda(\lambda, s)\,\mathrm{d}\lambda\,\mathrm{d}\omega \qquad (2-66)$$

则根据距离平方反比定律，尾焰在空中某一方向上在探测器工作波段的光谱辐射强度为

$$I_{\lambda_1 \lambda_2} = \frac{E_{s_{\lambda_1 \lambda_2}} R^2}{\tau_a} \qquad (2-67)$$

式中，R 为尾焰至观测点的距离，τ_a 为尾焰至观测点的距离 R 形成的透过率。

此外，尾焰辐射具有大气分子辐射特性，在与水蒸气及二氧化碳共振频率相应的波长附近呈较强的选择辐射，废气（尾焰）的辐射光谱分布见图 2-28。二氧化碳、水蒸气在 2.7 $\mu\mathrm{m}$

和 4.3 μm 附近的波段上有相当大的辐射，但大气中也有大量的水蒸气和二氧化碳，在同样的波段上又引起大量的吸收，因此温度迅速下降。

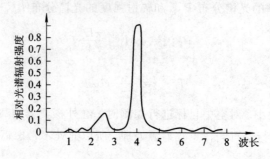

图 2-28　废气辐射的光谱分布曲线

3）气动加热导致蒙皮产生的热辐射

任何一个在大气中高速运动的物体都会因气动加热而升高温度。尤其当速度在马赫数 2 以上时，引起的高温，将产生红外系统设计者感兴趣的足够的辐射。

为了理解气动加热产生的辐射，下面先介绍两个基本概念。

（1）附面层。当流体流过物体时，有一部分贴近表面，称为附面层。在这层内，由于紧贴着表面，流体的流动受到了影响。附面层内流体可以是层流，比较平滑地流动，也可以是紊流、湍流、涡流，流体受到剧烈的扰动，杂乱地流动。通常在流体中物体的侧面是层流，但在物体后部常常变成紊流。

（2）驻点。在超高声速飞行的物体前部，流体因受剧烈压缩而变成完全静止的点，称为驻点。在这一点，运动着的流体动能以高温和高压的形式转变成了势能（热能）。这点的温度称为驻点温度，由下式给出：

$$T_s = T_0\left[1 + r\left(\frac{\gamma - 1}{2}\right)M^2 a\right], \quad (Ma \leqslant 10) \tag{2-68}$$

式中：T_s 为驻点温度，单位为 K；T_0 为周围大气的温度，单位为 K；r 为恢复系数，层流 $r = 0.82$，紊流 $r = 0.87$；γ 为质量热容比，$\gamma = c_p/c_v = 1.4$。其中，c_p 为定压热容量，表示压力一定下单位流体所含热量；c_v 为定容热容量，表示容积一定下单位流体所含热量。

从式（2-70）看出马赫数 Ma 是影响驻点温度的主要因素。例如，对于在层流层（高度在 $11 \sim 24$ km）高速运动的物体，气动加热引起的蒙皮温度为

$$T = 216.7(1 + 0.164Ma^2) \tag{2-69}$$

马赫数 Ma 与温度 T 的关系见图 2-29。当 Ma 数比较小，飞行速度不高时，蒙皮温度取决于高度 H，H 越高，空气越稀薄，T 越小；H 越低，空气越稠密，T 越大；当 Ma 数增大时，蒙皮温度则由气动加热引起，变化规律符合驻点温度的公式。例如：F104 飞机，$Ma = 2$，$T = 122℃$；X-2 飞机，$Ma = 3$，$T = 340℃$，$Ma = 4$ 时，T 高达 600℃，相当于尾喷口的温度。

对飞行器流场与蒙皮区域内分别建立计算网格，并利用 FLUENT 软件计算蒙皮的温度分布。

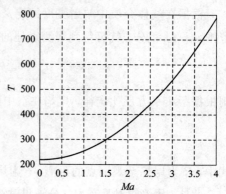

图 2-29　马赫数与温度的关系

在获取飞机蒙皮温度分布后，针对飞机外形进行简单的几何模拟，将其表面沿轴向和径向分成 $n \times m$ 个小面元，对温度变化明显的部分实施局部加密，以提高计算精度。根据普朗克定律求出各面元的光谱辐射度 $M_{\lambda, ij}(T_{ij})$，再利用积分可以求出该面元在任意波段内的辐射度。

为进一步获取飞机蒙皮的辐射强度，则必须确定观察点。在某时刻把观察点可观察到的所有面元的辐射强度进行求和，即可得到辐射强度：

$$I_s = \sum_{i, j} \frac{\Delta A_{ij} \cos\theta_{ij} \int_{\lambda_1}^{\lambda_2} M_{\lambda, ij} \, \mathrm{d}\lambda}{\pi} \tag{2-70}$$

式中，ΔA_{ij} 为面元面积，θ_{ij} 为视线与面元法线之间的夹角。显然在某一时刻，飞机蒙皮在某一光谱波段内的辐射强度除与飞机蒙皮在该时刻的表面温度有关外，还与观察点位置及飞机在空中的姿态有关。

飞机蒙皮由机头、机翼、机身、进气道、垂尾、平尾和发动机舱等部分构成，如图 2-30 所示。飞机蒙皮各部分在 8~14 μm 波段的红外辐射强度分布如图 2-31 所示。图 2-31 中纵轴表示的是红外辐射强度，单位是 W/Sr；横轴是飞行器水平方向的方位角，单位是°（度），如 90°表示的是飞行器的左侧，180°表示的是飞行器的正前方，270°表示的是飞行器的右侧。

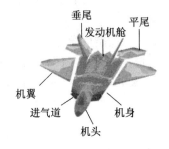

图 2-30　蒙皮各部分组成图

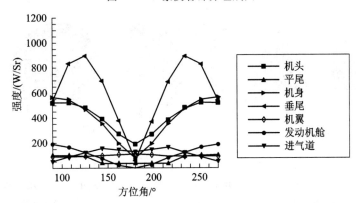

图 2-31　蒙皮各部分在 8~14 μm 波段的红外辐射强度分布

从图 2-32 中可以看出：

（1）蒙皮的机头、垂尾、机身以及发动机舱均是对水平方向的红外辐射影响比较大的部件。各部件受几何投影、温度等因素的影响不同，其中尽管发动机舱温度比较高，但是由于在水平 180°方向上对发动机舱的遮挡，因此对前向的红外辐射强度影响几乎没有，而对飞行器两侧的红外辐射强度影响比较大。

（2）垂直尾翼在水平方向的红外辐射强度最大值在 120°和 230°方向，在前向 180°方向上垂直尾翼的红外辐射强度相对比较小。可以看出，垂直尾翼在各个部件中对水平方向红外辐射强度的贡献是最大的。机翼、进气道等部件由于受气动加热作用对前向的红外辐射强度的影响比对两侧的红外辐射强度的影响相对比较大。水平尾翼面积比较小，是对前向的红外辐射影响比较小的部件。

可见，飞行器蒙皮产生的辐射是向空间所有 4π 立体角辐射的，因此对高速飞行蒙皮温度很高的这种目标进行攻击时，就没有任何方向性的限制，可以实现全向攻击。随着方向的变化，各部分对总的红外辐射影响的作用是不同的，视其温度分布情况及蒙皮在该方向上的有效投影面积而定。

总之，空中目标的总辐射功率为

$$P_\Sigma = P_{尾喷口} + P_{废气} + P_{蒙皮} \tag{2-71}$$

由于发动机的类型不同，飞行器的速度和有无加力燃烧等条件不同，因此各部分辐射功率所起的作用不同。在低速状态，$P_{尾喷口}$ 起主要作用；有加力，在打加力时，$P_{废气}$ 在短时间内（打加力的时间内）起主要作用；速度提高，$P_{蒙皮}$ 要考虑进去，$Ma=2.5$ 以上，则 $P_{蒙皮}$ 逐渐成为主要因素。当然也要考虑探测器的灵敏度。灵敏度高，Ma 不是特别大时，也可以探测到蒙皮因气动加热而产生的辐射。

下面给出某型飞机红外积分辐射强度空间分布，如图 2-32 所示。图中的红外积分辐射强度值是通过归一化处理后为无量纲的数值。图（a）是飞机前半球空间中飞机的红外辐射强度分布云图，图（b）是飞机左半球空间中飞机的红外辐射强度分布云图，图（c）是飞机后半球空间中飞机的红外辐射强度分布云图，图（d）是以一个适当的角度显示了飞机的红外辐射强度分布云图。

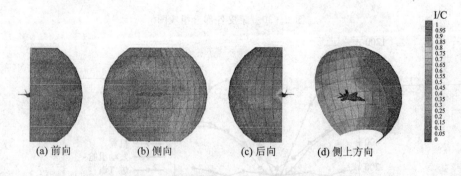

(a) 前向　　　(b) 侧向　　　(c) 后向　　　(d) 侧上方向

图 2-32　飞机在不同方向上的红外辐射强度分布

从图 2-32 中可以看出，在俯仰角 $|\alpha|=15°$ 或 30°探测锥面上，红外辐射强度最大值分别出现在方位角 $\beta=160°$ 或 170°的空间方向上，这是由于在 $|\alpha|=15°$ 或 30°的探测锥面上，中心锥、混合器、内涵进口的红外辐射贡献已不明显，主要辐射来源于喷管壁面，红外辐射强度分别在方位角 $\beta=160°$ 或 170°的空间方向上达到最大值；对于其他探测锥面，红外辐射强度最大值出现在方位角 $\beta=180°$ 的空间方向上。从图（a）和图（b）中可以看出，在 $3\sim5\,\mu m$ 波段，机身前半球空间中，当方位角一定时，红外辐射强度随俯仰角绝对值增大

而增大，机身后半球空间方向范围的红外辐射强度普遍大于前半球空间方向范围；从图(c)和图(d)中可以看出，在机身正后向小角度空间范围内，红外辐射强度比较大，最大值在机身正后向。

2. 地面目标

典型地面目标如坦克的红外辐射能 60% 来自发动机和传动齿轮，发射率平均为 0.9。中型坦克经过长时间的开动后表面平均温度达 300K(27℃)，有效辐射面积为 1 m²，全部辐射功率为 1300 W，峰值波长为 7.24 μm；人的发射率 $\varepsilon_{发}$=0.98，4 μm 以上为 0.99，且与肤色有关，30%～40% 的能量集中在 8～13 μm 的波段上；火炮的红外辐射主要来自炮口的闪光、燃烧的气体、炮体的发射热等。例如，155 mm—M2 型火炮，28℃时以每秒 1 发连射 57 发炮弹后，炮体的温度可高达 124℃，主要来自炮弹与膛线摩擦以及火药气体燃烧对炮身的加热。

2.3.2　背景辐射

空中目标的背景包括太阳、月亮、大气和云团等。对于地面目标来说，背景是指大地、建筑和森林等。背景辐射进入红外装置后会产生背景干扰，使红外装置不能正常工作。因此，设计红外装置时总是设法去除或减弱背景干扰。为了研究背景辐射对目标探测和跟踪的影响，以及为了寻求抑制背景干扰的方法，需要对背景的辐射特性进行分析研究。

1. 太阳、月亮的辐射

太阳本身是一个巨大的辐射源，在粗略的计算中，常把太阳的光谱辐射特性看成与温度为 6000 K 的黑体等效。可见，太阳辐射和目标辐射的不同点在于太阳的温度比目标的温度高得多，因此太阳辐射的最大值对应的波长在 0.48 μm 处，显然比目标辐射最大值对应的波长要短。太阳的辐射能绝大部分都集中在 0.15～4 μm 波长范围内。太阳垂直入射到地表面上的辐射照度约为 880～900 W·m⁻²，由于太阳的辐射主要集中在 4 μm 以下，因此 3 μm 以上的红外辐射在地球表面上的辐射照度远低于 900 W·m⁻²。太阳的直径为 1.39×10⁶ km，太阳与地球之间的距离为 1.495×10⁸ km，因而其视角为 3′59″，据此可以计算太阳在红外装置中成像面积的大小。实际测得的结果是太阳对红外装置的影响是比较大的，尤其在与太阳垂直入射方向成 0°～50° 范围内影响更大。因此，红外仪器不能正对着太阳工作。

月亮主要靠反射太阳的辐射，这部分辐射光谱与太阳相同。此外，月亮表面温度在 −183～127℃ 变化，因而也会产生一定的自身辐射，其辐射光谱最大值之波长约为 12.6 μm。

2. 天空的辐射

天空的辐射主要来自于大气。大气辐射对于对空工作的红外系统是十分重要的，它往往决定着系统的性能和背景噪声的水平。

大气的辐射波长在 3 μm 以下，主要由大气中所含水蒸气、二氧化碳等气体分子及悬浮物对太阳光的散射构成；在 3 μm 以上，主要由大气自身的热辐射所构成。

散射太阳光主要存在于白天。而大气自身的热辐射无论白天或夜晚均存在，但由于大气温度很低，在 3 μm 以下的自身热辐射相对于散射的太阳辐射可以忽略。图 2 - 33 所示为晴朗的白天及夜晚，天空辐射光谱的分布曲线。在晴朗的白天时，3 μm 以下为散射太阳辐射，大于 3 μm 的辐射为大气自身的热辐射；晴朗夜晚天空的辐射就只有大气自身的热辐射。

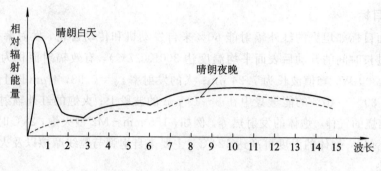

图 2-33　天空辐射光谱分布曲线

大气自身的热辐射除与大气的温度有关以外，还与观测路程中的水蒸气、二氧化碳、臭氧的含量以及观测角度有关。

3. 云团辐射

云团的辐射有反射太阳的辐射(3 μm 以下)、自身的辐射，光谱分布与晴朗的天空相近，辐射的波长在 6～15 μm。其有效面积、反射系数、发射率等随气象条件、高度、地区等差异比较大，辐射的随机性也比较大。由于小块的云团或云团的边缘和目标的辐射面积比较接近，与大气辐射相比更容易使红外系统受到干扰。

目标辐射与背景辐射的共同点是都有一定的温度，向外辐射红外线；不同点是辐射的分布规律、峰值辐射波长及辐射能集中的波段不同。工程中常采用色谱滤波的办法，利用目标的峰值辐射波长与背景的峰值辐射波长和辐射能集中的波段不同，适当选择红外装置的工作波段，使之对目标敏感，而对背景不敏感，达到抑制背景干扰的目的。也可以采用空间滤波的方法，即利用背景与目标辐射面积大小不同来达到抑制背景干扰的目的。尽管采用了类似上述抑制背景干扰的措施，并不能完全消除背景的干扰，但往往能保证红外系统的正常工作。

地面背景的辐射比较复杂，包括长波辐射和短波辐射两个部分。研究地面辐射可以先建立数学模型，然后对其红外特征进行测量，对测量的数据进行统计或相关处理，并据此建立经验模型，再将数学模型和经验模型进行相互对比修正。

2.3.3　空中目标反射辐射特性

对空中目标的探测告警、搜索跟踪是地空红外侦察告警、捕获跟踪等成像设备的主要任务。对空中目标的作用距离是红外成像设备的一项重要指标，作用距离的大小决定着留给防御方进行防御反击时间的长短，决定着防御方重要目标、设施、阵地存活概率的大小。作用距离越大，防御方就越有足够的时间进行反应而采取相应的对抗措施对敌方的光电武器实施对抗，降低敌方光电武器的毁伤效率，提高己方目标、设施、阵地的存活概率。在作用距离的考核采取仿真的方法是大势所趋，但在作用距离考核试验中，对目标的辐射特性计算要求较高。

反射辐射(反射环境辐射)是目标辐射特性的重要组成部分,而空中目标反射辐射特性计算可由下式得到:

$$L_{bg'}(\lambda_1 \sim \lambda_2) = L_{sky'}(\lambda_1 \sim \lambda_2) + L_{sun'}(\lambda_1 \sim \lambda_2) + L_{earth'}(\lambda_1 \sim \lambda_2) \qquad (2-72)$$

式中:λ_1、λ_2表示起止波长;$L_{bg'}(\lambda_1 \sim \lambda_2)$表示总的反射辐射;$L_{sky'}(\lambda_1 \sim \lambda_2)$表示反射天空背景部分的辐射;$L_{sun'}(\lambda_1 \sim \lambda_2)$表示反射太阳直射部分的辐射;$L_{earth'}(\lambda_1 \sim \lambda_2)$表示反射地面背景部分的辐射。

在计算反射环境辐射的过程中需要确定一些几何关系,如图 2-34 所示。图 2-34 中各个变量定义为:$OXYZ$ 表示地面坐标系,dS 表示目标上的某一面元;n 表示面元法线方向;β 表示面元倾角,为 n 与天顶之间的夹角,角度范围为$[0,\pi]$,垂直向上为 0°,垂直向下为 π;α 表示面元俯仰角,为 n 与水平面之间的夹角,其范围为 $\left[-\dfrac{\pi}{2}, \dfrac{\pi}{2}\right]$,向上为正(天顶方向),向下为负(天底方向);$\varphi$ 表示面元方位角,为 n 在水平面投影 n' 与正北方向的夹角,角度范围为$[0,2\pi]$,正北方向为 0。

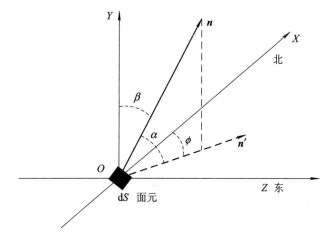

图 2-34　目标面元法向与地面坐标系中的几何关系

1. 目标反射天空背景辐射计算

1) 目标高度处天空背景辐射特性计算

目标高度处的天空背景辐射计算与地面处的天空背景辐射计算方法相同,对应大气长度为从目标到无穷远处。根据地面气象参数对大气进行分层,通过 Modtran 软件可计算得到。由于红外侦察告警、搜索跟踪设备作用距离有限,所以对空中目标探测告警、搜索跟踪一次有效时间也比较短(几分钟),因此在其仿真试验中仿真生成红外图像时,可认为天空背景的辐射在这段时间内不变,这样可事先对目标高度处半球天空背景辐射亮度进行计算,以数据表的形式存储,仿真试验时通过读取表格相应数据的形式进行应用。

2) 目标面元反射天空背景辐射计算

目标面元反射天空背景与面元法线方向有关,在讨论下列情况时可采用一些近似和经验知识,为工程计算提供方便。

第一,目标上各面元近似用朗伯体(漫发射体)来表示,这样该面元也可以看成漫反射体,即

$$\rho(\lambda, \theta, \varphi) = \rho(\lambda) \qquad (2-73)$$

第二，天空背景的辐射亮度与方位无关，只与仰角有关，随着仰角的增大，天空辐射亮度变大。

$$L(\lambda, \theta, \varphi) = L(\lambda, \theta) \qquad (2-74)$$

根据面元法线方向范围，可分为以下几种情况计算目标反射天空背景辐射。

(1) 面元法线正向上($\beta = 0$，$\alpha = \pi/2$)。面元法线正向上时看到的天空背景为整个上半球天空，则在面元上产生的辐射照度计算公式如下：

$$E_{sky}(\lambda_1 \sim \lambda_2) = \int_0^{\pi/2} \int_0^{2\pi} \int_{\lambda_1}^{\lambda_2} L_{sky}(\lambda, \theta, \varphi) \mathrm{d}\lambda \ \sin\theta \ \cos\theta \ \mathrm{d}\theta \ \mathrm{d}\varphi \qquad (2-75)$$

式中，θ 表示俯仰角，φ 表示方位角。当 $\alpha \geqslant 0$ 时，θ 与 α 方向相同；当 $\alpha \leqslant 0$ 时，θ 与 $-\alpha$ 方向相同。该面元反射天空背景的总辐射亮度计算公式为

$$L_{sky'}(\lambda_1 \sim \lambda_2) = \int_0^{\pi/2} \int_0^{2\pi} \int_{\lambda_1}^{\lambda_2} f_r \times L_{sky}(\lambda, \theta, \varphi) \mathrm{d}\lambda \ \sin\theta \ \cos\theta \ \mathrm{d}\theta \ \mathrm{d}\varphi \qquad (2-76)$$

式中，f_r 是与材料、波长、入射、散射角度等参数有关的函数，当入射面是朗伯面时，$f_r = \dfrac{\rho_{tar}(\lambda)}{\pi}$。该面元反射天空背景的总辐射亮度表示为

$$L_{sky'}(\lambda_1 \sim \lambda_2) = \int_0^{2\pi} \int_0^{\pi/2} \int_{\lambda_1}^{\lambda_2} \rho_{tar}(\lambda) \times L_{sky}(\lambda, \theta, \varphi) \mathrm{d}\lambda \ \sin\theta \ \cos\theta \ \mathrm{d}\theta \ \mathrm{d}\varphi/\pi \qquad (2-77)$$

在工程计算过程中，$\rho_{tar}(\lambda)$ 取波段平均值(用 ρ_{tar} 表示)，则上式可变为

$$L_{sky'}(\lambda_1 \sim \lambda_2) = 2\rho_{tar} \sum_{i=1}^{l} \Delta\theta L_{sky}(\lambda_1 \sim \lambda_2)(\theta_i) \sin\theta_i \ \cos\theta_i \qquad (2-78)$$

式中：$\Delta\theta$ 表示俯仰角变化间隔；$\theta_i = i\Delta\theta$；$I = \dfrac{\pi}{2\Delta\theta}$，$\theta$ 表示俯仰角(等于 $\pi/2$ —天顶角)。

以下讨论的各种情况仅给出该情况的反射辐射亮度公式。

(2) 面元法线向上($0 < \beta < \dfrac{\pi}{2}$，$0 < \alpha < \dfrac{\pi}{2}$)。如图 2-35 所示，法线向上时对天空背景的观察仰角范围为 $[0, \pi-\beta]$，面元反射天空背景的辐射亮度分别用 $L'_{1sky}(\lambda_1 \sim \lambda_2)$、$L'_{2sky}(\lambda_1 \sim \lambda_2)$ 表示。$L'_{1sky}(\lambda_1 \sim \lambda_2)$ 对应天空背景分布范围，其中 φ 为 $[0, \pi]$，θ 为 $[0, \dfrac{\pi}{2}]$；$L'_{2sky}(\lambda_1 \sim \lambda_2)$ 对应天空背景分布范围，其中 φ 为 $[0, 2\pi]$，θ 为 $[\beta, \dfrac{\pi}{2}]$。

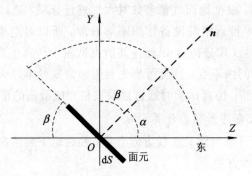

图 2-35　目标面元在地面坐标系中的侧视图

两部分的反射辐射亮度分别如下：

$$L'_{1sky}(\lambda_1 \sim \lambda_2) = \frac{\rho_{tar} E_{1sky}(\lambda_1 \sim \lambda_2)}{\pi}$$

$$= \frac{\rho_{tar}}{\pi} \sum_{i=1}^{I} \sum_{j=1}^{J} L_{sky}(\lambda_1 \sim \lambda_2)(\sin\theta_i \sin\alpha + \cos\theta_i \sin\varphi_j \cos\alpha)\cos\theta_i \Delta\theta\Delta\varphi$$

$$(2-79)$$

$\Delta\varphi$ 表示方位角变化间隔，$\varphi_i = j\Delta\varphi$，$J = \dfrac{\pi}{\Delta\varphi}$。

$$L'_{2sky}(\lambda_1 \sim \lambda_2) = \frac{\rho_{tar} E_{1sky}(\lambda_1 \sim \lambda_2)}{\pi}$$

$$= \frac{\rho_{tar}}{\pi} \sum_{i=1}^{I} \sum_{j=1}^{J} L_{sky}(\lambda_1 \sim \lambda_2)(\lambda, \theta)(\sin\theta_i \sin\alpha - \cos\theta_i \sin\varphi_j \cos\alpha)\cos\theta_i \Delta\theta\Delta\varphi$$

$$(2-80)$$

式中，$I = \dfrac{\left(\dfrac{\pi}{2} - \alpha\right)}{\Delta\theta}$，$J = \dfrac{\arcsin\left(\dfrac{\sin\theta}{\sin\beta}\right)}{\Delta\varphi}$，则总的反射天空背景辐射亮度为

$$L'_{sky}(\lambda_1 \sim \lambda_2) = L'_{1sky}(\lambda_1 \sim \lambda_2) + L'_{2sky}(\lambda_1 \sim \lambda_2) \qquad (2-81)$$

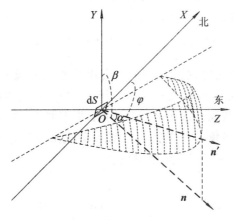

图 2-36 面元法线向下时天空背景辐射积分区

（3）面元法线水平（$\beta = \pi/2$，$\alpha = 0$）。此种情况下，面元只能看见一半的天空背景，则天空背景在面元上产生的辐射照度计算如下：

$$E_{sky}(\lambda_1 \sim \lambda_2) = \int_0^\pi \int_0^{\pi/2} \int_{\lambda_1}^{\lambda_2} L_{sky}(\lambda, \theta)d\lambda \cos\theta \sin\varphi \cos\theta\, d\theta\, d\varphi \qquad (2-32)$$

那么该面元反射天空背景的总辐射亮度计算公式如下：

$$L'_{sky}(\lambda_1 \sim \lambda_2) = \int_0^\pi \int_0^{\pi/2} \int_{\lambda_1}^{\lambda_2} \rho_{tar}(\lambda) \times L_{sky}(\lambda, \theta)d\lambda \cos^2\theta\, d\theta \sin\varphi\, d\varphi/\pi$$

$$= \frac{2\rho_{tar}}{\pi} \sum_{i=1}^{N} \Delta\theta L_{sky}(\lambda_1 \sim \lambda_2)(\theta_i)\cos^2\theta_i \qquad (2-83)$$

（4）当面元法线向下时（$\dfrac{\pi}{2} < \beta < \pi$，$-\dfrac{\pi}{2} < \alpha < 0$）。此种情况下，面元所能看到的天空范围如图 2-36 中的阴影区域所示。对应的俯仰角范围为 $[0, \pi/2 + \alpha]$，方位角范围为 $[\varphi -$

$\frac{\pi}{2}$，$\varphi+\frac{\pi}{2}$]，同前面因为天空背景与方位角无关，则方位角范围可以等效到[0，π]。于是面元反射的天空辐射亮度计算公式如下：

$$L'_{sky}(\lambda_1 \sim \lambda_2) = \frac{\rho_{tar}}{\pi} \sum_{i=1}^{I} \sum_{j=1}^{J} L_{sky}(\lambda_1 \sim \lambda_2)(\theta_i)(\sin\theta_i\cos\alpha + \cos\theta_i\sin\varphi_i\cos\alpha)\cos\theta_i\Delta\theta\Delta\varphi$$

$$(2-84)$$

式中，$I = \dfrac{(\frac{\pi}{2}+\alpha)}{\Delta\theta}$，$J = \dfrac{\left\{\pi - 2\arcsin\left[\dfrac{\sin\theta}{\sin(\frac{\pi}{2}+\alpha)}\right]\right\}}{\Delta\varphi}$。

（5）当面元法线垂直向下时（$\beta=\pi$，$\alpha=-\pi/2$）。此种情况下，面元反射的天空背景辐射为 0，只反射地面背景辐射。

2. 目标反射太阳辐射计算

目标反射太阳辐射的计算步骤与目标反射天空背景辐射的计算步骤类似，首先需计算太阳在目标位置处的直射辐射，然后根据面元法向计算反射太阳辐射。目标位置处的太阳直射辐射也是通过 Modtran 计算得到的，计算输入为目标位置经度、纬度、高度、日期时间等参数以及大气参数等，得到波段内的太阳直射辐射照度 $E_{sun}(\lambda_1 \sim \lambda_2)$ 表示，则目标面元反射太阳直射辐射亮度用下式表示：

$$L'_{sun}(\lambda_1 \sim \lambda_2) = \frac{\rho_{tar}E_{sun}(\lambda_1 \sim \lambda_2)}{\pi}$$

$$(2-85)$$

计算时需根据蒙皮面元法向进行判断，决定是否进行蒙皮反射太阳辐射计算。图 2-37 表示太阳与接收面元之间的夹角关系。其中，h 表示太阳高度角；γ 表示太阳方位角，正南为 0；θ 表示太阳与面元法线之间的夹角。根据图 2-37 中的几何关系可知，如果面元法线方向和太阳方向夹角大于等于 $\pi/2$，则反射太阳辐射为 0；如果夹角小于 $\pi/2$，则用式（2-85）可计算得到面元反射太阳辐射亮度。

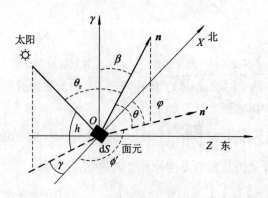

图 2-37　太阳与接收面元之间的角度关系示意图

目标反射地面背景辐射亮度的计算公式如下：

$$L'_{earth}(\lambda_1 \sim \lambda_2) = \rho_{tar}\left[(L_{earth} + L_{sunbyearth} + L_{skybyearth}) \times \tau + L_{path}\right]$$

$$(2-86)$$

式中，L_{earth} 表示地表温度产生的辐射亮度，$L_{sunearth}$ 表示地面反射天空背景的辐射亮度，$L_{skyearth}$ 表示地面反射太阳直射的辐射亮度。

从式 (2-86) 可以看出，要计算目标反射地面背景辐射需要计算以下几个量：地表温度产生的辐射、地面反射太阳辐射、地面反射天空背景辐射、地面到目标的大气路径辐射及大气路径透过率。这些辐射到目标处的辐射关系见图 2-38。

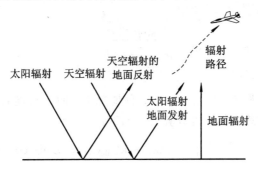

图 2-38　地面背景到目标处的辐射组成

3. 地面反射与目标面元反射

1) 地面温度产生的辐射计算

地面温度工程上可近似用地面环境温度表示，用 T_{earth} 来表示，近似认为地表附着物都具有灰体特性，则其发射率为一常数，则地表的辐射亮度计算如下：

$$L_{earth}(\lambda_1 \sim \lambda_2) = \frac{\varepsilon_{earth}}{\pi} \int_{\lambda_1}^{\lambda_2} \frac{c_1}{\lambda^5 (\exp(c_2/\lambda T_{earth}) - 1)} \, d\lambda \qquad (2-87)$$

式中，ε_{earth} 为地表平均发射率，根据不同植被、土壤覆盖率及其各自发射率加权计算得到。

2) 地面反射太阳直射辐射、反射天空背景辐射计算

地面反射太阳直射辐射、反射天空背景辐射的计算与前面计算目标反射太阳直射、反射天空背景辐射的方法相同。将目标位置替换为地面坐标位置，为了工程上简化，将地面面元近似认为为漫发射体，面元法向为垂直向上，即可计算地面反射太阳直射辐射、反射天空背景辐射。

3) 地面到空中目标的大气路径辐射、路径透过率计算

空中目标处接收到的地面反射辐射是对可观测到的地面区域反射辐射的总和，所以需要计算各个角度、距离下的路径辐射和大气透过率。假设目标的高度为 H，地面某一面元到目标的俯仰角度为 θ_1，面源到目标的距离为

$$R = \frac{H}{\sin\theta_1} \qquad (2-88)$$

则路径辐射为 $L_{path}(H, \theta_1)$，路径透过率为 $\tau_{path}(H, \theta_1)$。同前面，地面反射辐射的变化同样受俯仰角的影响较大，而在方位上的变换可以忽略，即 $L_{earth}(H, \theta_1, \varphi) = L_{earth}(\lambda, \theta)$，其中 θ 的取值范围为 $[0, \pi/2]$。

4) 目标面元反射地面辐射亮度计算

目标面元反射地面辐射同样分以下五种情况计算。

(1) 面元法线正向上 ($\beta = 0$，$\alpha = \frac{\pi}{2}$)。反射地面辐射为 0，反射的全是天空背景的辐射。

(2) 面元法线向上 ($0 < \beta < \frac{\pi}{2}$，$0 < \alpha < \frac{\pi}{2}$)。此时目标面元反射地面背景辐射亮度的计

算公式如下：

$$L'_{\text{earth}}(\lambda_1 \sim \lambda_2) = \frac{\rho_{\text{tar}}}{\pi} \sum_{i=1}^{I} \sum_{j=1}^{J} L_{\text{earth}}(\lambda_1 \sim \lambda_2)(\theta_i)(-\sin\theta_i \cos\alpha + \cos\theta_i \sin\varphi_i \cos\alpha)\cos\theta_i \Delta\theta\Delta\varphi$$

$$(2-89)$$

式中，$I = \dfrac{\left(\dfrac{\pi}{2} - \alpha\right)}{\Delta\theta}$，$J = \dfrac{\pi - 2\arcsin\left[\dfrac{\sin\theta}{\sin\left(\dfrac{\pi}{2} - a\right)}\right]}{\Delta\varphi}$。

（3）面元法线沿水平方向（$\beta = \pi/2$）。此种情况下，面元只能看见一半的地面背景，则该面元反射地面背景的总辐射亮度计算公式如下：

$$L'_{\text{earth}}(\lambda_1 \sim \lambda_2) = \int_0^{\pi/2}\int_0^{\pi}\int_{\lambda_1}^{\lambda_2} \rho_{\text{tar}}(\lambda) \times L_{\text{earth}}(\lambda, \theta, \varphi)\mathrm{d}\lambda \cos^2\theta \sin\varphi \, \mathrm{d}\theta \, \mathrm{d}\varphi/\pi$$

$$= \frac{2\rho_{\text{tar}}}{\pi} \sum_{i=1}^{I} \Delta\theta L_{\text{earth}}(\lambda_1 \sim \lambda_2)(\theta_i)\cos^2\theta_i \qquad (2-90)$$

式中，$I = \dfrac{\dfrac{\pi}{2}}{\Delta\theta}$。

（4）面元法线向下（$\dfrac{\pi}{2} < \beta < \pi$，$-\dfrac{\pi}{2} < \alpha < 0$）。如图 2-39 所示，法线向上时对地面背景的观察仰角范围为 $\left[0, \dfrac{\pi}{2} - \alpha\right]$，反射地面背景的辐射亮度分别用 $E_{1\text{earth}}(\lambda_1 \sim \lambda_2)$、$E_{2\text{earth}}(\lambda_1 \sim \lambda_2)$ 表示。$E_{1\text{earth}}(\lambda_1 \sim \lambda_2)$ 对应地面背景范围，其中 φ 为 $[0, \pi]$，θ 为 $\left[0, \dfrac{\pi}{2}\right]$；$E_{2\text{earth}}(\lambda_1 - \lambda_2)$ 对应地面背景范围，其中 φ 为 $(\pi, 2\pi)$，θ 为 $\left[\dfrac{\pi}{2} + \alpha, \dfrac{\pi}{2}\right]$。

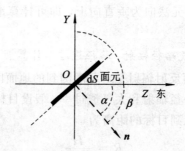

图 2-39　面元在地面坐标系中的侧视图

两部分的反射辐射亮度分别如下：

$$L'_{2\text{earth}}(\lambda_1 \sim \lambda_2) = \frac{\rho_{\text{tar}} E_{1\text{earth}}(\lambda_1 \sim \lambda_2)}{\pi}$$

$$= \frac{\rho_{\text{tar}}}{\pi} \sum_{i=1}^{I} \sum_{j=1}^{J} L_{\text{earth}}(\lambda_1 \sim \lambda_2)(\lambda, \theta)(\sin\theta_i \sin\alpha + \cos\theta_i \sin\varphi_j \cos\alpha)\cos\theta_i \Delta\theta\Delta\varphi$$

$$(2-91)$$

式中：$I = -\dfrac{\alpha}{\Delta\theta}$；$J = \dfrac{\arcsin\left[\dfrac{\sin\theta}{\sin\left(\dfrac{\pi}{2}+\alpha\right)}\right]}{\Delta\varphi}$。那么总的反射地面背景辐射亮度为

$$L'_{\text{earth}}(\lambda_1 \sim \lambda_2) = L'_{1\text{earth}}(\lambda_1 \sim \lambda_2) + L'_{2\text{earth}}(\lambda_1 \sim \lambda_2) \tag{2-92}$$

（5）面元法线垂直向下$\left(\beta = \pi,\ \alpha = -\dfrac{\pi}{2}\right)$。此种情况下，面元只反射地面背景辐射。该面元反射地面背景的总辐射亮度计算公式如下：

$$L'_{\text{earth}}(\lambda_1 \sim \lambda_2) = \dfrac{\displaystyle\int_0^{\pi/2}\int_0^{2\pi}\int_{\lambda_1}^{\lambda_2} \rho_{\text{tar}}(\lambda) \times L_{\text{earth}}(\lambda,\theta)\mathrm{d}\lambda\ \sin\theta\ \cos\theta\ \mathrm{d}\theta\ \mathrm{d}\varphi}{\pi}$$

$$= 2\rho_{\text{tar}}\sum_{i=1}^{I}\Delta\theta L_{\text{earth}}(\lambda_1 \sim \lambda_2)(\theta_i)\sin\theta_i\ \cos\theta_i \tag{2-93}$$

式中：$I = \dfrac{\dfrac{\pi}{2}-\alpha}{\Delta\theta}$。

4. 目标总的反射辐射计算

以上内容具体分析了空中目标反射天空背景辐射、反射太阳辐射和反射地面背景辐射的计算方法，计算目标反射环境辐射亮度时，根据蒙皮面元法向，分别计算目标反射天空背景辐射 $L'_{\text{sky}}(\lambda_1 \sim \lambda_2)$、反射太阳辐射 $L'_{\text{sun}}(\lambda_1 \sim \lambda_2)$ 和反射地面背景辐射 $L'_{\text{earth}}(\lambda_1 \sim \lambda_2)$，根据公式（2-47）得到目标反射环境辐射亮度。

5. 目标红外辐射特性计算

1）目标本征辐射计算（零视距目标红外辐射）

目标本征红外辐射亮度来源包括两部分，即目标自身温度产生的红外辐射亮度和目标反射环境辐射亮度。目标的反射环境辐射亮度可通过前面讲述的计算方法得到，目标自身温度产生的红外辐射亮度根据普朗克公式计算得到。

$$L_{tT}(\lambda_1 \sim \lambda_2) = \varepsilon\int_{\lambda_1}^{\lambda_2}\dfrac{c_1}{\lambda^5}\cdot\dfrac{1}{\mathrm{e}^{c_2/\lambda T}-1}\mathrm{d}\lambda/\pi \tag{2-94}$$

式中：$L_{tT}(\lambda_1 \sim \lambda_2)$ 表示由目标的温度产生的辐射亮度；ε 为目标发射率，取波段平均值。那么目标的本征辐射亮度 $L_t(\lambda_1 \sim \lambda_2)$ 为

$$L_t(\lambda_1 \sim \lambda_2) = L'_{\text{bg}}(\lambda_1 \sim \lambda_2) + L_{tT}(\lambda_1 \sim \lambda_2) \tag{2-95}$$

2）目标表观红外辐射亮度计算

表观辐射亮度 $L_a(\lambda_1 \sim \lambda_2)$ 为本征辐射亮度 $L_t(\lambda_1 \sim \lambda_2)$ 经过大气传输效应修正后的值：

$$L_a(\lambda_1 \sim \lambda_2) = \tau \times L_t(\lambda_1 \sim \lambda_2) + L_{\text{path}}$$

$$= \tau \times (L'_{\text{bg}}(\lambda_1 \sim \lambda_2) + L_{tT}(\lambda_1 \sim \lambda_2)) + L_{\text{path}} \tag{2-96}$$

式中：τ 为路径大气透过率；L_{path} 为大气路径辐射亮度；$L_a(\lambda_l \sim \lambda_2)$ 表示目标表观辐射亮度。τ、L_{path} 可通过在 Modtran 中设置相应参数（如气象条件、观测位置、日期及时间、目标视线、计算波段等）计算得到。

2.4 红外辐射的大气传输

大多数红外系统必须通过地球大气才能观察到目标,从设计者和使用者的角度来看都是不利的。因为从目标来的辐射通量在到达红外传感器前,会和大气中的不同成分发生不同的作用,最终表现形式是:① 能量被衰减了;② 光束的传播方向、相位和偏振变化了;③ 目标和背景的对比度减弱了。可见辐射的大气传递情况对光电系统的探测性能有着直接影响。它决定了红外探测装置能否接收到目标辐射以及能接收到多少辐射,也就是探测的灵敏度问题。因此,辐射的大气传输主要研究大气对辐射能量的衰减规律及原因,从而可以在设计和使用时减少这些因素,提高探测器的信噪比。

为什么辐射能量通过大气时会发生能量衰减?应该从两方面进行考虑:① 红外辐射是一种特殊的物质,它具有波粒二象性,既是电磁波,同时又具有粒子性;② 大气不是真空的,其中是有大量物质存在的,所以当红外辐射能与大气相遇时,它们便一定会发生作用。既然是和大气发生作用,那么下面首先看一下大气的结构和组成。

2.4.1 大气的结构和组成

1. 大气的结构

按温度、成分和电离状态,地球大气可以分成对流层、平流层、中间层、热成层和外逸层 5 个层次。如图 2-40 所示为大气层结构分层和温度分布图(外逸层在热成层以上,范围很大,图中未绘出),其中带箭头的横线表示在该大气层高度处的温度分布范围。

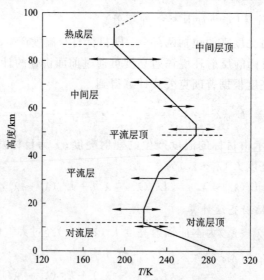

图 2-40 大气层结构分层和温度分布图

邻接地面的大气层称为对流层。该层厚度随纬度而不同,在低纬度处为 16~18 km,中纬度处为 10~12 km,而在高纬度处只有 7~9 km。对流层大气占大气总质量的 3/4,对激光传输的影响也最大。对流层中最明显的特点是温度随高度增加而降低,垂直方向的空气运动剧烈而频繁,一切风、云、雨、雪等天气现象都发生在对流层。由地表到高度 1~2 km

的大气层是对流层中的最低层，它称为边界层。这是受地表影响与地气相互作用最强烈、最不稳定的大气层。由对流层顶到高度 50～55 km 称为平流层，又称同温层。平流层的主要特点是垂直运动小，大气很稳定，大气运动主要沿水平方向，温度随高度的增加而增加。大气臭氧主要集中在平流层，成为太阳紫外辐射的主要吸收区。气溶胶粒子可在平流层停留较长时间，因而平流层气溶胶较丰富。从平流层顶以上到 80～85 km 称为中间层。该层内温度随高度递减很快，到中间层顶温度已降至 -80℃ 以下，有利于对流和垂直混合作用的发展。平流层和中间层又统称为中层大气，它约为大气总质量的 1/4。在中层大气以上，大气质量就不到大气总质量的 1/100 000。从中层以上到 800 km 左右为热成层，温度随高度增加，热成层的温度从 500 K 可变化到高达 2000 K。在太阳短波、微粒辐射与宇宙线的作用下，该层大气已被离解为电子和离子，所以又称为电离层。自热成层以上直到 2000～3000 km 是大气的最外层，为大气圈与星际空间的过渡地带，称为外逸层。在该层中空气极端稀薄，粒子的热运动自由路程较长，受地球引力又较小，就有一些动能较大的粒子摆脱地球重力场，逃逸到宇宙空间。

2. 大气的组成

由于常规军事目标(例如航空目标)主要活动在对流层，所有我们主要研究同温层以下的低层大气。低层大气主要由三大类成分构成，分别是常定成分、可变成分以及分布在低空中的固态、液态悬浮物。常定成分是指按一定体积比组成的气体成分，这类成分在大气中的含量随时间与地点的变化很小，其含量比例尤为固定，如 O_2 和 N_2 占 99%，Ar 约占 0.9%；可变成分是指水汽、CO_2、CO、O_3、SO_2、N、……、O_2 等气体成分，这类成分的含量随地点与时间都有显著变化；低空的固态、液态悬浮物按微粒的尺寸大小又划分为大气气溶胶和固态降水粒子。

(1) 大气气溶胶。半径小于几十微米的微粒，进一步细分又分为三种：半径小于 0.1 μm 的叫爱根核；半径在 0.1～1.0 μm 的叫大粒子；半径大于 1 μm 的叫巨粒子。在不同地区，这些粒子的浓度有很大差别，表 2-3 给出了各地区大气气溶胶的平均分布状况。

表 2-3 大气气溶胶数浓度分布

地理特征	$10^{-3}<r<10^{-1}$ μm 爱根核/N·cm^{-3}	$10^{-1}<r<1$ μm 大粒子/N·cm^{-3}	$r>1$ μm 巨粒子/N·cm^{-3}
极地	1.63×10^1	5.83	1.53×10^{-2}
背景	1.03×10^2	4.19×10^1	7.71×10^{-2}
海面	4.65×10^2	1.10×10^2	2.47
远离大陆	1.26×10^3	8.11×10^1	4.37×10^{-1}
乡村	6.86×10^3	2.09×10^3	3.66×10^{-1}
城市	1.35×10^5	1.41×10^3	7.61×10^{-1}
沙暴	1.26×10^3	1.85×10^2	1.47×10^1
平流层(20 km)(无火山时)	4.07×10^1	4.10	1.78×10^{-2}

霾、雾、云均是由大气气溶胶的构成成分。例如，组成霾的细小微粒，是由很小的盐晶粒、极细的灰尘或燃烧物等组成的，半径为 0.1～0.5 μm，可作为凝聚核；当凝聚核增大为半径超过 1 μm 的水滴或冰晶时，就形成了雾。云的成因同雾，只是雾接触地面，而云不能。

（2）固态降水粒子。半径大于 $100~\mu m$ 的微粒，分别称为雾滴、云滴、冰晶、雨滴以及冰雹、霰和雪花等。

不包含水汽与气溶胶等粒子的大气则称为干洁大气。

2.4.2 大气的衰减

在辐射的传输过程中，辐射与大气成分相互作用，最终的结果是减弱了辐射的强度（或功率），这个过程称为大气衰减。大气衰减的表现形式主要为两类衰减：大气吸收衰减和大气散射衰减。如何理解两类衰减形式，它们有何不同？下面首先从经典电子论角度进行定性分析，然后再做定量研究。

1. 大气衰减的成因

从经典电子论的角度来看，构成大气成分的各种物质，其原子或分子内的带电粒子被准弹性力保持在其平衡位置附近振动，并具有一定的固有振动频率。在入射辐射的作用下，原子或分子发生极化并依入射光频率作强迫振动，此时可能产生以下两种形式的能量转换过程：

（1）入射光频率≠电子固有振动频率。入射辐射转换为原子或分子的次波辐射能。在均匀介质中，这些次波相互叠加，其结果使光只沿原传播方向继续传播下去，在其他方向上由于次波的干涉而相互抵消，所以没有衰减现象；在非均匀介质中，由于不均匀质点破坏了次波的相干性，除了入射方向外，在其他方向将出现散射光。

在散射情况下，原波的辐射能不会变成其他形式的能量，而只是由于辐射能向各方向的散射，使沿原方向传播的辐射能减少。

（2）入射光频率＝电子固有振动频率。若入射辐射频率等于电子固有频率，则电子与入射光子发生共振，入射辐射被强烈吸收而变为原子或分子间碰撞的平动能，即热能，从而使原方向传播的辐射能减少。

在吸收情况下，原波的辐射能发生了部分转变，转变为共振子的热能。

2. 布格尔定律

通过定性分析，可以看出辐射通过介质时的衰减作用与入射辐射功率、衰减介质密度、所经过的路径相关。设 $P(\nu, s)$ 为 s 处的光谱辐射功率，ρ 为衰减介质密度（g/m^3），则从 s 处开始经过 ds 路径后的光谱辐射功率 $dP(\nu, s)$ 可以表示为

$$dP(\nu, s) = -k(\nu, s)P(\nu, s)\rho ds \tag{2-97}$$

式中：$k(\nu, s)$ 为比例系数；ν 为波数，$\nu = \dfrac{1}{\lambda}(cm^{-1})$。

对式（2-97）求解得辐射衰减规律为

$$P(\nu, s) = P(\nu, 0)e^{-\int_0^s k(\nu, s)\rho ds} \tag{2-98}$$

式中，s 为传输距离，$P(\nu, 0)$ 为初始光谱辐射功率，$P(\nu, s)$ 为传输距离 s 后的光谱辐射功率。若介质具有均匀的光学性质，则上式可进一步简化为

$$P(\nu, s) = P(\nu, 0)e^{-k(\nu)\rho s} \tag{2-99}$$

式（2-99）称为布格尔（Bougner）定律，式中 $k(\nu)$ 定义为光谱质量衰减系数（$m^{-1}l^2$），描述了辐射能量的总衰减特征。若定义 $w = \rho s$ 为光程上单位截面中的介质质量，$l_\tau = k(\nu)\rho s$ 为

介质的光学厚度,则布格尔定律又可以写为如下形式:

$$P(\nu, s) = P(\nu, 0)\mathrm{e}^{-k(\nu)w} \tag{2-100}$$

或

$$P(\nu, s) = P(\nu, 0)\mathrm{e}^{-k(\nu)l_\tau} \tag{2-101}$$

理论与实践表明:大气不同成分与不同物理过程造成的衰减效应具有线性叠加特性,即总衰减特征量 $k(\nu)$ 可以写成各分量之和:

$$k(\nu) = \alpha(\nu) + \beta(\nu) \tag{2-102}$$

式中,$\alpha(\nu)$ 和 $\beta(\nu)$ 分别表示吸收的衰减系数和散射的衰减系数。

$k(\nu)$ 描述了辐射能量的衰减特征,在实际应用中,我们经常用大气对辐射能的透射特性来描述辐射能量的衰减。于是,根据布格尔定律,进一步定义了大气透过率 $\tau(v)$,用以描述辐射通过大气时的透射特性:

$$\tau(v) = \frac{P(\nu, s)}{P(\nu, 0)} = \mathrm{e}^{-k(\nu)\rho s} = \mathrm{e}^{-(\alpha(\nu)+\beta(\nu))\rho s} = \tau_\alpha(v) \cdot \tau_\beta(v) \tag{2-103}$$

可见 $\tau(v)$ 是波数 v、大气厚度 s 和介质密度 ρ 的函数,且总透射比 $\tau(v)$ 为各单项透射比 $\tau_\alpha(v)$ 和 $\tau_\beta(v)$ 之积。各单项透射比还可进一步分解,例如大气吸收的透射比 $\tau_\alpha(v)$ 可分解为 H_2O、CO_2、O_3 等的吸收,即 $\tau_\alpha(v) = \tau_{\alpha_{H_2O}}(v) \cdot \tau_{\alpha_{CO_2}}(v) \cdot \tau_{\alpha_{O_3}}(v)$。分别求出各因素的大气透射比后,相乘就可得到整体透射比。

图 2-41 示出了乡村型气溶胶模型下的大气透过率曲线,图 2-42 示出了两种天顶角 (0°和 70°)时的大气透过率曲线,显然天顶角为 70°时大气透过率明显下降。

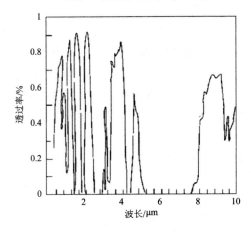

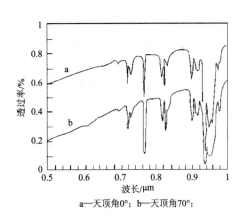

a—天顶角 0°;b—天顶角 70°;

图 2-41　乡村型气溶胶模型下的大气透过率曲线　　图 2-42　不同天顶角时的大气透过率曲线

2.4.3　大气的吸收衰减

1. 吸收模型

吸收衰减的条件是入射光频率等于大气成分的电子固有振动频率时,电子与入射光子发生共振。以水分子为例,大气分子吸收辐射能量转变为分子平动、振动和转动能量以及内部电子的振动、转动能量。其中,电子吸收的光谱集中在紫外和可见光区域,大气分子吸收的光谱集中在红外光区域。

2. 吸收的气体分子

根据分子物理学理论，仅当分子振动（或转动）的结果引起分子电偶极矩变化时，才能产生红外吸收光谱。大气层中含量最丰富的氮、氧、氩等气体分子，由于它们的分子式是对称的，它们的振动不会引起电偶极矩变化，故不产生红外吸收。只有含量较少的 H_2O、CO_2、CO、O_3、SO_2 等非对称分子振动，才会引起电偶极矩变化，故产生强烈的红外吸收。

图 2-43 示出了太阳辐射的大气吸收光谱。图中横坐标为波长，纵坐标为大气吸收率 τ_α。大气分子吸收光谱本是许多单条谱线的集合，但由于自然加宽、多普勒（温度）加宽和碰撞（压力）加宽的线型谱线的集合，使吸收谱表现为带型吸收谱和连续吸收谱。

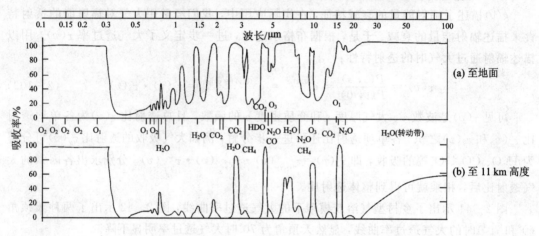

图 2-43 太阳辐射的大气吸收光谱

图 2-43 还显示了水蒸气、二氧化碳、臭氧、氧化氮、一氧化碳和甲烷等产生的红外吸收带。其中，二氧化碳在 $2.7~\mu m$、$4.3~\mu m$ 和 $15~\mu m$ 产生强烈吸收；甲烷、一氧化氮由于含量很小，对红外吸收的影响也小；水蒸气是大气中的可变成分，在海平面极潮湿的大气中，水蒸气含量很高，而干燥地区则很低，故不同区域水蒸气对大气的吸收程度是不同的。可见气体对红外辐射的吸收具有明显的波长选择性，表 2-4 列出了大气不同分子的主要红外吸收带的中心波长。

表 2-4 大气不同分子红外吸收带的中心波长

吸收分子	红外吸收带的中心波长/μm								
H_2O	0.72	0.82	0.94	1.1	1.38	1.87	2.70	3.2	6.27
CO_2	1.4	1.6	2.0	2.7	4.3	4.8	5.2	9.4	10.4
O_3	4.8	9.6	14						
N_2O	3.9	4.05	4.5	7.7	8.6				
CH_4	3.3	6.5	7.6						
CO	2.3	4.7							

此外，图 2-43 还显示了氮气、氧气和臭氧的原子在紫外区有吸收带，尤其波长小于 $0.3~\mu m$ 的紫外光被大气中的氧和臭氧强烈吸收，因此，地球表面的紫外辐射在 $0.22\sim 0.28~\mu m$ 光谱区内被称为"太阳光谱盲区"，利用此盲区可以进行紫外告警研究。

3. 大气透过窗

从图 2-44 中还可以看出，大气对可见光，在 1 μm、3～5 μm、8～12 μm 附近红外光吸收很少，有很高的透过率，相应波长辐射的"透明度"很高，这些波段被称为"大气透过窗"，简称"大气窗"。图 2-44 中，横坐标为波长，纵坐标为大气吸收透过率 τ_a，图中显示可以粗略划分为三个窗口，分别为 1～3 μm、3～5 μm、8～14 μm；进一步细分，可分为 0.70～0.92 μm、0.92～1.1 μm、1.1～1.4 μm、1.5～1.8 μm、1.9～2.7 μm、2.9～4.3 μm、4.3～5.5 μm、5.8～14 μm；在 15 μm 以上大气的透过性能很差。

大气窗最显著的特点是对红外辐射没有强吸收，在大气窗口内大气对红外辐射的衰减主要由大气散射造成。因此，大气窗的划分对红外装置的设计和使用是有重要意义的，红外装置的工作波段范围必须选在 15 μm 以下，并选在某一大气窗口内，才可以减小大气吸收的影响，从而提高系统的作用距离。

2.4.4　大气的散射衰减

1. 散射的定义与模型

辐射在大气中传输时，除因分子的选择性吸收导致辐射能衰减外，辐射还会在大气中遇到大气分子、气溶胶粒子以及空气湍流现象，使辐射改变方向，从而使传播方向上的辐射能减弱，这就是散射。

量子力学中，散射也称为碰撞，其实质可视为辐射光子与散射元的弹性碰撞。也就是散射元吸收了辐射能，又把这个能量以新的空间分布发射出去。从经典电磁理论的角度来看，可以认为就是电磁辐射引起散射元做强迫振动，强迫振动的频率不等于散射元固有振荡频率，散射元的强迫振动就形成了次波，不断向外发射。由于散射元微粒大小、运动不同，所以散射光谱不同。

一般而言，在红外波段，吸收是大气衰减的主要原因，散射比分子吸收作用弱，但是在吸收很小的大气窗口波段，散射就是辐射衰减的主要原因。

本节只简单介绍散射理论及其影响，用以确定由散射引起的大气透射率的计算。

2. 散射分类

由布格尔定律知经过路程 s 的散射透射比为

$$\tau_\beta(\nu) = e^{-\beta(\nu)\rho s} \qquad (2-104)$$

式中，$\beta(\nu)$ 为散射衰减系数。

大气中包含着多种散射元，如大气分子、大气中悬浮微粒等。大气的散射规律，即散射衰减系数 $\beta(\nu)$ 的变化规律随散射元大小的不同而不同。在散射中通常采用一个尺寸因子对大气的散射衰减进行分类。尺寸因子定义为

$$\chi = \frac{2\pi r}{\lambda} \qquad (2-105)$$

式中，r 为散射粒子的半径，λ 为入射光波长。

按尺寸因子取值不同分为以下三类散射元：

(1) $\chi < 2.0$（χ 较小时），微粒的尺寸远小于被吸收光波的波长，如大气的分子，散射遵循瑞利定律，称为分子散射；

（2）$\chi=2.0\sim20$ 时，微粒的尺寸比较大，与入射辐射的波长较接近，例如一些大气气溶胶颗粒，进入迈（MIE）散射的范围；

（3）$\chi>20$（散射粒子很大时），则属于几何光学的大颗粒散射范围。

根据以上分类，下面分别介绍不同的散射定理。

3. 散射定理

1）瑞利散射

瑞利散射的适用范围是散射粒子半径 r 远小于入射辐射波长 λ 时（$r\ll\lambda$），散射服从瑞利散射规则，其散射系数满足：

$$\beta_1 = \frac{K}{\lambda^4} \tag{2-106}$$

式中，K 为与散射的粒子浓度、尺寸有关的常数，λ 是波长。

瑞利散射的散射元主要是气体分子，故又称为分子散射。

式（2-106）揭示了瑞利散射特性：瑞利散射与 λ^4 成反比，它有很强的光谱选择性，即分子对短波的散射远强于对长波的散射，所以大气分子散射主要发生在可见光范围及其以下（比可见光短的波长），对中远红外区域的衰减可以忽略。随着波长的增加，散射系数减小，大气衰减的瑞利散射成分减少，因此，波长增加，传播距离增加。这就是为什么红外光比可见光传播距离远，而无线电波又比红外光传播远的原因之一。

利用瑞利散射可以揭示许多生活现象。例如，为什么天空是蓝色的，因为大气中的气体分子把较短波长的蓝光更多地散射到地面上的缘故；为什么落日呈现红色，因为平射的太阳光经过很长的大气路程后，红光波长较长，其散射损失也较小的缘故。

2）迈（MIE）散射

当粒子尺度参数 χ 大于上面讨论的瑞利散射适用的范围时，许多有实际意义的散射问题通常都发生在 $\chi=2.0\sim20$ 的范围，这个范围可以理解为散射元的尺寸与辐射波长接近，此时瑞利散射公式不再适用，要用迈散射理论来描述。迈散射的散射系数满足：

$$\beta_2 = kr^2 \tag{2-107}$$

式中，r 是散射粒子半径，k 为与粒子数目及波长有关的系数。

对于红外辐射而言，大气中许多气溶胶粒子尺寸均与其波长相近。例如，组成云和雾的球形气溶胶粒子，其半径通常在 $0.5\sim80~\mu m$，特别是 $5\sim15~\mu m$ 的球形气溶胶粒子最多，其尺寸与我们常探测的红外辐射波长（$\lambda<15~\mu m$）很接近，因此，云雾的迈散射是影响红外大气衰减的主要因素。

3）无选择性散射

当散射粒子半径远大于辐射波长时，粒子对入射辐射的反射和折射占主要地位，形成宏观上的散射。这种散射与波长无关，故称为无选择性散射；散射系数等于单位体积内所含半径 r 的 N 个粒子的截面积总和：

$$\beta_3 = \pi \sum_{i=1}^{N} r_i^2 \tag{2-108}$$

雾滴的半径为 $1\sim60~\mu m$，比可见光波长大得多，雾对可见光的散射就属于无选择性散射，对各波长的散射相同，故雾呈白色，透过雾看太阳也呈现白色圆盘形状。

雨的粒子半径通常在 $0.25 \sim 3$ mm,对于 $\lambda < 15$ μm 的红外辐射满足 $r \gg \lambda$ 的条件,所以也是无选择性散射,散射系数取决于每秒降落在单位水平面积内的雨滴数,因此此时红外系统虽然将要下降,但仍能继续工作。下面给出雨在红外波段散射系数的一个经验公式:

$$\beta_3 = 0.248\nu^{0.67} \tag{2-109}$$

式中,ν 为降雨速率(mm/h)。

2.4.5 能见距

目标的能见距离取决于大气透过率、目标和背景亮度对比及观测者视觉感应能力等。

气象学中为了用能见距来表示大气透过率,需要对影响目标能见距离的其他一些因子进行限制。气象学能见距(Meterological Range)即通常说的能见距或视距,是大气透过率的直接表征,用 V 表示。气象学能见距定义为:视力正常的人,在当时的天气条件下,能够从天空背景中看到和辨认出目标物(黑色,大小适度)的最大水平距离;夜间则是能看到和确定出一定强度灯光的最大水平距离。气象学能见距定义的具体条件是:

(1) 靶为黑色,背景为白色,或者相反,即靶固有对比度 $C = 1$;

(2) 以人眼可见为标准,人眼可分辨的对比度(反差)大于或等于 0.02,即要求在能见距内,光的透过率大于 0.02;

(3) 中心波长取为 0.55 μm。由大气透过率公式,能见距 V 与透过率的关系为

$$T = \mathrm{e}^{-kV} = 0.02 \tag{2-110}$$

式中:V 的单位为 km;k 为消光系数,单位为 km^{-1}。能见距主要取决于气溶胶消光。根据天气状况和能见距把大气能见距分为 11 个等级,称为能见度。表 2-5 列出了能见度与能见距等参数的关系。

表 2-5 能见度表

能见度	天气状况	能见距 V/km	消光系数 k/km^{-1}
0	极浓雾	<0.05	>78.2
1	浓雾	$0.05 \sim 0.20$	$78.2 \sim 19.6$
2	中雾	$0.20 \sim 0.50$	$19.6 \sim 7.82$
3	轻雾	$0.50 \sim 1.00$	$7.82 \sim 3.91$
4	薄雾	$1.00 \sim 2.00$	$3.91 \sim 1.96$
5	霾	$2.00 \sim 4.00$	$1.96 \sim 0.954$
6	轻霾	$4.00 \sim 10.00$	$0.954 \sim 0.391$
7	晴	$10.00 \sim 20.00$	$0.391 \sim 0.196$
8	很晴	$20.00 \sim 50.00$	$0.196 \sim 0.078$
9	十分晴	>50.00	<0.078
10	纯空气分子	277	0.0141

如果目标与背景的固有对比度 C 不一定是 1，即 $C \leqslant 1$ 时，要把目标从背景中分辨出来，仍然要透过大气后目标对比度大于或等于 0.02，这时的能见距离称为具体目标的实际可视距，用 R_v 表示。R_v 与透过率的关系为

$$T = \mathrm{e}^{-kV} = \frac{0.02}{C} \tag{2-111}$$

则

$$R_v = \left(\frac{V}{3.912}\right) \cdot \ln\left(\frac{C}{0.02}\right) \tag{2-112}$$

例如，$C = 0.5$ 时，$R_v = 0.82V$；$C = 0.1$ 时，$R_v = 0.41V$。

对其他波长，能见距相应为

$$V = \frac{3.912}{k} \ln\left(\frac{\lambda}{0.55}\right)^{-q} \tag{2-113}$$

式中，修正因子 q 视能见度范围不同而取不同的值：

$$q = \begin{cases} 1.6 & V > 20 \text{ km} \\ 1.3 & V = 6 \sim 20 \text{ km} \\ 0.58V^{1/3} & V < 6 \text{ km} \end{cases} \tag{2-114}$$

图 2-44 是一组不同实际测量消光系数与波长的关系曲线。

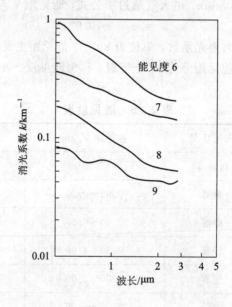

图 2-44　实际测量消光系数与波长的关系曲线

附录　黑体辐射函数表

表 F-1 为黑体辐射函数表，可供读者学习时参考。

表 F-1　黑体辐射函数表

λT $(\mu m \cdot K)$	$f(\lambda T)=f\times 10^{-q}$		$F(\lambda T)=F\times 10^{-P}$		λT $(\mu m \cdot K)$	$f(\lambda T)=f\times 10^{-q}$		$F(\lambda T)=F\times 10^{-P}$	
	f	q	F	P		f	q	F	P
500	2.9616	7	1.2982	9	800	1.3721	3	1.6431	5
510	4.7160	7	1.2553	9	810	1.6101	3	1.9809	5
520	7.3625	7	3.5056	9	820	1.8806	3	2.3763	5
530	1.1282	6	5.5926	9	830	2.1866	3	2.8370	5
540	1.6988	6	8.7604	9	840	2.5316	3	3.3715	5
550	2.5185	6	1.3488	8	850	2.9189	3	3.9891	5
560	3.6680	6	2.0431	8	860	3.3519	3	4.6996	5
570	5.2693	6	3.0473	8	870	3.8345	3	5.1140	5
580	7.4645	6	4.4792	8	880	4.3703	3	6.4438	5
590	1.0435	5	6.4934	8	890	4.9631	3	7.5017	5
600	1.4405	5	9.2902	8	900	5.6170	3	8.7008	5
610	1.9649	5	1.3127	7	910	6.3358	3	1.0056	4
620	2.6500	5	1.8329	7	920	7.1237	3	1.1581	4
630	3.5357	5	2.5305	7	930	7.8480	3	1.3294	4
640	4.6693	5	3.4456	7	940	8.9232	3	1.5211	4
650	6.1065	5	4.6724	7	950	9.9429	3	1.7350	4
660	7.9122	5	6.2553	7	960	1.1048	2	1.9730	4
670	1.0161	4	8.2967	7	970	1.2243	2	2.2371	4
680	1.2940	4	1.0907	6	980	1.3532	2	2.5293	4
690	1.6346	4	1.4217	6	990	1.4918	2	2.8517	4
700	2.0490	4	1.8381	6					
710	2.5495	4	2.3581	6	1000	1.6406	2	3.2071	4
720	3.1501	4	3.0027	6	1050	2.5504	2	5.5575	4
730	3.8659	4	3.7963	6	1100	3.7679	2	9.1108	4
740	4.7139	4	4.7671	6	1150	5.3279	2	1.4237	3
750	5.7125	4	5.9470	6	1200	7.2534	2	2.1339	3
760	6.8816	4	7.3724	6	1250	9.5541	2	3.0838	3
770	8.2429	4	9.0846	6	1350	1.5253	1	5.8715	3
780	9.8197	4	1.1130	5	1400	1.8608	1	7.7895	3
790	1.1637	3	1.3559	5	1450	2.2256	1	1	2
1500	2.6149	1	1	2	3100	9.8935	1	2.9576	1
1550	3.0244	1	1	2	3150	9.8384	1	3.0696	1

λT (μm·K)	$f(\lambda T)=f\times10^{-q}$		$F(\lambda T)=F\times10^{-P}$		λT (μm·K)	$f(\lambda T)=f\times10^{-q}$		$F(\lambda T)=F\times10^{-P}$	
	f	q	F	P		f	q	F	P
1600	3.4490	1	1	2	3200	9.7370	1	3.1809	1
1650	3.8836	1	2	2	3250	9.7003	1	3.2913	1
1700	4.3233	1	2	2	3300	9.6190	1	3.4009	1
1750	4.7634	1	3	2	3350	9.5305	1	3.5096	1
1800	5.1995	1	3	2	3400	9.4355	1	3.6172	1
1850	5.6276	1	4	2	3450	9.3348	1	3.7237	1
1900	6.0442	1	5	2	3500	9.2290	1	3.2900	1
1950	6.4463	1	5	2	3550	9.1186	1	3.9331	1
					3600	9.0043	1	4.0359	1
2000	6.8612	1	6	2	3650	8.8865	1	4.1374	1
2050	7.1969	1	7	2	3700	8.7658	1	4.2375	1
2100	7.5416	1	8	2	3750	8.6426	1	4.3363	1
2150	7.8640	1	9	2	3800	8.5174	1	4.4336	1
2200	8.1633	1	1	1	3850	8.3904	1	4.5295	1
2250	8.4388	1	1	1	3900	8.2621	1	4.6240	1
2300	8.6903	1	1	1	3950	8.1329	1	4.7170	1
2350	8.9178	1	1	1					
2400	9.1215	1	1	1	4000	8.0029	1	4.8085	1
2450	9.3019	1	1	1	4100	7.7420	1	4.9872	1
2500	9.4594	1	1	1	4200	7.4914	1	5.1599	1
2550	9.5948	1	1	1	4300	7.2227	1	5.3267	1
2600	9.7089	1	1	1	4400	6..9672	1	5.4877	1
2650	9.8026	1	1	1	4500	6..7160	1	5.6429	1
2700	9.8769	1	2	1	4600	6.4700	1	5.7925	1
2750	9.9328	1	2	1	4700	6.2299	1	5.9366	1
2800	9.9712	1	2	1	4800	5.9961	1	6.0753	1
2850	9.9933	1	2	1	4900	5.7690	1	6.2088	1
2900	1.0000	1	2	1					
2950	9.9924	1	2	1	5000	5.5490	1	6.3372	1
					5100	5.3361	1	6.4606	1
3000	9.9714	1	2.7322	1	5200	5.1304	1	6.5794	1
3050	9.9382	1	2.8451	1	5300	4.9321	1	6.6935	1

续表二

λT	$f(\lambda T) = f \times 10^{-q}$		$F(\lambda T) = F \times 10^{-P}$		λT	$f(\lambda T) = f \times 10^{-q}$		$F(\lambda T) = F \times 10^{-P}$	
$(\mu m \cdot K)$	f	q	F	P	$(\mu m \cdot K)$	f	q	F	P
5400	4.7049	1	6.8033	1	8500	1.4782	1	8.7456	1
5500	4.5569	1	6.9087	1	8600	1.4283	1	8.7786	1
5600	4.3800	1	7.0101	1	8700	1.3805	1	8.8105	1
5700	4.2100	1	7.1076	1	8800	1.3345	1	8.8413	1
5800	4.0464	1	7.2012	1	8900	1.2904	1	8.8711	1
5900	3.8900	1	7.2913	1					
					9000	1.2480	1	8.8999	1
6000	3.7396	1	7.3778	1	9100	1.2073	1	8.9277	1
6100	3.5955	1	7.4610	1	9200	1.1681	1	8.9547	1
6200	3.4572	1	7.5410	1	9300	1.1305	1	8.9807	1
6300	3.3248	1	7.6180	1	9400	1.0943	1	9.0060	1
6400	3.1978	1	7.6920	1	9500	1.0596	1	9.0394	1
6500	3.0762	1	7.7631	1	9600	1.0261	1	9.0541	1
6600	2.9597	1	7.8316	1	9700	9.9391	2	9.0770	1
6700	2.8431	1	7.8975	1	9800	9.6294	2	9.0992	1
6800	2.7431	1	7.9609	1	9900	9.3312	2	9.1207	1
6900	2.6389	1	8.0219	1					
					10000	9.0442	2	9.1415	1
7000	2.5409	1	8.0807	1	10100	8.7678	2	9.1617	1
7100	2.4470	1	8.1373	1	10200	8.5017	2	9.1813	1
7200	2.3571	1	8.1918	1	10300	8.2452	2	9.2003	1
7300	2.2709	1	8.2443	1	10400	7.0982	2	9.2188	1
7400	2.1884	1	8.2949	1	10500	7.7600	2	9.2366	1
7500	2.1094	1	8.3436	1	10600	7.3092	2	9.2540	1
7600	2.0336	1	8.3906	1	10700	7.0958	2	9.2708	1
7700	1.9910	1	8.4359	1	10800	7.0305	2	9.2872	1
7800	1.8914	1	84796	1	10900	6.8899	2	9.3030	1
7900	1.8247	1	8.5218	1					
					11000	6.6913	2	9.3184	1
8000	1.7608	1	8.5625	1	11100	6.4996	2	9.3334	1
8100	1.6995	1	8.6017	1	11200	6.3146	2	9.3479	1
8200	1.6407	1	8.6396	1	11300	6.1360	2	9.3621	1

λT (μm·K)	$f(\lambda T)=f\times10^{-q}$		$F(\lambda T)=F\times10^{-P}$		λT (μm·K)	$f(\lambda T)=f\times10^{-q}$		$F(\lambda T)=F\times10^{-P}$	
	f	q	F	P		f	q	F	P
8300	1.5842	1	9.6762	1	11400	5.9635	2	9.3758	1
8400	1.5301	1	8.1150	1	11500	5.7970	2	9.3891	1
11600	5.6361	2	9.4021	1	14800	2.4918	2	9.6783	1
11700	5.4806	2	9.4147	1	14900	2.4348	2	9.6839	1
11800	5.3304	2	9.4270	1					
11900	5.1852	2	9.4389	1	15000	2.3794	2	9.6894	1
12000	5.0448	2	9.4505	1	15100	2.3255	2	96947	1
12100	4.9090	2	9.4618	1	15200	2.2731	2	9.6999	1
12200	4.7777	2	9.4728	1	15300	2.2222	2	9.7050	1
12300	4.6509	2	9.4835	1	15400	2.1727	2	9.7100	1
12400	4.5279	2	9.4935	1	15500	2.1245	2	9.7148	1
12500	4.4090	2	9.5040	1	15600	2.0777	2	9.7196	1
12600	4.2939	2	9.5139	1	15700	2.0321	2	9.7243	1
12700	4.1824	2	9.5235	1	15800	1.9878	2	9.7288	1
12800	4.0746	2	9.5339	1	15900	1.9446	2	9.7333	1
12900	3.9701	2	9.5420	1					
					16000	1.9026	2	9.7377	1
13000	3.8689	2	9.5509	1	16100	1.8617	2	9.7419	1
13100	3.7709	2	9.5596	1	16200	1.8220	2	9.7461	1
13200	3.6759	2	9.5680	1	16300	1.7832	2	9.7502	1
13300	3.5838	2	9.5763	1	16400	1.7455	2	9.7542	1
13400	3.4946	2	9.5843	1	16500	1.7087	2	9.7581	1
13500	3.4081	2	9.5921	1	16600	1.6729	2	9.7620	1
13600	3.3242	2	9.5998	1	16700	1.6381	2	9.7657	1
13700	3.2428	2	9.6072	1	16800	1.6041	2	9.7694	1
13800	3.1639	2	9.6145	1	16900	1.5710	2	9.7730	1
13900	3.0874	2	9.6216	1					
					17000	1.5388	2	9.7765	1
14000	3.0131	2	9.6285	1	17100	1.5073	2	9.7800	1
14100	2.9410	2	9.6353	1	17200	1.4767	2	9.7834	1
14200	2.8710	2	9.6418	1	17300	1.4468	2	9.7867	1
14300	2.8031	2	9.6483	1	17400	1.4177	2	9.7899	1

续表四

λT (μm·K)	$f(\lambda T)=f\times10^{-q}$		$F(\lambda T)=F\times10^{-P}$		λT (μm·K)	$f(\lambda T)=f\times10^{-q}$		$F(\lambda T)=F\times10^{-P}$	
	f	q	F	P		f	q	F	P
14400	2.7372	2	9.6546	1	17500	1.3893	2	9.7931	1
14500	2.6731	2	9.6607	1	17600	1.3616	2	9.7962	1
14600	2.6019	2	9.6667	1	17700	1.3346	2	9.7993	1
14700	2.5505	2	9.6726	1	17800	1.3082	2	9.8023	1
17900	1.2825	2	9.8052	1					
					19000	1.0372	2	9.8341	1
18000	1.2574	2	9.8081	1	19100	1.0179	2	9.8364	1
18100	1.2329	2	9.8109	1	19200	9.9906	3	9.8387	1
18200	1.2090	2	9.8137	1	19300	9.8065	3	9.8409	1
18300	1.1857	2	9.8164	1	19400	9.6266	3	9.8431	1
18400	1.1629	2	9.8191	1	19500	9.4508	3	9.8853	1
18500	1.1407	2	9.8217	1	19600	9.2790	3	9.8474	1
18600	1.1190	2	9.8243	1	19700	9.1110	3	9.8495	1
18700	1.0978	2	9.8268	1	19800	8.9468	3	9.8516	1
18800	1.0771	2	9.8292	1	19900	8.7863	1	9.8536	1
18900	1.0569	2	9.8317	1	20000	8.6293	3	9.8555	1

表 F-1 采用的公式为

$$f(\lambda T)=\frac{M_{\lambda T\text{黑}}}{BT^5}=\frac{\dfrac{C_1}{\lambda^5 T^5}\dfrac{T^5}{e^{\frac{c_2}{\lambda T}}-1}}{BT^5}=\frac{C_1}{B(\lambda T)^5}\frac{1}{e^{\frac{c_2}{\lambda T}}-1}$$

$$F(\lambda T)=\frac{M_{0\sim\lambda}}{M_{0\sim\infty}}=\frac{\int_0^\lambda M_\lambda \mathrm{d}\lambda}{\sigma T^4}=\frac{C_1}{\sigma C_2^4}\int_{\frac{c_2}{\lambda T}}^\infty \frac{\left(\dfrac{C_2}{\lambda T}\right)^3 \mathrm{d}\left(\dfrac{C_2}{\lambda T}\right)}{e^{\frac{c_2}{\lambda T}}-1}$$

$$c_2=1.4388\times10^4 \ \mu\text{m·K}$$

习　题

1. 简述光度学量的物理含义，并写出包括的物理量。

2. 简述光出射度与光照度的区别。

3. 推导漫辐射源亮度 L 与辐射度 M 的关系。

4. 简述黑体辐射规律。

5. 由普朗克公式推导斯特芬—玻耳兹曼定律。

6. 由普朗克公式推导维恩位移定律并举例说明。

7. 简述黑体的辐射特征。

8. 编写计算波长 $0\sim14$ μm、温度 $300\sim800$℃的黑体辐射度并绘制出曲线。

9. 简述大气衰减的原因及其规律。

10. 试用散射解释为什么天空是蓝色的，而朝阳和晚霞却是红色的。

11. 一个高 8 cm、粗 5 cm 的铁杯子，盛满 100℃的水，置于室温为 25℃的房间内。设水的发射率 $\varepsilon_p=0.9$，墙的发射率 $\varepsilon_w=0.8$，$\sigma=5.67\times10^{-8}$ W/m²K⁴，计算杯子的辐射度 M 的大小。

12. 简述大气分子吸收的特点。

13. 为什么雪对红外波段辐射而言是黑色的？用红外波段辐射探测水是何颜色？

第 3 章

红 外 探 测 器

◇◆◆

3.1　红外探测器发展概述

红外探测器是把红外辐射能转换为电能或其他便于测量的物理量的器件。最初赫歇尔发现红外辐射所用的水银温度计可说是最早使用的热辐射探测器;1821 年,意大利 L. 诺比利应用温差电效应(或称热电效应、Seebeck 效应)制成辐射热电偶;1830 年,产生用多个热电偶串联,制成热电堆;1880 年,美国 S. P. 朗利用铂箔制成测辐射热计,它比温差电堆的灵敏度提高了 30 倍;1901 年,改进后的测辐射热计可真正用来探测物体的热辐射。第二次世界大战期间研制成热敏电阻式测辐射热计;1946 年,美国 M. 高莱利用气体热膨胀制成气动型热探测器——高莱管(Golay cell)。热电探测器的研究虽然起步较早,但真正达到实用的热电探测器大约出现于 20 世纪 60 年代。热电探测器的出现,使热探测器及其应用得到了迅速发展,其性能优于其他室温工作的热探测器。

在发展热探测器的同时,光子探测器也研制成功,并逐渐成为军事应用的主要红外探测器。最有影响的是 1917 年盖斯研制成功硫化铅(PbS)探测器,首次把光电导效应用于红外探测。这种探测器,比以前任何红外探测器都灵敏得多,而且响应也快得多。1944 年前后,先后出现了硫化铅(PbS)、硒化铅(PbSe)、碲化铅(PbTe)等铅盐类光电导型光子探测器;20 世纪 50 年代,砷化铟(InAS)、锑化铟(InSb)、锗掺金(Ge：Au)、锗掺汞(Ge：Hg)等先后问世,出现了对 $1\sim3~\mu m$、$3\sim5~\mu m$ 和 $8\sim14~\mu m$ 三个大气窗敏感的实用的探测器。在此期间,还证实了对探测器制冷能增加灵敏度。60 年代制成了碲镉汞($Hg_{1-x}Cd_xTe$)等三元素化合物半导体红外探测器。至此,在军用最多的三个大气窗口,都有了高灵敏的红外探测器产品。1974 年,英国埃略特(Elliott)等人研制出 SPRITE(Signal Processing In The Element)红外探测器,实现了在器件内部的信号处理,这就是焦平面阵列(FPA)器件的一种形式。而另一种 FPA 器件则由红外探测器面阵与硅 CCD 互连而成,或将红外探测器与信号处理电路制作在同一衬底上。红外探测器在军用需求牵动下得到了迅速发展,而新型探测器的出现又促进了军用红外技术的不断提高。

简单地说,用来检测红外辐射存在的器件称为红外探测器,它能把接收到的红外辐射转变成体积、压力、电流等容易测量的物理量。然而真正有实用意义的红外探测器,还必须满足两个条件:一是灵敏度高,对微弱的红外辐射也能检测到;二是物理量的变化与受到的辐射成某种比例,以便定量测量红外辐射。

现代红外探测器大都以电信号的形式输出,所以也可以说,红外探测器的作用就是把接收到的红外辐射能转换成电信号输出,是实现光电转换功能的灵敏器件。

3.2 红外探测器的物理基础

3.2.1 半导体中光子的吸收

半导体对光的吸收大致可分为本征吸收、激子吸收、晶格振动吸收、杂质吸收和自由载流子吸收。其中，本征吸收、杂质吸收和自由载流子吸收可用图 3-1(a)、(b)、(c)表示。根据入射光子能量的大小，参与光吸收跃迁的电子涉及四种：价电子、内壳层电子、自由电子和杂质或缺陷中的束缚电子。例如，当光子能量增加到对应的紫外波长区时，可以观察到内层电子与导带之间的跃迁，而在较低的光子能量下却可观察到自由载流子与杂质吸收，最重要的是价带电子越过禁带跃迁到导带所产生的本征吸收或基本吸收。为对半导体中的光吸收有较全面的了解，下面也将扼要分析其他吸收机构，并在分析光吸收的基础上讨论目前常用的一些光电探测器。

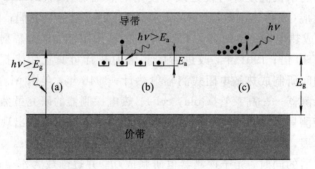

图 3-1 红外探测器中半导体能带及光子吸收

1. 本征吸收

如果有足够能量的光子作用到半导体上，就有可能产生本征吸收，价带电子被激发到导带面形成电子空穴对。这种受激本征吸收使半导体材料具有较高的吸收系数，有一连续的吸收谱，并在光子振荡频率 $\nu = E_g/h$ 处有一陡峭的吸收边，在 $\nu < E_g/h$（即入射光波长 $\lambda > 1.24/E_g$）的区域内，材料是相当透明的。由于直接带隙与间接带隙跃迁相比有更高的跃迁速率，因而有更高的吸收系数或在同样光子能量下在材料中的光渗透深度较小。与间接带隙材料相比，直接带隙材料有更陡的吸收边。

2. 半导体中的光吸收

1) 激子吸收

在上面讨论带间跃迁时完全没有考虑当价电子吸收光子而激发到导带时，该电子与留在价带上的空穴的库仑相互作用，即把它作为单电子近似处理的。而实际上，由于这种不可忽视的库仑作用，使激发到导带的电子与留在价带的空穴处于束缚状态，这种束缚态称为激子(Exciton)。按这种束缚的强弱，又可将激子分为夫伦克耳(Frenkel)激子和瓦尼尔—莫特(Wannier-Mott)激子。前者是一种紧束缚激子，其束缚态局限于一个原子或分子。电子与空穴之间的距离是晶格常数量级，因而可按"紧束缚"电子处理，惰性气体晶体及碱金属卤化物等中的激子属于这种类型。

对于瓦尼尔—莫特激子，其电子与空穴之间的距离为数百千晶格常数，即电子和空穴分别属于相当远的两个原子(或离子)，其激子波函数可以扩展到许多元胞内。在弱周期场中，这种激子可近乎自由地运动，因而可用自由电子近似。在离子晶体和共价晶体中，特别是介电常数大的半导体中，这种激子对光吸收产生重要影响。又由于处于束缚态的电子和空穴只能整体一起移动，因此激子对光电导没有贡献。

2) 自由载流子吸收

能够在能带内自由运动的载流子称为自由载流子，在半导体中即为导带的电子和价带的空穴。当入射辐射的频率不足以引起带间吸收跃迁或形成激子时，入射光子却可使这种自由载流子在导带或价带的不同能态之间跃迁，其中包括导带电子在不同能谷之间的跃迁及同一谷内的电子向高能态的非竖直跃迁，如图 3-2(a)所示；也包括非简并价带中不同子带之间的跃迁，如图 3-2(b)所示。

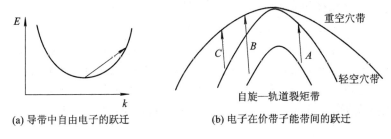

(a) 导带中自由电子的跃迁　　　(b) 电子在价带子能带间的跃迁

图 3-2　能带中电子的跃迁

显然，在完全填满电子的能带和空带内，不存在自由载流子吸收。对自由载流子吸收的分析和处理方法可以是量子力学的，也可以是经典的。前者是利用自由载流子在不同能态之间跃迁概率的量子力学理论来进行的，其中不仅考虑了自由电子的跃迁，也考虑了不同晶格状态之间的跃迁；后者是利用电子在高频电磁场(光波即高频电磁波)中的运动方程，从高频电导率推出自由载流子的吸收系数。但二者所得到的结果是相同的。

3) 杂质吸收

在适当能量的光子作用下，杂质能级所束缚的电子和空穴也可以产生光跃迁，可以是中性施主与导带之间的跃迁(见图 3-3(a))、中性受主杂质与价带之间的跃迁(见图 3-3(b))、价带与中性施主杂质之间的跃迁(见图 3-3(c))以及中性受主与导带之间的跃迁(见图 3-3(d))。与前面所讲的激子吸收不同，激子吸收是发生在分立能级与完全确定的主带之间，而这里所谈的杂质吸收，是杂质能级与整个能带之间的跃迁。

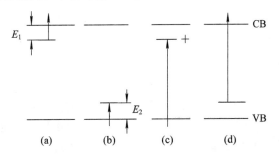

(a)　　　(b)　　　(c)　　　(d)

图 3-3　杂质能级与主能带之间的跃迁

利用杂质能级与相邻主能带之间的吸收跃迁,可形成光电导效应,这在长波长(数十微米)的红外探测器中得到了应用。然而杂质吸收也是半导体光发射器件有源介质中的内部损耗机构之一,对微光器的阈值和效率、解理面的损伤会产生一定的影响。

3.2.2 外光电效应

如果光的波长短于某一临界值而照射在某些材料上,就会有电子从表面发射出来。在外电场作用下,电子定向运动,在外电路形成电流。选取适当的光电阴极材料,根据光电效应可以制造出相应的辉光管、光电倍增器、变像管或像增强器等。这类探测器的光谱响应会表现出选择性。

1887年,赫兹发现,金属中的自由电子在光的照射下,吸收光能而逸出金属表面,这种现象称为光电效应。在光电效应中逸出金属表面的电子称为光电子,光电子在电场的作用下运动所提供的电流称为光电流,如图3-4所示。

增大A、K之间的电压,电流表显示光电流在增大。当A、K间的电压足够大后,电流表读数不再改变,这就是饱和光电流。这表明光电效应中产生的光电子已能全部到达A极,所以升高电压电流也不会再增大。此时若再增大照射光强度,光电流会随之增大。入射光频率一定,饱和光电流与入射光强成正比,即在饱和状态下,单位时间由阴极发出的光电子数与光强成正比,此时的光电流称为饱和光电流。如图3-5所示为光电效应伏安特性曲线。

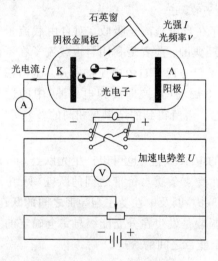

图3-4 外光电效应及暗电流

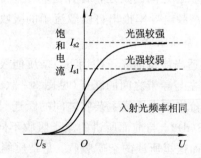

图3-5 光电效应伏安特性曲线

光电效应中从金属出来的电子,有的从金属表面直接飞出,有的从内部出来沿途与其他粒子碰撞,损失部分能量,因此电子速度会有差异,直接从金属表面飞出的速度最大,其动能为最大初动能。

在光电管上加上减速电压,光电流逐渐减小,直到 U_{AK} 达到某一负值 U_a 时,光电流为零,U_a 称为遏止电势或截止电压。这时从阴极逸出的具有最大初动能的电子不能穿过反向电场到达阳极。所以电子的初动能等于它克服电场力所做的功,即

$$eU_a = \frac{1}{2}mv_{max}^2 \tag{3-1}$$

实验表明，遏止电势差的大小与入射光的频率呈线性关系，与光强无关。光电子的最大初动能与光强无关，但与入射光的频率成正比。

定义红限波长为能够引起金属产生光电子的最长的波长，对应的频率为截止频率。只要入射光的频率大于该金属的红限，当光照射到这种金属的表面时，几乎立即就会产生光电子（几乎同时发生），而无论光强多大。

如果光电效应是波与电子的相互作用，电子吸收波的能量后从阴极逸出需一定时间，但实验事实是光电效应是瞬时发生的，从光照到光电子发出最多不超过 10^{-9} s。

3.2.3 内光电效应

在光作用下，直接导致半导体材料本身的电子状态发生变化，并由此产生光电导、光生伏特、光电磁效应及光子发射，统称为光电效应。在前三种效应中电子并不逸出其表面，故又称为内光电效应。

1. 光电导效应

光电导效应即当激光照射某些半导体材料时，光透射到它们的内部，如果光子能量足够大，某些电子吸收光子能量，从原来的束缚态变成能导电的自由态，在外电场的作用下，流过半导体的电流增大，即半导体的电导增大。这种现象叫光电导效应。由于电子并不逸出表面而仍然留在半导体内部，因此这是内光电效应之一。光导管和光敏电阻就属此类。

2. 光生伏特效应

如图 3-6 所示，在无光照射时 PN 结内存在有内部自建场 E。当光照射在 PN 结及其附近时，在能量足够大的光子作用下，在结区及其附近就产生少数载流子（电子空穴对）。它们在结区外时，靠扩散进入结区；在结区中则在电场 E 作用下，电子漂移到 N 区，空穴漂到 P 区。结果使 N 区带负电荷，P 区带正电荷，产生附加电动势，称为光生电动势或光生伏特效应。

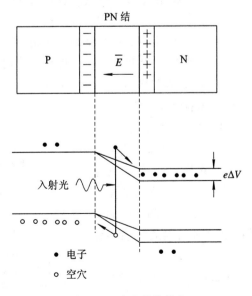

图 3-6 光生伏特效应

3. 光电磁效应

将半导体样品(如 InSb)置于强磁场中,激光辐射垂直照射在样品上表面,如图 3-7 所示。

当光子能量足够大时,表面层内激发出光生载流子——电子空穴对,于是样品表面层和体内形成载流子浓度梯度,所以光生载流子就向体内扩散。在扩散过程中,由于磁场产生的洛仑兹力的作用,电子和空穴偏向样品两端,产生积累电荷,这就是光电磁效应。

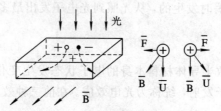

图 3-7 光电磁效应

3.2.4 热探测器对光的吸收

热探测器探测光辐射包括两个过程:一是吸收光辐射能量后,探测器的温度升高;二是把温度升高所引起的物理特性的变化转变成电信号。因为温度升高是一种热积累过程,与入射光子的能量大小无关,所以探测器的光谱响应没有选择性,而从可见到红外波段均有响应。最常用的热电效应有如下三种:

(1)温差电效应。把两种不同的金属细丝或半导体薄片连接成一个闭合环路,用激光照射其中一个接头,使其温度上升,因而两个接头的温度不同而出现温差,在两个接头之间出现温差电势,闭合环路中就有电流流通。此即温差电效应。

(2)热敏电阻。在光照射下,金属或半导体吸收激光能量,温度升高 ΔT,则其电阻变化 $\Delta R = \alpha_T R \Delta T$。$\alpha_T$ 是材料的电阻温度系数,R 是材料电阻。测量 ΔR 即可测定激光能量或功率。此即热敏电阻。

(3)热释电效应。有些热电—铁电体物质,如硫酸三甘酞(TGS)、铌酸锶钡(SBN)等晶体,在光照射温度升高时,能在晶体某个方向上产生电压,从这个电压能测出光辐射的能量或功率的大小。利用这一原理制成的探测器叫热释电探测器。

1. 热探测器吸收光辐射引起的温度变化

热探测器最简单的热回路如图 3-8 所示。

探测器的热容量是 H,它表示探测器升高一度所需的热量(J/K)。探测器通过热导 G_H 与周围环境发生热交换。设周围环境的热容量为无限大,整个环境温度是一致的,用 T_0 表示。如果探测器的温度比环境高 ΔT,则探测器在单位时间内通过热导流向环境的热量流 ΔP 为

$$\Delta P = G \cdot \Delta T \qquad (3-2)$$

其中,热导 G 的单位是 W/K。

当探测器接收入射光辐射功率 P 时,热探测器

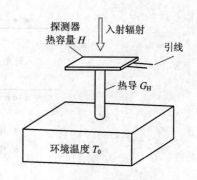

图 3-8 热探测器回路

吸收热辐射后每秒接收的热量为 αP，其中 α 为热探测器的吸收率。此时探测器温度升量 ΔT 由下式确定：

$$\alpha P = H \frac{\mathrm{d}(\Delta T)}{\mathrm{d}t} + G \cdot \Delta T \tag{3-3}$$

式(3-3)表示了探测器吸收的辐射功率等于每秒中探测器温升所需的能量和传导损失的能量。

通常投射到热探测器上的辐射是经过调制的，它包括一个与时间无关的直流分量 P_0 和一个以角频率 ω 调制的交变分量 $P_\omega \exp(\mathrm{i}\omega t)$，即

$$P = P_0 + P_\omega \exp(\mathrm{i}\omega t) \tag{3-4}$$

把式(3-4)代入式(3-3)，求得的温升 ΔT 也应包括两个部分：与时间无关的平均温升 ΔT_0 和与时间有关的温度变化 ΔT_w，即

$$\Delta T = \Delta T_0 + \Delta T_w \tag{3-5}$$

式中，$\Delta T_0 = \dfrac{\alpha P_0}{G}$，$\Delta T_w = \dfrac{\alpha P_\omega}{G(1+\omega^2\tau_H^2)^{\frac{1}{2}}}\exp[\mathrm{i}(\omega t+\phi)]$。其中，$\phi = \arctan\dfrac{\omega H}{G}$ 是温升与辐射功率之间的相位差，而 $\tau_H = \dfrac{H}{G}$。

ΔT_w 式说明了热探测器的一些特点。显然，在一定的辐射功率下，探测器应有尽可能大的温度变化。要做到这一点，G 应尽量小而且调制频率 ω 要很低，使 $\omega\tau_H \ll 1$。

典型的热探测器的热时间常数在几毫秒到几秒的范围内，比光子探测器的响应时间要长。增大热导 G 可减小 τ_H，但这与要使探测器温度升高需要 G 低相矛盾。因此，减小热时间常数主要在降低热容量 H 上，这就是多数热探测器的光敏元做得小巧的原因。

吸收率 α 代表了对入射辐射吸收过程的效率。为了提高吸收比，需要对热探测器光敏元的表面进行黑化处理。

2. 热探测器的极限探测率

由于热探测器与周围环境之间的热交换存在着热流起伏，引起热探测器的温度在 T_0 附近呈现小的起伏，这种温度起伏构成了热探测器的主要噪声源，称为温度噪声。

如果热探测器的其他噪声与温度噪声相比可以忽略，那么温度噪声将限制热探测器的极限探测率。

探测器和环境的热交换包括辐射、对流和传导。当探测器光敏元被悬挂在支架上并真空封装时，总的热导将取决于辐射热导。通常，热探测器光敏元为薄片状，光敏元的侧面积远小于光敏面的面积。在理想情况下，光敏面是理想的吸收面，即 $\alpha=1$；同时背面又是理想的反射面，即 $\alpha=0$。这时辐射热导 G_R 根据黑体辐射为

$$G_R = \frac{\mathrm{d}(A_d T^4)}{\mathrm{d}T} = 4A_d \sigma T^3 \tag{3-6}$$

式中，A_d 是光敏面的面积，σ 为斯特芬—玻耳兹曼常数。从此式看到，若热探测器的吸收率为常数，则其辐射热导与波长无关，而与温度的三次方成正比。当温度降低时，辐射热导将急剧减小。

根据式(3-6)可以得到温度噪声功率：

$$\overline{\Delta\omega_T^2} = 4G_R k_B T^2 \Delta f = 16 A_d \sigma k_B T^5 \Delta f \tag{3-7}$$

于是，热探测器的温度噪声电压和比探测率分别是

$$V_N = R_V (\Delta \omega_T^2)^{\frac{1}{2}} = 4(A_d \sigma k_B T^5 \Delta f)^{\frac{1}{2}} \cdot R_V \tag{3-8}$$

$$D^* = R_V \cdot \frac{(A_d \cdot \Delta f)^{\frac{1}{2}}}{V_N} = \frac{1}{4(\sigma k_B T^5)^{\frac{1}{2}}} \tag{3-9}$$

在室温下，把 $T=300$ K，玻尔兹曼常数 $k_B=1.38\times10^{-23}$ J/K 和 $\sigma=5.67\times10^{-12}$ W/cm^2 · K^4 代入上式，可得理想热探测器的极限比探测率 D^* 为

$$D^* = 1.81 \times 10^{10} \text{ cm} \cdot \text{H}_2^{1/2} \cdot \text{W}^{-1} \tag{3-10}$$

可以说，理想热探测器的极限比探测率已接近或达到一般光子探测器的比探测率。

3.3　红外探测器的性能参数

探测器的主要特性参数可以表征一个探测器的探测能力，主要包括响应率噪声等效功率、探测率、比探测率、响应时间、光谱灵敏度和量子效率等。

3.3.1　响应率

探测器的光电转换能力或探测器对光功率的响应能力用电压响应度和电流、电压灵敏度来表征。

1. 电流灵敏度 S_d

入射的单位光功率所能产生的信号电流，定义为探测器的电流灵敏度，即

$$S_d = \frac{I_S}{P} \quad (\text{A/W}) \tag{3-11}$$

式中，I_S 为探测器产生的信号电流(A)，P 为入射的光功率(W)。规定 P 和 I_S 均取有效值。

2. 电压灵敏度 S_V

入射的单位光功率所能产生的信号电压，定义为探测器的电压灵敏度，即

$$S_V = \frac{V_S}{P} \quad (\text{V/W}) \tag{3-12}$$

式中，V_S 为探测器产生的信号电压(V)，P 为入射的光功率(W)。规定 P 和 V_S 均取有效值。

3.3.2　噪声等效功率 NEP

噪声等效功率描述光敏元件对微弱信号的探测能力。当外界辐射引起的电压信号与探测器的噪声电压的均方根值相等时，信噪比为 1，此时元件所接收的入射辐射能量称为噪声等效功率，也就是最小可探测功率。一般探测器件的 NEP 为 10^{-11} W。显然，NEP 越小，噪声越小，器件的性能越好。因为探测器的噪声电压不是一个固定不变的值，因此取均方根值：

$$V_N = \frac{1}{N} \sqrt[N]{V_1^N + V_2^N + \cdots + V_N^N} \tag{3-13}$$

当 $V_N = V_S$ 信号电压时，

$$\text{NEP} = \frac{V_N}{S_V} \tag{3-14}$$

式中，S_V 为电压灵敏度。

3.3.3 探测率 D

探测率表征光敏元件的探测能力，因为只用 NEP 无法比较两个不同来源的光探测器的优劣，为此引入这个参数。探测率定义为

$$D = \frac{1}{\text{NEP}} = \frac{S_V}{V_N} \tag{3-15}$$

显然，D 越大，光电探测器的性能越好。D 描述的是探测器在其噪声电平之上产生一个可观测电信号的能力，即探测器能响应的光功率越小，其探测率越高。

3.3.4 比探测率 D^*

仅根据 D 不能比较不同探测器的优劣，因为若两只相同材料的器件，内部结构相同，但光敏面积 A_D 和测量带宽不同，则 D 也不同。为方便不同来源的探测器进行比较，需把 D 归一化到测量带宽为 1 Hz、光敏面积 A_D 为 1 cm² 于是定义比探测率：

$$D^* = \frac{\sqrt{A_D \Delta f}}{\text{NEP}} \tag{3-16}$$

式中，A_D 为元件面积，Δf 是测量电路的频带宽。

实验测量和理论分析表明，许多类型的光电探测器的噪声电压 V_N 与光敏面积 A_D 及带宽 Δf 的平方根均成正比。因此，将噪声电压 V_N 除以 $\sqrt{A_D \Delta f}$，则 D 就与 A_D、Δf 无关了。图 3-9 是各种商用红外探测器的 D^* 的比较，参考此图，可以在探测波长和探测器性能之间作一选择。

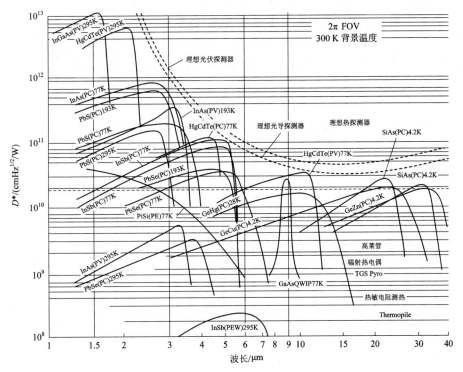

图 3-9 不同红外探测器的 D^* 的比较

3.3.5 响应时间 τ

响应时间表征探测器对入射光响应的快慢，即光照射或者撤离光探测器后，电压上升 63% 或者下降 37% 的时间，也称弛豫时间或时间常数，见图 3-10。例如，PbS 是 $50 \sim 500~\mu s$，光伏锑化铟 InSb 是 $1~\mu s$。

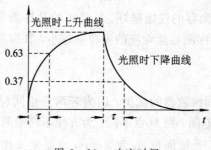

图 3-10 响应时间

3.3.6 光谱灵敏度

光谱灵敏度表征光敏元件对于不同的入射波长光转换能力的大小，即光敏元件对不同波长的光的响应特性。例如图 3-11 所示的光谱灵敏度曲线，横轴为波长，22℃时 PbS 对 $2 \sim 3~\mu m$ 波长的入射响应最高，相应的弛豫时间长些。－196℃时 InSb 锑化铟对 $3 \sim 5$ μm 波长的入射响应最高。因此，对于这两个大气窗口，通常选择 PbS 和 InSb 锑化铟作为探测器。许多飞机上的红外探测器就是 InSb 锑化铟，用液态氮制冷。

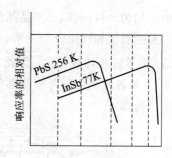

图 3-11 光谱灵敏度曲线

3.3.7 量子效率

对于光电探测器，吸收光子产生光电子，光电子形成光电流。因此，光电流 I 与每秒入射的光子数即光功率 P 成正比，即

$$I = \alpha P = \frac{\eta e}{h\nu} P \tag{3-17}$$

式中：I 为光电流，单位为安培（A）；P 为光功率，单位为瓦（W）；$\alpha = \frac{\eta e}{h\nu}$ 是光电转换因子；e 为电子电荷；η 为量子效率（%）。式（3-17）中，$\frac{P}{h\nu}$ 是单位时间入射到探测器表面的光子数，I/e 是单位时间内被光子激励的光电子数。量子效率 η 定义为

$$\eta = \frac{Ih\nu}{eP} \tag{3-18}$$

对于理想探测器，$\eta = 1$，即一个光子产生一个光电子。但对实际探测，$\eta < 1$。显然量子效率越高越好。

3.4　红外探测器的分类及工作原理

3.4.1　光电子发射探测器

依靠外光电效应制成的光电探测器称为光电子发射探测器。光电倍增管是典型的光电子发射探测器。其主要优点是灵敏度高，稳定性好，响应速度快和噪声小；主要缺点是结构复杂，工作电压高和体积大。它是个电流放大元件，具有很高的电流增益，因而最适合在微弱光信号场合下使用，如在激光测距、雷达、通信等接收系统中已广泛使用。

1. 基本工作原理

光电倍增管由光阴极 X、倍增极 D_i(亦称打拿极)、阳极 A(亦称收集极)及真空管壳组成，如图 3-12 所示。图中 V 是极间电压，分级电压为百伏量级，总电压为千伏量级。这样，从阴极到阳极，各极间形成逐级递增的加速电场。阴极在光照下发射光电子，光电子被极间电场加速聚焦，从而以足够高的速度轰击倍增极，倍增极在高速电子轰击下产生二次电子发射，使电子数目增加若干倍，如此逐级倍增使电子数目大量增加，最后被阳极收集，形成阳极电流。当光信号变化时，阴极发射的光电子数目相应变化，由于各倍增极的倍增因子基本上是常数，所以阳极电流亦随光信号的变化而变化。光电倍增管的性能主要由光阴极、倍增极和极间电压决定。

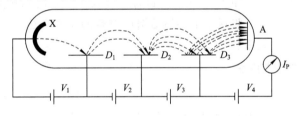

图 3-12　光电倍增管

1) 光阴极

光阴极和管壳窗口材料决定了光电倍增管的光谱响应特性。前者主要限制长波响应，后者则主要限制短波响应。大部分光阴极在可见光谱区有很高的响应度，但在近红外区光谱响应急剧下降。其中，AgOCs 阴极长波限最长，达 1.2 μm，峰值响应波长为 0.86 μm，峰值量子效率为 0.3%，$\lambda=1.06$ μm 时，量子效率下降到 0.04%，它是古老的以金属及金属氧化物为主要成分的光阴极中唯一能用于 1.06 μm 激光波长探测的光阴极。随着激光技术的发展，1.06 μm 激光波长的应用十分活跃，出现了许多半导体光阴极材料，如 InAs$_{0.15}$P$_{0.05}$Cs$_2$O 光阴极，不仅使长波响应延伸到 1.2 μm，而且量子效率亦有明显提高，在 1.06 μm 波长，量子效率达 0.8%，较之 AgOCs 阴极提高了大约 20 倍，成为目前 1.06 μm 激光波长探测最好的光阴极材料。

2) 二次电子发射和倍增极

某些金属、金属氧化物及半导体，如锑化铯、银镁合金、氧化铍等，其表面受到高速电子轰击后，可重新发射出更多的电子，这种现象叫二次电子发射。光电倍增管正是利用各倍增极二次电子发射效应获得了高的电流增益。为了表征二次电子发射的量值，下面引入

二次发射系数 σ：

$$\sigma = \frac{I_2}{I_1} = \frac{en_2}{en_1} \qquad (3-19)$$

式中，en_1、en_2 分别表示一次和二次发射电子流。可见 σ 表示每一个入射电子可产生的二次电子的数目，也就是每个倍增极的电流增益。如果倍增极的级数为 n，且各级性能相同，考虑到电子损失，则总的电流增益 G 为

$$G = \frac{I_p}{I_g} = f(g\sigma)^n \qquad (3-20)$$

式中，I_p 为阳极电流，I_g 为阴极电流，f 为第一倍增极对阴极光电子的收集效率，g 为各倍增极之间的传递效率。良好的电子光学设计可使 f、g 达到 0.9 以上，为简单起见，在下面讨论中令 $f=g=1$。σ 值主要取决于倍增极材料和极间电压，如对锑化铯材料 $\sigma=0.2V^{0.7}$，对银镁合金 $\sigma \approx V/40$。若取 $n=10$，则前者的电流增益为 $G=\sigma^{10}=(0.2)^{10}V^7$，后者的电流增益为 $G=\sigma^{10}=(V/40)^n=(V/40)^{10}$。可见总增益与工作电压的关系十分密切，工作电压的变化将使 G 值有明显的波动，这将使光电倍增管工作不稳定。但亦可用调整外加工作电压的办法来调整总的电流增益 G 的大小，从而使光电倍增管工作在最佳状态。故要求光电倍增管电源必须是可调的电子稳压电源。

由此可见，倍增极级数越多，二次电子发射系数 σ 越大，则 G 值就越高。但过多的倍增级数将加长真空管，以致影响光电倍增管的频率特性和噪声性能。综合考虑频率特性、噪声特性及保持较高的 G 值（如 $10^5 \sim 10^7$），最好选择较大的 σ 值和较少的级数。通常 σ 值为 $3 \sim 6$，n 取 $9 \sim 14$ 级。而一些新型半导体倍增极材料的 σ 值高达 $20 \sim 25$，可使级数 n 大为减小，从而获得良好的频率特性。

2. 光电倍增管的工作特性

1）信号特性

在线性工作范围内，光电倍增管的伏安特性可用下式表示：

$$I_p = AV_0^\alpha \qquad (3-21)$$

式中，I_p 为输出电流，V_0 为电源总电压，A 为比例常数，α 是与倍增过程相关的常数。一个性能未知的管子，可通过实验测定其具体的伏安特性。在入射光通量一定的情况下，例如，当 $V_0=750$ V 时，测得 $I_p=1$ μA；当 $V_0=1000$ V 时，测得 $I_p=10$ μA。对式（3-22）两边取对数：

$$\lg I_p = \alpha \lg V_0 + \lg A \qquad (3-22)$$

将上述测量值代入，有 $\lg I_p \alpha = \dfrac{\lg 10 - \lg 1}{\lg 1000 - \lg 750} = 8$，$A \approx 10^{-23}$。所以该管子的伏安特性为 $I_p=10^{-23}V_0^\alpha$，这样可以求出任意电压值下的 I_p 值。A 和 α 值因管而异。

现在讨论在电源电压一定时阳极电流随入射光功率的变化规律，即光电倍增管的光信号特性。阴极电流 I_k 与入射光功率的关系是 $I_k=S_dP_s$，所以阳极电梳 $I_k=GI_k=GS_dP_s$。式中，G 为电流增益，S_d 为光阴极灵敏度（A/W），P_s 为信号光功率（W）。因此，光电倍增管的输出电压为

$$V_L = GS_dP_sR_L \qquad (3-23)$$

根据输出电压 V_L 的要求，从此式可以确定负载电阻 R_L 之值。

实际上，阳极电流 I_p 并不始终随入射光功率 P_s 呈线性增长。当 P_s 大到一定程度时，I_p 反而下降，出现饱和现象，如图 3-13 所示。

由图 3-14 可看出，当入射光通量在 10^{-4} 流明以下时，光电流与光通量基本上是呈线性关系。当入射光通量再大时，光电流不再线性增长，甚至下降。这主要是光阴极的疲劳效率所致。若光照强度太大，光阴极、倍增极以及阳极出现大电流，致使光阴极、倍增极发热而局部分解，表面遭到破坏甚至脱落，因而造成光电倍增管的损坏。因此，使用光电倍增管时，切忌过度光照，要求对背景严格遮光。这是光电倍增管的不足。

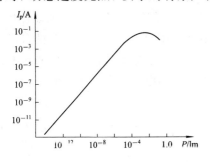

图 3-13　光电倍增管的工作特性

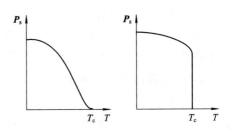

图 3-14　热释电材料极化强度与晶体温度的关系

实际应用中还应注意外磁场对光电流的影响。光电倍增管附近应避免有变压器或大电流通过的导线。通常应对光电倍增管进行良好的电磁屏蔽。

2）噪声特性

对于电磁屏蔽良好的光电倍增管，其噪声主要是散粒噪声，其次是负载电阻产生的热噪声、背景噪声以及暗电流引起的噪声等。

背景噪声可采用滤光片及小孔光阑加以限制，故实际使用时应设法减小暗电流。其方法是，在长时间工作时，一定要考虑降温措施以控制暗电流的增长；其次选用最佳工作电压，在具有 9~12 级倍增极的光电倍增管中，选取 500~800 V 较为适宜。而负输电阻热噪声一般可以忽略，散粒噪声需要考虑。

3.4.2　热释电探测器

热释电探测器是一种利用某些晶体材料自发极化强度随温度变化所产生的热释电效应制成的新型热探测器。晶体受辐射照射时，由于温度的改变使自发极化强度发生变化，结果在垂直于自发极化方向的晶体两个外表面之间出现感应电荷，利用感应电荷的变化可测量光辐射的能量。因为热释电探测器的电信号正比于探测器温度随时间的变化率，不像其他热探测器需要有个热平衡过程，所以其响应速度比其他热探测器快得多，一般热探测器的时间常数典型值在 1~0.01 s 范围，而热释电探测器的有效时间常数低达 10^{-4}~3×10^{-5} s。虽然目前热释电探测器在比探测率和响应速度方面还不及光子探测器，但由于它还具有光谱响应范围宽、较大的频响带宽、在室温下工作无需致冷、可以有大面积均匀的光敏面、不需偏压、使用方便等特点，因此得到了日益广泛的应用。热释电探测器较光电和一般热电探测器具有如下特点：它工作时无需冷却亦无需偏压，可在室温或高温下工作，故结构简单，使用方便，从近紫外到远红外的广阔波段几乎恒有均匀的光谱响应，在很宽的频率和温度范围内有较高的探测度等。特别是用于探测 1.06 μm 的激光，具有广阔的发展前景。

1. 热释电材料

压电晶体类中的极性晶体具有如下特性：在无外加电场、应力的情况下，晶体本身具有自发极化。由电磁理论可知，在垂直于电极化矢量 $\boldsymbol{P}_s$ 的晶体表面上应出现面束缚电荷，其电荷密度为 $\sigma_p = \boldsymbol{P}_s$，由于晶体内部自发电极化矢量的混乱排列，加之晶体内、外自由电荷的中和作用，平常不能觉察出面束缚电荷的存在。但实验证明，其中和所经历的时间为 $1 \sim 1000$ s。再者，其自发极化强度 $\boldsymbol{P}_s$ 是晶体温度的函数，如图 3-14 所示。

当温度高于居里温度 T_c 时，$\boldsymbol{P}_s = 0$，T_c 值因晶体不同而异。在居里温度以下，$\boldsymbol{P}_s$ 随温度升高而减小。具有这种特性的极性晶体称为热电体或热电晶体。此外，在热电晶体中，外电场能改变某些热电体的自发极化矢量的方向，即在外电场作用下，混乱排列的自发极化矢量趋于同一方向，形成单畴极化。当去掉外电场后，仍能保持单畴极化特性的热电体又称为铁电体或热电—铁电体。热释电探测器正是利用这种热电—铁电体而制成的。

2. 热释电探测器的工作原理

热释电探测器是一种交流响应或瞬时响应器件，对稳定辐射不响应。故入射辐射必须是经过调制的或短脉冲的辐射。根据其材料介电常数和介电损耗特性，常采用边电极和面电极两种基本结构形式，如图 3-15 所示。前者多采用高介电常数和介电损耗大的材料，如铌酸锶钡（SBN）；后者一般采用低介电常数和低损耗的材料，如硫酸三甘肽（TGS）。

热电体受到调制频率为 f 的辐射照射时，吸收其能量，使晶体的温度、自发极化强度 $\boldsymbol{P}_s$ 以及由此而引起的面束缚电荷密度均以频率 f

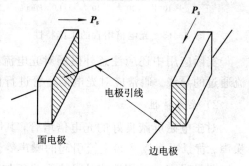

图 3-15　热释电探测器的两种基本结构

周期变化。如果调制频率 $f > 1/\tau$（τ 是晶体内部自由电荷与面束缚电荷发生中和过程的平均时间），则晶体内部的自由电荷来不及中和面束缚电荷，结果使晶体在垂直于 $\boldsymbol{P}_s$ 的两端面间出现开路交流电压，如接上负载电阻，就有电流流过，且在输出端输出电压信号。输出电压信号能够反映入射辐射的特性。

热释电探测器的工作过程为：当温度高于居里温度时，热释电晶体自发极化矢量为零，只有低于居里温度时，材料才有自发极化性质。正常使用时，使器件工作于离居里温度稍远一点的温区；温度恒定时，因晶体表面吸附有来自于周围空气中的异性电荷，而观察不到它的自发极化现象。

如图 3-16 所示，当温度变化时，晶体表面的极化电荷随之变化，温度升高，$\boldsymbol{P}_s$ 减小；周围的吸附电荷因跟不上它的变化失去电的平衡，显现出晶体的自发极化。这一过程的平均作用时间为 $\tau = \varepsilon/\sigma$。式中，$\varepsilon$ 为晶体的介电系数，σ 为晶体的电导率。两次自发极化过程称自发极化弛豫。自发极化弛豫时间极短，约 10^{-12} s。但晶体周围电荷的变化速度慢，跟不上极化弛豫的速度，热电体表面有剩余电荷，持续时间范围在微秒至 1 s 或更长，于是晶体表面产生电荷积累，积累电荷量等于前一次温度时自发极化强度所产生的量，即反映前一次温度的情况，也就是前一次热辐射的大小。因此，所探测的辐射必须是变化的，晶体处于 T_1 的平衡态，晶体内偶极子取向相同，产生的极化强度为 $\boldsymbol{P}_s(T_1)$。在平衡状态下垂直于极轴的晶体表面上的束缚电荷被自由电荷补偿；温度由 T_1 变到 T_2，极化强度由 $\mathbf{P}_s(T_1)$ 变为 $\mathbf{P}_s(T_2)$，新平衡态的建立与外电路的电流相关。用电子束中和读出该电荷量，电流的大小即可反映热辐射的大小。

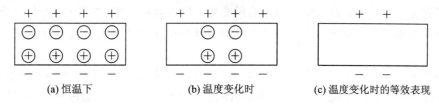

(a) 恒温下　　　　　　(b) 温度变化时　　　　(c) 温度变化时的等效表现

图 3-16　热电晶体在温度变化时所显示的热电效应示意图

在热释电探测器中目前常用的热释电材料有硫酸三甘肽(TGS)、铌酸锶钡(SBN)、钽酸锂(LT)、钛酸铅(PT)、钛锆酸铅(PZT)等。TGS 探测器发展最早，工艺最成熟，目前 D^* 值最高 (2.5×10^8 cm·Hz$^{1/2}$·W^{-1})，但其居里温度低 ($T_c = 490^\circ\mathrm{C}$)，因此承受激光功率的能力差。SBN 探测器在大气中稳定，有较高的热释电系数，响应速度快，其响应时间已小于 1 μs，在光通信、雷达技术中有使用前途。

钽酸锂(LT)、钛酸铅(PT)探测器具有高的居里温度，故不仅对入射能量的测量范围宽，且融点也高，即使输入能量过大也不易损坏。因此，它们不仅适用于接收较大能量的激光，而且有希望用于激光外差探测，因为它们能经受较大的本振光功率。此外，据报导钽酸锂(LT)的响应时间可达 500 ns，较之光电二极管的响应速度还快。

典型的热释电摄像管的结构如图 3-17 所示。灯丝用来加热阴极；电子从阴极表面发射；栅极用来调节电子束电流的大小；各个阳极对电子束产生加速电场，并与控制极形成电子透镜，对电子束初步聚焦；聚焦线圈使电子束进一步聚焦，通常将电子束聚为直径 0.01 mm 左右的细束；栅网电位高于聚焦极一二十伏，产生均匀电场，使电子束垂直上靶；偏转线圈使电子束作光栅扫描；窗口一般用锗或三硫化砷等材料制造，以透过 2 μm 以上的红外辐射。靶环作为信号的引出线；靶面是用热释电材料制成的单晶片，一般厚度在 16~18 mm。在靶的前表面蒸涂上金黑层作为信号电极和红外辐射吸收层。

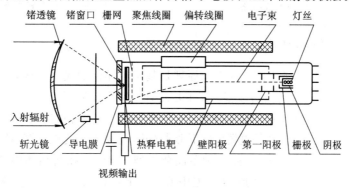

图 3-17　热释电摄像管的结构

热释电摄像管与其他类型的电子束扫描摄像管的共同机理是以扫描电子束同靶面的相互作用来产生视频信号。靶面的等效电路如图 3-18 所示。

靶面可看做一系列小单元电路的并联，每个单元对应于靶面上的一个小面元(分辨元)。其中 $V_s(s=1, 2, \cdots, n)$ 是极化强度 P 所产生的束缚电荷的等效电压量，电容为小面元的等效电容,电容上的电压是靶面上自由电荷的等效电压量。电子束对靶面的扫描可等效为具有非线性电阻 R 的转换开关,依次与各个小单元电路接通。对每个小单元的接通时间为 Δt,相邻两次接通的间隔时间为 T_f。在电子束与小面元接触的 Δt 时间中,电子束将电子沉积在小面元上;等效为电子对电容的充电,使电容的右端(扫描面)电位下降。该电位下降到阴极电位时,电子就不再能到达靶面,此时电子束中的剩余电子受栅网加速返回到阴极。

当小面元前面接收了热辐射导致温升时(暂且以温升为例),小面元的极化强度 P 减小,则束缚电荷面密度 σ 减小,使 V_s 绝对值减小,导致小面元扫描面电位升高,从而高于阴极电位。当扫描电子束再扫到这个小面元时,电子又可在该小面元上沉积,再次使小面元扫描面电位降到阴极电位。电子束沉积在小面元上的电子数目与同一帧时间内该小面元接收辐射能所导致的温升成比例。在小面元上的沉积电子形成了位移电流。这个电流流过 R_L,在前置放大器的输入端产生一个信号电压。电子束以光栅图形扫描整个靶面,就可以由靶面上诸小面元的信号构成反映热图分布的视频信号。

因为热释电材料仅对温度的变化敏感,所以当用热释电摄像管摄取静止景物的热图像时,必须对入射辐射进行调制。其方法之一就是用斩光盘,如图 3-19 所示。

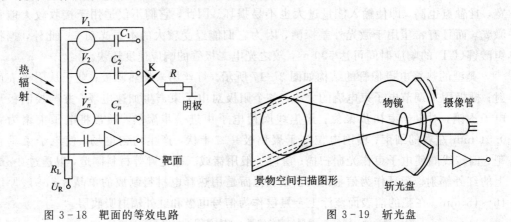

图 3-18　靶面的等效电路　　　　　　　　　　图 3-19　斩光盘

3.4.3　光电导探测器理论

光电导探测器亦称光敏电阻,其工作原理是基于半导体的光电效应,在激光探测器中尤其是对 $10.6~\mu m$ 激光探测应用较多。其不足之处是需在低温下工作。

这种探测器结构很简单,在一块半导体材料上焊上两个电极即可构成光电导探测器。光照时其表面层内产生载流子,并在外电场作用下形成光电流。典型的光电导探测器有以下几种:

(1) 锗掺汞光电导(Ge:Hg):是一种单晶杂质型光电导。在锗晶体中掺入汞原子作为受主杂质,汞原子在锗晶体中即成为受主中心,其电离能为 $0.09~eV$,故只要光子能量 $h\nu \geqslant 0.09~eV$(相当于波长 $14~\mu m$),就能使电子从价带跃迁到受主能级上,并在价带中产生空穴。当操测器外加电压时,就形成了光电流。

(2) 锗掺汞光电导(Ge:Hg):其响应时间小于 $10^{-6}~s$,最好的可达 $10^{-9}~s$。其探测度 D^* 可达 $4^{10} \times 10~cm \cdot Hz^{1/2} \cdot W^{-1}$。其光谱响应曲线如图 3-20 所示。锗掺汞光电导的长波限达 $14~\mu m$,对 $10.6~\mu m~CO_2$ 激光探测是很合适的。为了使杂质不致因热激发而电离,它必须冷却到 38 K 以下。这种探测器通常装在用液氮致冷的杜瓦瓶内。

（3）碲镉汞光电导 HgCdTe：是一种化合物本征型光电导探测器。本征型结构的优点是可在较高的温度下工作。对 $8\sim14$ μm 波长响应的本征型半导体材料，要求其禁带宽度为 $0.09\sim0.15$ eV，而一般单晶和化合物本征型半导体的禁带宽度都要宽得多。碲镉汞光电导是由碲化镉、碲化汞两者混合在一起的固溶体。纯 HgTe 的禁带宽度小于 0.03 eV，长波限大于 40 μm；纯 CdTe 的禁带宽度是 1.5 eV，长波限仅为 0.8 μm。这两种化合物所组成的混合晶体 $(Hg_{1-x}Cd_xTe)$ 的禁带宽度随组分比 x 呈线性变化，当 $x=0.2$ 时，即可得到 $8\sim14$ μm 波长响应，如图 3-21 所示。其工作温度为 77 K，用液氮致冷。这种光电导探测器已广泛用于 10.6 μm 激光探测。与碲镉汞光电导性能类似的还有碲锡铅（PbSnTe）光电导等。

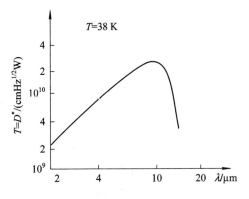

图 3-20　锗掺汞光电导光谱响应曲线 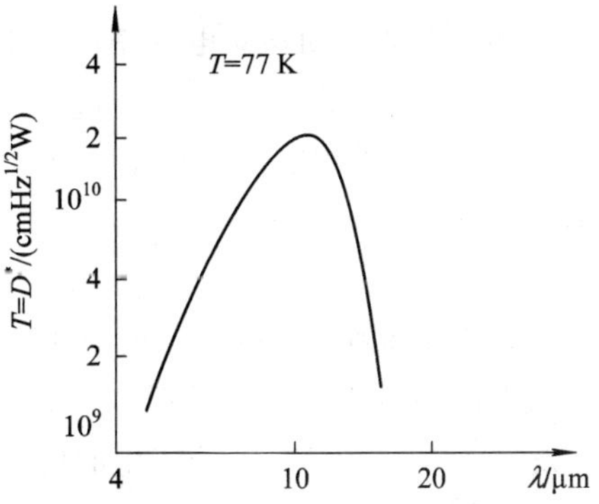　　　图 3-21　碲镉汞光电导光谱响应曲线

下面详细讨论 HgCdTe 光电导探测器的物理机制。

1. 光导器件数学描述

HgCdTe 是目前较为理想的红外探测器。光子探测器可分为光导型和光伏型两种器件，而 HgCdTe 都适合于制造这两种探测器。下面从光导特性来阐述其原理。

考虑一块光导材料，长度为 l，宽度 w，厚度为 d（如图 3-22 所示），连入电路中。假设此时无入射辐射，端电压为 V_0，

$$V_0 = I_0(R_0 + R_L) \qquad (3-24)$$

R_0、R_L 是负载电阻，

$$R_0 = \frac{1}{\sigma_0 wd} \qquad (3-25)$$

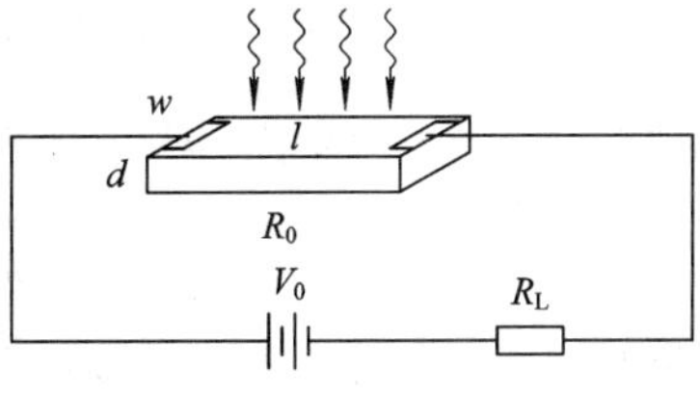

图 3-22　光导材料的工作原理

电导率 σ_0 包括暗电流电导率 σ_d 和背景辐射电导率 σ_B，即

$$\sigma_0 = \sigma_d + \sigma_B \qquad (3-26)$$

当器件上有入射辐射时，电导率为

$$\sigma = \sigma_d + \sigma_B + \sigma_s \qquad (3-27)$$

σ_s 就是由于辐射的入射而产生的项。因此器件的净阻抗为

$$R = \frac{1}{\sigma wd} \qquad (3-28)$$

当有辐射入射时，器件两端电压不同于没有辐射入射时的电压。其差值为 V_s：

$$V_s = \frac{V_b R_0 R_L}{(R_0 + R_L)^2} \cdot \frac{\sigma_s}{\sigma} = \frac{V_b R_0 R_L}{(R_0 + R_L)^2} \cdot \frac{\Delta n}{n_0 + n_b} \tag{3-29}$$

式中，$\Delta n = n_s - (n_b + n_0)$，表示的是入射辐射产生的载流子的密度与其他原因产生的载流子密度的差异。其他原因包括由于热而产生的载流子和由于背景辐射而产生的载流子之和。通常 $R_L \gg R_0$，所以式(3-29)可简化为

$$\frac{V_b R_0 R_L}{(R_0 + R_L)^2} = \frac{V_b R_0}{R_0 + R_L} \cdot \frac{R_L}{R_0 + R_L} \approx \frac{V_b R_0}{R_0 + R_L} = U_b \tag{3-30}$$

式中，U_b 是加在器件上的偏置电压，所以

$$V_s = V_b \cdot \frac{\sigma_s}{\sigma} = V_b \cdot \frac{\Delta n}{n_0 + n_B} \tag{3-31}$$

由于电子和空穴的运动均对电导率有影响，故暗电流的电导率为

$$\sigma_d = e(n_0 \mu_n + p_0 \mu_p) \tag{3-32}$$

式中，n_0、p_0 是电子和空穴的密度，μ_n、μ_p 是热平衡状态下表示电子、空穴运动能力的量。背景辐射引入的电导率 σ_B 为

$$\sigma_B = e n_B (\mu_n + \mu_p) \tag{3-33}$$

式中，n_B 是背景辐射产生的过剩的电子空穴对。

当入射的辐射信号是经过调制的信号时，必须要考虑电子和空穴在导体中的寿命 τ_n 和 τ_p。设量子效率是入射光子产生的电子空穴对的比例，定义入射光子流量为 J_s，是单位时间内入射到单位面积的探测器上的光子数，则由此而产生的稳定数目的载流子密度为

$$\Delta n = n J_s \frac{wl}{wld} \cdot \tau_n = \eta J_s \frac{\tau_n}{d}$$

$$\Delta p = \eta J_s \frac{\tau_p}{d}$$

因此，导体中由信号光子产生的电导率为

$$\sigma_s = e(\mu_n \Delta n + \mu_p \Delta p) = \frac{\eta J_s e}{d}(\mu_n \tau_n + \mu_p \tau_p) \tag{3-34}$$

结合式(3-32)~式(3-34)，并利用式(3-32)，得出信号电压表达式：

$$V_S \approx \frac{\eta J_s (\mu_n \tau_n + \mu_p \tau_p) V_b}{d[(n_0 \mu_n + p_0 \mu_p) + n_B (\mu_n + \mu_B)]} \tag{3-35}$$

单位时间内，入射到探测器敏感面的光子速率为 $J_s \cdot lw$，全部入射能量为 $J_s \cdot lw \cdot E_\lambda$，$E_\lambda$ 是波长为 λ 的入射光子的能量。对于面积为 $A = lw$ 的探测器，信号入射的功率为

$$P_\lambda = J_s \cdot A E_\lambda \tag{3-36}$$

定义电压响应为入射光子产生的电压与入射功率之比：

$$R_\lambda = \frac{V_S}{P_\lambda} = \frac{\eta(\mu_n \tau_n + \mu_p \tau_p) V_b}{A d E_\lambda [(n_0 \mu_n + p_0 \mu_p) + n_B (\mu_n + \mu_p)]} \quad [\text{V/W}] \tag{3-37}$$

通常对于器件，常用归一化响应率 $R_\lambda^* \equiv \frac{V_S A}{P_s}$，该值在分子上又乘以探测器面积 A，和入射功率 P_s 中的 A 互相抵消，所以仅与入射功率有关，而与探测器几何尺寸无关，更能准确体现探测器材料的物理特性。

通常光导器件是由 N 型半导体材料制成的，所以有 $n_0 \gg p_0$。背景辐射引入的电导率比

暗电流引起的电导率小,即 $\sigma_B < \sigma_d$。假设电子寿命与空穴寿命大致相等,即 $\tau_n = \tau_p$,则式 (3-37) 变成:

$$R_\lambda = \frac{\eta \tau V_b}{A d E_\lambda n_0} \qquad (3-38)$$

$$R_\lambda = \frac{\eta(\lambda)}{lw} \cdot \frac{\lambda}{hc} \cdot \frac{V_b \tau}{n_0} \qquad (3-39)$$

假设导体中无漂移和扩散过程,则剩余载流子的密度随时间的动态变化率为

$$\frac{\partial \Delta p}{\partial t} = J_s A \eta = -\frac{\Delta p}{\tau} \qquad (3-40)$$

式中,Δp 是剩余载流子密度,τ 是复合时间,则

$$\Delta p(f) = J_s A \eta \tau \left[1 + \left(\frac{2\pi}{\tau}\right)^2\right]^{-1/2} \qquad (3-41)$$

经傅立叶变换,频域表达式为

$$R_\lambda(f) = R_\lambda(0) \left[1 + \left(\frac{2\pi}{\tau}\right)^2\right]^{-1/2} \qquad (3-42)$$

式中,$R_\lambda(0)$ 是由式(3-38)给出的静态值。

R_λ 是描述器件特性的重要参数。然而,器件的全部特性不能仅从响应率上获得。另一个重要参数是噪声。由器件产生或接收到的噪声功率 $P_N = V_N^2/R_L$,会在器件的两端产生均方根电压 V_N,V_N 越小,则器件越灵敏。$P_{N\lambda} \equiv (P_\lambda P_N)^{1/2}$ 称噪声等效功率,它是能产生与 V_N 电压相等的最小信号功率。显然,该值越小,器件越灵敏。

比探测率是能表述噪声与响应程度关系的参数,定义如下:

$$D_\lambda^* = \frac{\sqrt{A \Delta f}}{P_{N\lambda}} \qquad (3-43)$$

式中,Δf 是系统线路带宽,A 是探测器面积。比探测率的单位是 $\mathrm{cm \cdot Hz^{1/2} \cdot W^{-1}}$。

响应率与比探测率之间的关系是:

$$D_\lambda^* = \frac{(A \Delta f)^{1/2}}{P_{N\lambda}} = \frac{(A \Delta f)^{1/2}}{(P_\lambda P_N)^{1/2}} = \frac{V_s (A \Delta f)^{1/2}}{V_N P_\lambda}$$

$$= \frac{R_\lambda (A \Delta f)^{1/2}}{V_N} \approx \frac{\eta \tau V_b \Delta f^{1/2}}{A^{1/2} d E_\lambda n_0 V_N} \qquad (3-44)$$

D^* 仅与材料特性有关,也是归一化参数,方便不同探测器之间的比较。

假设探测过程中只有热噪声,则噪声电压为

$$V_N = (\bar{V}^2)^{1/2} = (4 k_B T R \Delta f)^{1/2} \qquad (3-45)$$

器件阻抗

$$R = \frac{l}{(\sigma_d + \sigma_B) wd} \approx \frac{l}{e n_0 \mu_n wd} \qquad (3-46)$$

则比探测率为

$$D_\lambda^* \approx \frac{n \tau V_b}{2 E_\lambda l} \left(\frac{e \mu_n}{d n_0 k_B T}\right)^{1/2} \qquad (3-47)$$

由此可以看出,理想比探测率的获得是通过在器件两端施加 V_b/l 的偏压电场,且样品厚度 d 要薄,工作温度 T 不能高,载流子寿命要长,迁移率 μ_n 要大,但密度 n_0 又不能高。当外

加偏压电场升高时，焦耳热噪声以及产生—复合噪声变得很大，需要考虑。故上述分析限于约翰逊噪声极限的情况下是正确的。

2. 特性参数

本部分讨论光导器件的重要参数。首先介绍光谱比探测率 $D_\lambda^* (\lambda, f, \Delta f)$ 和响应度 $R_\lambda(f)$：

$$D_\lambda^* \equiv D^*(\lambda, f, \Delta f) = \left[\frac{R_\lambda(f)}{V_N(f)} \right] (A\Delta f)^{1/2} \qquad (3-48)$$

$$R_\lambda = \frac{V_S(f)}{P_\lambda} \qquad (3-49)$$

或者

$$D_\lambda^* = \frac{V_S}{V_N} \cdot \frac{(A\Delta f)^{1/2}}{P_\lambda} \qquad (3-50)$$

式中：V_S 是均方根信号电压；V_N 是均方根噪声电压；Δf 为电路带宽；P_λ 是入射光功率，单位是 W，入射波长范围为 $\lambda \sim \lambda + \Delta\lambda$。

P_λ 可以由标准黑体源及窄带光滤波器获得。光谱比探测率 D_λ^* 可以这样测量：首先测量黑体的比探测率 $D_B^* (T_B, f, \Delta f)$，它是一个探测器在温度 T_B 时整个黑体辐射波段下的探测率：

$$D_B^* = \frac{V_S/V_N}{P_B(T_B)} [A\Delta f]^{1/2} \qquad (3-51)$$

由于 $P_B(T_B)$ 是黑体在 T_B 时的所有光辐射功率，所以其净功率输出易准确计算。

如果探测器的频谱响应与黑体辐射的所有波段相当，且其发射率已知，可以直接测出。如果探测器的频谱太窄，则需使用校正滤波器确定有效功率 P_B。

由于黑体辐射的频谱已知，如果量子效率的频谱分布也知道，则探测率的频率特性与黑体探测率的关系可以表示成：

$$g \equiv \frac{D_\lambda^*}{D_B^*} \qquad (3-52)$$

$$g = \frac{\eta(\nu_S)}{\nu_S} \left[\int_{\nu_c}^{\infty} \frac{\eta(\nu) M(\nu, T_B) \, d\nu}{P_B \nu} \right]^{-1} \qquad (3-53)$$

式中：ν_S 是信号频率；$M(\nu, T_B)$ 是温度为 T_B 的黑体在频率 ν 处的辐射功率；P_B 是温度为 T_B 的理想黑体净辐射；$\eta(\nu)$ 是频率为 ν 辐射的量子效率，即由频率为 ν 的入射辐射产生的电子空穴对。

对于光子探测器，信号的强度仅与入射并吸收的光子数目成比例。那些未被吸收的光子或被探测器表面反射的光子，并不对探测器响应产生贡献。对于波长较短的光子，D^* 会随着波长的增加而变大，这是因为波长增加后每个光子的能量 E_λ 有所减小。但是当波长达到、接近直接带隙半导体的禁带宽度时，D^* 会随着波长的增加迅速降到 0，其原因是此时的光子能量不能激发电子空穴对。

对应峰值波长 λ_P 的探测响应称为峰值响应，以 $D_{\lambda P}^*$ 表示。截止波长 λ_c 通常定义为响应率曲线下降 50% 处的波长，其对应频率为 ν_c。对于 HgCdTe 探测器，λ_c/λ_P 接近 1.1。λ_c 的大致估算为：$\lambda_c = 1.24/E_g$。实际上，由于 HgCdTe 探测器是直接带隙半导体材料，其能级比较陡峭，随着材料厚度的改变，其禁带对应波长接近或略小于 λ_P。

波长大于截止波长 λ_c 时，量子效率会迅速减小，直到完全为 0，这是由于材料的光子吸收系数减小的后果。通常，当波长小于截止波长时，量子效率是常数，而当照射波长大于截止波长时，量子效率为 0。对式(3-54)，g 不仅与 T_B 有关，还与 λ_c 有关。例如，$T_B = 500$ K，$\lambda_c = 12 \ \mu m$，$g = 3.5$，则 $\eta(\lambda)$ 的频率特性可以通过将 D^* 的数据带入式(3-54)得到。

利用 $\lambda_c = 1.24/E_g$ 计算有一点误差。精确的计算必须考虑光生载流子的空间分布。通常截止波长 λ_c 会取决于半导体样品的厚度、少数载流子扩散长度以及器件的设计。λ_c 的确定需对器件进行频谱响应分析获得，表达式如下：

$$R_\lambda = \frac{\lambda}{hc} \frac{V_b}{J_s A} \frac{\Delta \bar{p}(\mu_n + \mu_p)}{n\mu_n + p\mu_p} \tag{3-54}$$

式中：V_b 是偏置电压；J_s 是入射光子流；A 是器件的面积；n、p 是热平衡条件下的电子空穴的密度；μ_n、μ_p 表示电子空穴迁移率；$\Delta \bar{p}$ 是与样品厚度有关的少数载流子密度，也是吸光率和载流子的扩散长度的函数。计算当中应该考虑少数载流子的空间分布。响应率在峰值波长 λ_{peak} 取得最大值 R_{peak}，在截止波长 λ_{co} 处取得最大值的一半 R_{co}。计算曲线见图 3-23。图 3-23 中，计算了 $x = 0.21$，厚度 $d = 10, 20, 30 \ \mu m$ 时，$T = 77K$ 时 $Hg_{1-x}Cd_x$ Te 的响应度。图中虚线 λ_{Eg} 与厚度无关，而 λ_{peak}、λ_{co} 随着厚度的不同而不同。77K 时不同组分的 HgCdTe 探测器的之间的 λ_{co} 关系如图 3-24 所示。图中样品厚度为 5～50 μm，可以看出，λ_{co} 随样品厚度的增加而明显增加。但当厚度超过 50 μm 时，λ_{co} 的增加却随厚度的增加而不太明显。

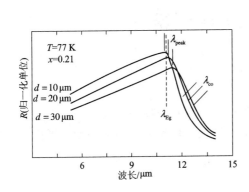 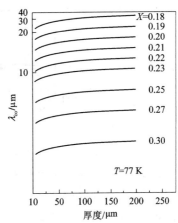

图 3-23　$Hg_{1-x}Cd_x$Te，$x = 0.21$，厚度 $d = 10, 20, 30 \ \mu m$ 时的响应度

图 3-24　77K 时不同组分的 HgCdTe 探测器的之间的 λ_{co} 关系

对于不同组分、不同厚度的 HgCdTe 探测器电压频谱响应率的计算，可以得出一组 λ_{peak}、λ_{co} 的数据。从包括光生载流子空间分布在内的截止波长、峰值波长的数据中，可以分析出截止波长、峰值波长的规律：

$$\lambda_{co} = \frac{a(T)}{x - b(T) - c(T)\lg(d)} \tag{3-55}$$

$$\lambda_{peak} = \frac{A(T)}{x - B(T) - C(t)\lg(d)} \tag{3-56}$$

式中：

$$a(T) = 0.7 + 6.7 \times 10^{-4} T + 7.28 \times 10^{-8} T^2;$$

$$b(T) = 0.162 - 2.6 \times 10^{-4} T - 1.37 \times 10^{-7} T^2;$$

$$c(T) = 4.9 \times 10^{-4} + 3.0 \times 10^{-5} T + 3.51 \times 10^{-8} T^2;$$

$$A(T) = 0.7 + 2.0 \times 10^{-4} T + 1.66 \times 10^{-8} T^2;$$

$$B(T) = 0.162 - 2.8 \times 10^{-4} T - 2.29 \times 10^{-7} T^2;$$

$$C(T) = 3.5 \times 10^{-3} - 3.0 \times 10^{-5} T - 5.85 \times 10^{-8} T^2$$

上式的适用范围是 $0.16 < x < 0.60$，$4.2 \text{ K} < T < 300 \text{ K}$，$5 \ \mu\text{m} < d < 200 \ \mu\text{m}$。该公式中，波长域厚度的单位都是 μm。实验数据与计算数据的比较见图 3-25。

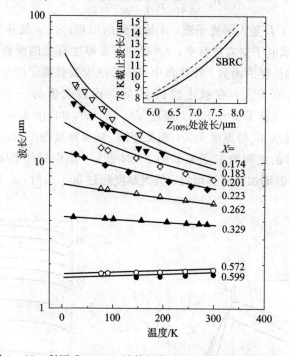

图 3-25　利用式(3-50)计算的截止波长与实验数据的比较

2001 年的研究结果表明，计算响应率时，光生载流子的空间分布必须予以考虑，特别是设计具有较大截止波长的红外探测器时。

3. 载流子漂移、扩散的影响

实际光导器件中，载流子的漂移、扩散作用对器件性能的影响相当大，必须予以详细考察。在光导器件的内部，一方面由于载流子在相邻空间上的接触会存在密度上的梯度差异，由此会产生扩散电流。而另一方面，如果导体内的电场足够强，则两种极性的载流子有可能彼此互相经过时不发生电接触，即不再发生复合作用，此即所谓扫出极限效应。从连续性方程和泊松方程出发，可以推导出关于光导器件的基本理论方程。在推导过程中需要引入一种陷阱效应的方式，即忽略离子电流，并假设空间电荷为电中性。如果忽略光导器件中的缺陷，则其基本方程为

$$\frac{\partial \Delta p}{\partial t} = g - \frac{\Delta p}{\tau_g} + D \nabla \cdot \nabla \Delta p + \mu E \nabla (\Delta p) \tag{3-57}$$

式中：g 是单位时间载流子产生的概率，定义为 $g \equiv \eta J_s / d \, (\mathrm{cm}^{-3} \mathrm{s}^{-1})$；$\tau_g$ 是载流子复合寿命。

扩散常数和载流子迁移率为

$$D = \frac{n + p}{\dfrac{n}{D_h} + \dfrac{p}{D_e}} \tag{3-58}$$

$$\mu = \frac{p - n}{\dfrac{n}{\mu_h} + \dfrac{p}{\mu_e}} \tag{3-59}$$

式中，D_h 和 D_e 分别是空穴和电子的扩散常数，μ_h 和 μ_e 分别是空穴和电子的迁移率。由于式 (3-57) 中的 D 和 τ_g 与 n 有关，所以是非线性的。当 $\Delta p \ll \Delta n$ 时，即入射光的强度比较弱时，有

$$\frac{\partial \Delta p}{\partial t} = g - \frac{\Delta p}{\tau} + D_0 \nabla \cdot \nabla \Delta p + \mu_0 E \nabla (\Delta p) \tag{3-60}$$

式中，τ 是激发态寿命，D_0、μ_0 分别如下：

$$D_0 = \frac{n_0 + p_0}{\dfrac{n_0}{D_h} + \dfrac{p_0}{D_e}} \tag{3-61}$$

$$\mu_0 = \frac{p_0 - n_0}{\dfrac{n_0}{\mu_h} + \dfrac{p_0}{\mu_e}} \tag{3-62}$$

根据爱因斯坦关系式 $D = k_B T \mu / e$，则扩散系数和迁移率为

$$D_0 = \frac{k_B T}{e} \cdot \frac{\mu_e \mu_h (n_0 + p_0)}{\mu_e n_0 + \mu_h p_0} \tag{3-63}$$

$$\mu_0 = \frac{(p_0 - n_0) \mu_e \mu_h}{\mu_e n_0 + \mu_n p_0} \tag{3-64}$$

假设电场始终是 x 方向，则对于 $[-(L/2) < x < (L/2)]$，并且假设为弱光近似情况，即 $n = n_0 + \Delta n$，$p = p_0 + \Delta p$，边界条件是 $x = -L/2$ 和 $x = L/2$ 处的 $\Delta n = \Delta p = 0$，则式 (3-60) 在 x 处多余载流子的密度为

$$\Delta p = \frac{\eta J_s}{d} \tau_p \left[1 + \frac{\mathrm{e}^{a_1 x} \sinh\left(\dfrac{\alpha_2 L}{2}\right) - \mathrm{e}^{a_2 x} \sinh\left(\dfrac{\alpha_1 L}{2}\right)}{\dfrac{\sinh(\alpha_1 - \alpha_2)L}{2}} \right] \tag{3-65}$$

式中：

$$\alpha_{1,2} = \frac{\mu_0 E}{2 D_0} \pm \left[\left(\frac{\mu_0 E}{2 D_0} \right) + \frac{1}{D_0 \tau} \right]^{1/2} \tag{3-66}$$

$$D_0 = \left(\frac{k_B T}{q} \right) \mu_0 \tag{3-67}$$

如果多余载流子的漂移长度 l_1 是 $\mu_0 E \tau$，扩散长度 l_2 是 $\sqrt{D_0 \tau}$，为方便起见，$\alpha_{1,2}$ 以 l_1、l_2 的形式给出：

$$\alpha_{1,2} = -\frac{l_1}{2 l_2^2} \pm \left[\left(\frac{l_1}{2 l_2^2} \right)^2 + \frac{1}{l_2^2} \right]^{1/2} \tag{3-68}$$

对式(3-65)从 $x=-L/2$ 到 $x=L/2$ 积分，则

$$\Delta p = \frac{\eta J_s}{dw}\tau_p \left[1 + \frac{(\alpha_2 - \alpha_1)\sinh\left(\frac{\alpha_1 L}{2}\right)\sinh\left(\frac{\alpha_2 L}{2}\right)}{\alpha_1 \alpha_2 \left(\frac{L}{2}\right)\sinh\frac{(\alpha_1 - \alpha_2)L}{2}} \right] \tag{3-69}$$

从以上结果可以得出稳定的光子电流：

$$\Delta J = \frac{e\mu_n(b+1)\eta J_s \tau E\xi}{d} \tag{3-70}$$

其中：

$$b = \frac{\mu_e}{\mu_h}$$

$$\xi = 1 + \frac{(\alpha_2 - \alpha_1)\sinh\left(\frac{\alpha_1 L}{2}\right)\sinh\left(\frac{\alpha_2 L}{2}\right)}{\alpha_1 \alpha_2 \left(\frac{L}{2}\right)\sinh\frac{(\alpha_1 - \alpha_2)L}{2}} \tag{3-71}$$

对于 $b \gg 1$，电压响应率为

$$R_\lambda \approx \frac{\lambda \eta e R_d \mu_e E\tau\xi}{h_c d} \tag{3-72}$$

式中，R_d 是探测器阻抗。在强电场的情况下，漂移长度 l_1 远大于探测器的长度 L，也大于扩散长度 l_2。对于一阶近似，可以有

$$\alpha_1 \approx \frac{1}{l_1} \ll 1, \quad \sinh\frac{\alpha_1 L}{2} \approx \frac{L}{2l_1} \tag{3-73}$$

以及

$$-\alpha_2 \approx \frac{l_1}{2l_2^2} \gg 1, \quad \frac{\sinh\left(\frac{\alpha_2 L}{2}\right)}{\sinh\frac{(\alpha_1 - \alpha_2)L}{2}} \approx -1 + \frac{L}{2l_1} \tag{3-74}$$

将这些近似带入到式(3-71)中，强场中的 ξ 可以写成：

$$\xi_{hf} \to \frac{L}{2l_1}, \quad l_1 > l_2, \ l_1 > L \tag{3-75}$$

因此，强场中的响应率可以简化成：

$$R_{hf} = \left(\frac{\lambda}{hc}\right)\left(\frac{\eta e \mu_e}{2\mu_0}\right)R_d \tag{3-76}$$

由于在 HgCdTe 材料中，电子迁移率取决于电场，为了做精确的计算，需要考虑电场的阻抗。另外，漂移长度 l_1 取决于迁移率 μ_0，对于非本征 N 型半导体材料，迁移率 μ_0 可以简化为空穴的迁移率。而本征型半导体材料，迁移率 μ_0 接近于 0，因此没有扫出极限效应存在。

在计算产生-复合噪声时，载流子的扩散和漂移作用也应该予以考虑。根据产生-复合噪声的计算式，当考虑了载流子的扩散和漂移作用时，应该是：

$$U_{g-r} = \frac{2U_b F}{n_0 (Lwd)^{1/2}}\left[\left(1 + \frac{p_0}{p_b}\frac{n_0}{n_0 + p_0}\right)(p_b \tau\xi)\Delta f\right]^{1/2} \tag{3-77}$$

则扫出极限效应探测率为

$$D_\lambda^* = \frac{1}{2} \frac{\left(\frac{\lambda e}{hc}\right)\left(\frac{\mu_e}{\mu_0}\right)\eta R_d}{(V_1^2 + V_a^2)^{1/2}} (A\Delta f)^{1/2} \tag{3-78}$$

该极值与时间常数无关，因此也与表面复合无关。仅当外部电场强度增加时，探测响应度才可能达到其极大值。

当考虑漂移和扩散效应后，可以计算得出 N 型材料的产生－复合噪声。噪声电压为

$$V_N = \frac{2(b+1)V}{(n_0 b + p_0)(lwd)^{1/2}} \left[p_0 + \langle p_b \rangle F(\omega)\phi(\omega) \right]^{1/2} \sqrt{\Delta f} \tag{3-79}$$

其中，效应时间函数

$$\phi(\omega) = \frac{\tau}{1 + \omega^2 \tau^2}\xi = \frac{\tau}{1 + \omega^2 \tau^2} \frac{1}{F(\omega)}$$

与电场空间分布有关的扫出因子为 $F(\omega) = \xi^{-1}$。低频情况下，$\omega^2 \tau^2 \ll 1$，表达式简化为

$$\langle p_b \rangle = \frac{\eta J_b}{d}\tau\xi \tag{3-80}$$

故

$$D_\lambda^* = \frac{\lambda}{2hc}\left(\frac{\eta}{J_b}\right)^{1/2} \left[\frac{\langle p_b \rangle}{p_0 + \langle p_0 \rangle F(0)} \right]^{1/2} = D_{BLIP}^* \left[\frac{\langle p_b \rangle}{p_0 + \langle p_0 \rangle F(0)} \right]^{1/3} \tag{3-81}$$

对于 N 型半导体材料，温度较低的情况下，p_0 比较小，式(3-82)可以简化成：

$$D_\lambda^* = D_{BLIP}^* (F(0))^{-1/2} \tag{3-82}$$

$F(0)$ 取 $1/\sqrt{2}$ 和 1 之间的数。图 3-26 和图 3-27 表示实验与理论计算的结果对比数据，其中点表示实验数据，实线为理论计算结果。

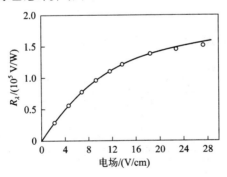

图 3-26　HgCdTe 探测器响应率与外部电场之间的关系

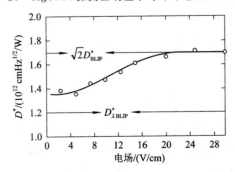

图 3-27　HgCdTe 探测器探测率 D^* 与外部电场之间的关系

图 3 - 28 表示不同偏压下 HgCdTe 探测器探测率 D^* 与温度之间的关系。根据式（3 - 82），对于理想探测器，至少需要 45 mV 的偏压。然而，如果存在表面复合效应，此时半导体就很难产生扫出条件，器件的功能特性迅速下降。如果偏压增大到 45～150 mV，则性能下降得更严重。

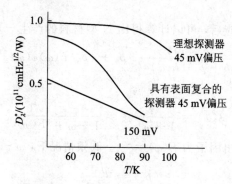

图 3 - 28 不同偏压下 HgCdTe 探测器探测率 D^* 与温度之间的关系

3.4.4 光伏探测器

光伏探测器工作时，通常对 PN 结加反偏压工作，常称为光电二极管。光电二极管最适合激光探测应用，因为它具有量子效率高、噪声低、响应快、线性工作范围大、耗电少、体积小、寿命长、使用方便等特点。在光电二极管中，硅光电二极管应用广泛。

1. 硅光电二极管

1）结构及其工作原理

硅光电二极管的工作原理可以通过图 3 - 29 来说明。

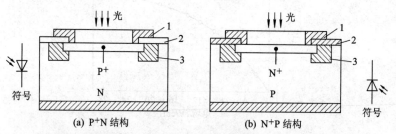

(a) P⁺N 结构 (b) N⁺P 结构

1—Al接触环；2—SiO₂膜；3—保护环扩散区和受光面同极性，起减小暗电流的作用

图 3 - 29 硅光电二极管的结构

外加反向偏压与结内电场方向一致。当 PN 结及其附近被光照时就产生光生载流子——电子空穴对。结区内的电子空穴对在势垒区电场的作用下，电子被拉向 N 区，空穴被拉向 P 区而形成光电流。同时，势垒区边侧一个扩散长度内的光生载流子先向势垒区扩散，然后在势垒区电场作用下也参与导电。当入射光强变化时，光生载流子浓度及通过外回路的光电流也随之相应变化。可取的是这种变化在入射光强很大的动态范围内仍能保持线性关系。

硅光电二极管的结构有两种基本形式：一种是 P⁺N 结构（见图 3 - 29(a)），它采用 N 型单晶体硅及硼扩散工艺；另一种是 N⁺P 结构（见图 3 - 29(b)），它采用 P 型单晶硅及磷扩散工艺。按照半导体器件命名规定，硅 P⁺N 结构叫 2Cu 型，硅 N⁺P 结构叫 2Du 型。

硅光电二极管的入射窗口有透镜和平面玻璃两种形式。对激光探测,由于接收光学系统已使入射光束会聚到满意的程度,所以多采用平面玻璃窗口。入射窗口使光电二极管的灵敏度带有方向性,以管轴线为基准,灵敏度随入射角 θ 的变化曲线如图 3-30 所示。

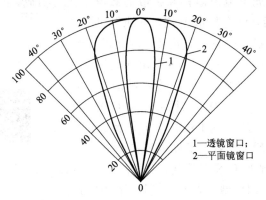

图 3-30 硅光电二极管灵敏度随入射角的变化曲线

2) 工作特性

(1) 光谱响应。硅光电二极管的光谱响应主要由硅材料的光谱响应决定。如图 3-31 所示,响应波长范围大约是 $0.4 \sim 1.0\ \mu m$,峰值响应波长是 $0.8 \sim 0.9\ \mu m$。

这对 GaAs 激光器产生的波长是最好的探测器。对于 He-He、红宝石激光器亦有较高的灵敏度,不适宜用于 $1.06\ \mu m$ 激光。

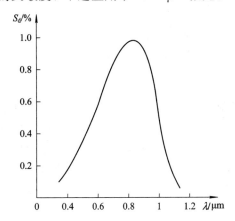

图 3-31 硅光电二极管的光谱响应

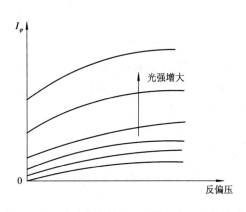

图 3-32 硅光电二极管有光照时伏安特性曲线

(2) 伏安特性。无光照时,硅光电二极管相当于普通的二极管。硅光电二极管在有光照时的工作($I-P$)特性曲线如图 3-33 所示。

在工作反偏压一定的情况下,根据图 3-32 可以给出 I_{φ} 与入射光强的关系曲线,如图 3-33 所示。可见在很大的动态范围内,它们基本上是线性关系。因此,光电二极管不像光电倍增管那样容易损坏,这是一个难得的优点。

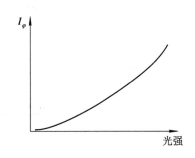

图 3-33 I_{φ} 与入射光强关系曲线

2. 其他光电二极管

1) PIN 型硅光电二极管

在上述探测器中，光电流由漂移和扩散的载流子同时构成。扩散的速度比漂移速度慢，当漂移电流结束后，仍有扩散电流，形成脉冲拖尾，即光照停止后，仍有延迟光电流－暗电流，因此需要改变结构设计。方法就是减小 P、N 区的宽度，增加耗尽层，在 P 区和 N 区之间有一层本征材料 I 区，使入射光子尽量在 I 区被吸收，减小扩散电流。这样，本征层相对于 P 区和 N 区是高阻区，在反向偏置的正常工作状态下，承受极大部分的电压降，使耗尽区增大，展宽了光电转换的有效工作区域，提高了灵敏度。典型 PIN 器件结构如图3-34 所示。

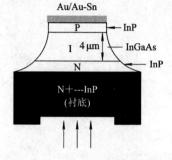

图 3-34　典型 PIN 器件结构

采用锂漂移技术的 PIN 型硅光电二极管(用 2DUL 作代号)，其峰值响应波长为$1.04\sim1.06\ \mu m$，已广泛应用于 $1.06\ \mu m$ 激光波长探测，如图 3-35 所示。

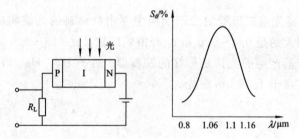

图 3-35　锂漂移技术的 PIN 型硅光电二极管及光谱响应

2) 雪崩光电二极管(APD 型探测器)

如果用高纯度、高电阻率的半导体材料精细制成 PN 结，并在较高的反偏压条件下使用，这时结区成为强电场区。当光照 PN 结所激发的光生载流子(电子空穴对)进入结区时，立即被强电场加速而获得很高动能。被加速电子在途中与晶格上的原子发生冲撞而使原子电离，产生出新的电子空穴对。这种过程不断重复，使 PN 结内电流急剧倍增放大。这种现象称为雪崩效应，基于这种雪崩原理的光电二极管叫做雪崩光电二极管，如图 3-36 所示。

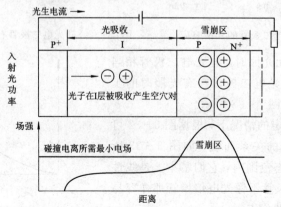

图 3-36　雪崩光电二极管(APD)结构及工作原理

雪崩管的主要特点是具有电流内增益，其他特性类似光电二极管。以锗雪崩管为例，其伏安特性如图 3－37 所示。在入射光强不变的情况下，输出电流随工作电压（反向偏压）的增加而增大的规律不是线性关系。当工作电压较低时，光电流的增长很缓慢；当工作电压接近击穿电压 V_0 时，光电流急剧上升，暗电流也同时增大；当工作电压超过 V_0 时，光电流虽然继续上升，但暗电流的上升速度更快。这就要适当选取工作电压，一般是稍低于 V_0，使之有很高的光电流增益，而暗电流也不致过大。

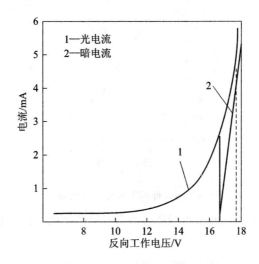

图 3－37　锗雪崩管伏安特性

3）InAsP 光电二极管

InAsP 光电二极管除具有一般光电二极管的特性之外，还具有窄带自滤波性能，所以亦称窄带自滤波探测器。其光谱响应能很好地抑制背景噪声，对 $1.06~\mu m$ 波长探测有独特优点。其结构及光谱响应如图 3－38 所示。它是用 N 型 $InAs_{0.15}P_{0.85}$（组分比例决定光谱响应波长）作基区（厚度大约 $500~\mu m$），用 $ZnAs_2$ 扩散形成 P 区（厚度大约 $50~\mu m$）。在室温下，$1.09~\mu m$ 波长响应的半宽度 $\Delta\lambda = 227$ Å。量子效率达 30%，无信号光照时，散粒噪声不超过热噪声。

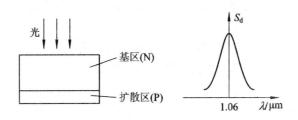

图 3－38　InAsP 光电二极管结构及光谱响应

3. 行波探测器（Traveling-wave Amplifier-Photodetectors，TAP）

在使用 PIN 探测器时，当器件工作在很快的频率时就会有问题。这种器件的最快频率响应，取决于载流子电子和空穴渡越 I 层的时间长短，包括漂移和扩散。漂移和扩散的时间与光脉冲的时间相比是相对比较长的。为了使器件能更快地工作，就得减小 I 层的厚度，以便使载流子的渡越时间减小到与光脉冲相当的数量级。但是 I 层的减小就会给器件本身在 P 型材料和 N 型材料之间带来电容效应，而电容效应又会降低器件的响应。为了减小电容效应就得减小 P 型材料和 N 型材料的面积。所以，这样一来，如果要求器件越快工作，器件就会越做越小。但这又会带来新的问题：器件小了，产生的光电流就会相应地减小，相应的量子效率就会降低。图 3-39 是随器件频率响应变化的量子效率示意图。

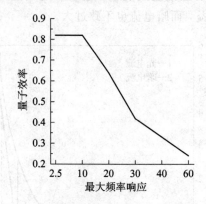

图 3-39　随器件频率响应变化的量子效率

为了使器件更快地工作，可采用行波探测器。行波探测器的结构如图 3-40 所示。

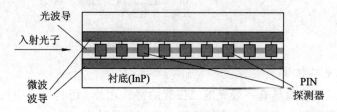

图 3-40　行波探测器结构图

　　行波探测器是在波导中集成了许多 PIN 探测器，这样，在前面没有被 PIN 探测器吸收的光子会运动到下一个 PIN 探测器中，每个探测器都有集成在一起的前置放大器，在输出端，所有 PIN 探测器都被连接在微波波导上，这样，电流就会沿与光信号相同的方向传播，而且光信号和电信号的运动速度相匹配。这样，每个 PIN 探测器的信号在微波波导上输出时就会产生同相位叠加。

　　当然，这样的探测器设计也不能彻底解决量子效率的问题，其量子效率甚至不如单个 PIN 管低速时的量子效率。然而，当信号的速率提高到原来的 2、3 倍以后，优势就会逐渐显现。

　　4. 共振腔探测器（Resonant-Cavity Photodetectors，RECAP）

　　共振腔增强型光电探测器是近十年发展起来的新型探测器。它是在探测器内制备微共振腔并在中间插入激活层构成的。在这种结构中，由于共振腔对非共振波长的抑制及对共振光场的放大作用，使探测器的量子效率在共振波长处被增强，带宽与量子效率之积比传统的光电二极管提高了近 3 倍。由于它同时具备对波长的选择作用和高频响应特性，因而是光通信理想的探测器件。因此，共振腔探测器能够比行波探测器进一步提高量子效率。共振腔探测器的结构如图 3-41 所示，图 3-42 是其量子效率随波长变化的示意图。

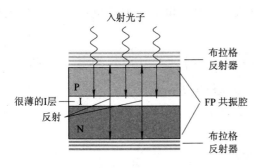

图 3-41 共振腔探测器结构图

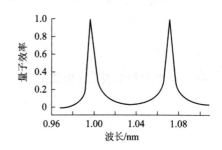

图 3-42 共振腔探测器量子效率随波长的变化

这种探测器的结构就是将一个 PIN 探测器置于 FP 共振腔之内。其设计思想是：由于 PIN 探测器响应需要提高，就必须将 I 层做得很薄，但这样做响应虽然提高了，但不利于光子的吸收，而加上共振腔之后，第一次没有被探测器吸收的光子会被腔镜反射回来，最终被 I 层吸收。

这种器件的第一个优点是：由于共振腔具有明显的波长选择特性，所以这种结构的探测器本身也具有波长选择特性，在 PIN 探测器的光谱范围内，FP 腔的选择可以使探测器总的光谱范围更窄。第二个优点是能够有效提高量子效率，据称目前这类器件的量子效率已经可以达到 48%。

用 MBE(分子液相外延)生长的二元或三元化合物半导体(如 GaAs 系列的 AlGaAs 和 InGaAs 等)，可通过能带工程设计出特殊的共振腔探测器结构。用现有的半导体材料制备的共振腔探测器的探测范围，覆盖了从紫外到红外的光谱波段。作为一种高速度、高效率探测器，共振腔探测器必将在光通信中得到广泛应用。

3.4.5 光伏器件理论

1. 光伏器件数学描述

光生伏特器件简称光伏器件，由反偏的 PN 结构成，如图 3-43 所示。入射辐射在探测器表面下几个微米的地方被吸收，从而产生电子空穴对，它们在反偏电压产生的空间电场作用下，通过漂移、扩散运动，分别到达 PN 结区和 PN 结的电接触端，从而对端电压产生调制作用。

如果将 PN 结的两端短路连接，电路中就会由集中在 PN 结的平衡态下少数载流子而产生电流。如果设定偏压和电路负载阻抗，则可

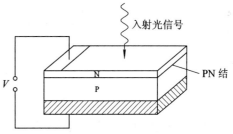

图 3-43 光伏器件示意图

以通过器件的 $I-V$(电流－电压)特性曲线设定探测器的工作点。如果入射辐射是经过调制的，则会在器件中产生交变响应。光伏器件比光导器件的响应速度快。

器件的形式可以是将 N 型材料生长在 P 型材料之上，也可以反之，将 P 型材料生长在 N 型材料之上。有两个关键参数描述光伏器件的特性，一个是量子效率 η，表示每个入射光子在结区产生的载流子数量；另一个参数是零偏压下的器件阻抗：$R_0 = \left(\dfrac{\partial V}{\partial I}\right)_{V=0}$。当由

PN 结构成的光电二极管被照射时，产生的总电流 I_t 包括光电流 I_P 和暗电流 $I_d(V)$ 两个部分。理想的暗电流形式为

$$I_d(V) = I_0 \left(\exp \frac{eV}{k_B T} - 1 \right) \tag{3-83}$$

I_0 是光电二极管饱和电流。光电流的方向与正向偏压电流方向相反：

$$I_t = -I_P + I_d(V) \tag{3-84}$$

光电流表示成：

$$I_P = e\eta Q \tag{3-85}$$

Q 是每秒到达的光子数目。对于一个小的偏压 V，假设暗电流与偏压呈线性关系，则有：

$$I_t = -I_P + \frac{V}{R_0} \tag{3-86}$$

如果偏压产生的暗电流等于光电流，则总电流为 0，于是有：

$$V = R_0 I_P = R_0 e\eta Q \tag{3-87}$$

这种工作方式的优点是器件可以工作在零信号附近，但这并不是光伏类器件的典型工作方式。其典型工作方式是在 PN 结加反向偏压时的工作情况。

假设入射的光功率为 P_λ 由每秒入射的光子数 Q 乘以每个光子的能量 $E_\lambda = h\nu$ 表示，则有：

$$V = \frac{e\eta R_0 P_\lambda}{E_\lambda} \tag{3-88}$$

则电压响应率为

$$R_{V\lambda} = \frac{V}{P_\lambda} = \frac{e\eta R_0}{E_\lambda} \tag{3-89}$$

在一般情况下，假设带宽为 Δf，由于光子入射而产生的电压等于噪声的均方根电压，再假设约翰逊噪声是主要噪声源，则此时有：

$$\sqrt{\overline{V_N^2}} = \sqrt{4 k_B T R_0 \Delta f} \tag{3-90}$$

若 $\Delta f = 1\ \text{Hz}$，光生电压等于噪声电压，入射辐射功率等于噪声等效功率 $P_{N\lambda}$，由式(3-88)和式(3-89)有：

$$\left(\frac{e\eta R_0}{E_\lambda} \cdot P_{N\lambda} \right)^2 = 4 k_B T R_0 \tag{3-91}$$

或

$$P_{N\lambda} = \frac{2 E_\lambda (k_B T)^{1/2}}{e\eta R_0^{1/2}} \tag{3-92}$$

如果探测器的面积大小为 A，探测率就是噪声等效功率在不包含面积大小及带宽因素后的倒数：

$$D_\lambda^* = \frac{A^{1/2}}{P_{N\lambda}} = \frac{e\eta (R_0 A)^{1/2}}{2 E_\lambda (k_B T)^{1/2}} \tag{3-93}$$

这表明探测率与量子效率 η、探测器面积和阻抗之积的平方根 $\sqrt{R_0 A}$ 成比例，对于电压 V，由式(3-24)有：

$$I(V) = I_0 \cdot \frac{eV}{k_B T} - I_0 \tag{3-94}$$

当 $R_0 = \left(\dfrac{\partial V}{\partial I}\right)_{V=0} = \dfrac{k_B T}{e I_0}$ 时有:

$$D_\lambda^* = \frac{e^{1/2} \eta A^{1/2}}{2E_x I_0^{1/2}} = \frac{e^{1/2} \eta}{2E_x J_0^{1/2}} \qquad (3-95)$$

式中,J_0 是饱和电流密度。$J_0^{1/2}$ 还可以用电子空穴迁移率和寿命等参数表示。因此,如果想要获得较小的饱和电流,则必须增大多数载流子浓度而减小少数载流子浓度。

相似的推导也可以通过加反偏电压的情况得出,但此时需考虑散粒噪声。

为增加量子效率,要求探测器的表面具有较小的反射系数和小的表面复合速度,并且 PN 结区的深度要小于空穴扩散长度。器件的响应速度受限于光生载流子的寿命及电路参数如结电容等。

2. PN 结探测器的 $I-V$ 特性

光伏探测器 PN 结中的 $I-V$ 特性对于其动态阻抗和器件的热噪声起决定性作用,下面就这一问题进行研究。

由 PN 结的 $I-V$ 特性,光电二极管在 0 偏压时的动态阻抗用 R_0 表示,即

$$R_0^{-1} = \frac{dI}{dV}\bigg|_{V=0} \qquad (3-96)$$

经常用来表示光电二极管的指标还有 $R_0 A$,其中 A 是探测器的面积大小。由于电流密度 $J = I/A$,所以

$$(R_0 A)^{-1} = \frac{dJ}{dV}\bigg|_{V=0} \qquad (3-97)$$

式(3-97)表明 $R_0 A$ 电流密度的变化是由于 PN 结在 0 偏压下很小的电压变化引起的,用这种方式可以描述光伏探测器的特性。显然,$R_0 A$ 与 PN 结区大小无关。有关光电二极管 PN 结的不同电流机制稍后讨论。这里首先研究扩散电流。扩散电流是温度较高时 HgCdTe 光电二极管的主要结电流。光电二极管中的暗电流是由于在少数载流子空间电荷区,电子空穴对在扩散长度内的随机产生、复合而产生的,尤其是其工作于 77 K 以上温度时,扩散电流将导致暗电流的产生。而在低温的情况下,扩散电流主要通过跨越空间电荷区的隧道电流产生暗电流。

图 3-44 是 N-P 型光电二极管的结构示意图。由图 3-44 可见,图中的区域分成三部分:(1)在重掺杂的 N 区,厚度为 a,为电中性区;(2)在轻掺杂的 P 区,空间电荷区厚度

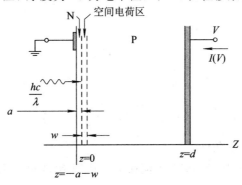

图 3-44 具有欧姆接触的 N-P 型光电二极管的结构示意图

为 w；(3)P 区内电中性区厚度为 d。假设 P 区与 N 区之间的载流子输运区域很薄，且 P 区与 N 区材料均匀无缺陷，所加电压通过空间电荷区加载，对于低注入情形，指的是注入的少数载流子的密度比多数载流子的密度低，而且载流子的分布为非简并状态，因此所有区域的载流子密度在热平衡状态下遵从以下关系：

$$n_0(z) p_0(z) = n_i^2 \tag{3-98}$$

结区少数载流子的密度满足下列边界条件：

$$p(-w) = p_{N0} \exp\left(\frac{eV}{k_B T}\right) \tag{3-99}$$

$$n(0) = n_{P0} \exp\left(\frac{eV}{k_B T}\right) \tag{3-100}$$

式中，p_{N0} 是 N 区热平衡状态下少数载流子的密度，n_{P0} 是 P 区热平衡状态下少数载流子的密度，e 是电荷，k_B 是玻尔兹曼常数，T 是二极管的工作温度。空间电荷区非平衡载流子的密度为

$$n(z) p(z) = n_i^2 \exp\left(\frac{eV}{k_B T}\right) \tag{3-101}$$

显然，当 $V=0$ 时式(3-101)变成式(3-98)。考虑到 z 在 P 区时，若外界在结区上施加电场，则热平衡条件不再成立，此时载流子密度为

$$n(z, t) = n_{P0} + \Delta n(z, t) \tag{3-102}$$

和

$$p(z, t) = p_{P0} + \Delta p(z, t) \tag{3-103}$$

假设 P 区为电中性，则

$$\Delta n(z, t) = \Delta p(z, t) \tag{3-104}$$

那么多余的少数载流子密度应是以下方程的解：

$$D_e \frac{d^2 \Delta n}{dz^2} - \frac{\Delta n}{\tau_e} = 0 \tag{3-105}$$

式中，D_e 是 P 区中少数载流子的扩散系数，τ_e 是其寿命。边界条件是在 $z=0$ 时的式(3-99)，且 $z=d$ 与 $z=\infty$ 相同：

$$\Delta n(z \to d) \approx \Delta n(z \to \infty) \to 0 \tag{3-106}$$

则方程(3-105)的解是：

$$\Delta n(z) = n_{P0}\left[\exp\left(\frac{eV}{k_B T}\right) - 1\right] \exp\left(-\frac{z}{L_e}\right) \tag{3-107}$$

式中，L_e 是少数载流子的扩散长度：

$$L_e = \sqrt{D_e \tau_e} \tag{3-108}$$

由电流密度表达式 $J_e = eD_e \frac{\partial n}{\partial z}$ 可得出在 $z=0$ 处的扩散电流密度为

$$J_{e\infty} = en_{P0} \frac{D_e}{L_e}\left[\exp\left(\frac{eV}{k_B T}\right) - 1\right] \tag{3-109}$$

式中，下标 ∞ 表示 $d \gg L_e$ 的条件。

由式(3-97)和式(3-108)，扩散电流在 P 区中对 $R_0 A$ 的贡献是：

$$(R_0 A)_{P\infty} = \frac{k_B T}{e^2} \frac{1}{n_{P0}} \frac{\tau_e}{L_e} \tag{3-110}$$

由式(3-98)，如果 $p_{P0} = N_A$（N_A 是受主密度），利用爱因斯坦关系：

$$D_e = \left(\frac{k_B T}{e}\right)\mu_e \tag{3-111}$$

则式(3-110)变成：

$$(R_0 A)_{P\infty} = \frac{1}{e}\frac{N_A}{n_i^2}\sqrt{\frac{k_B T}{e}\frac{\tau_e}{\mu_e}} \tag{3-112}$$

$(R_0 A)_{P\infty}$ 与温度的关系主要由 n_i^2 确定。

现在考虑 N 区的扩散电流。利用边界条件即式(3-100)，假设 N 区的厚度为 a，它远大于少数载流子的扩散长度 L_h，

$$L_h = \sqrt{D_h \tau_h} \tag{3-113}$$

式中，D_h 是 N 区中少数载流子的扩散系数，τ_h 是其寿命。做与式(3-110)一样的推导，可以得出 N 区中扩散电流对 $R_0 A$ 的贡献为

$$(R_0 A)_{N\infty} = \frac{k_B T}{e^2}\frac{1}{p_{N0}}\frac{\tau_h}{L_h} \tag{3-114}$$

假设 $n_{N0} = N_D$，且 N_D 是施主密度，利用爱因斯坦关系：

$$D_h = \left(\frac{k_B T}{e}\right)\mu_h \tag{3-115}$$

则式(3-114)可以改写成：

$$(R_0 A)_{N\infty} = \frac{1}{e}\frac{N_D}{n_i^2}\sqrt{\frac{k_B T}{e}\frac{\tau_h}{\mu_h}} \tag{3-116}$$

上述讨论假定 PN 结界面远离空间电荷区，即该距离远大于少数载流子扩散长度。实际上，该长度却经常小于少数载流子扩散长度，故 $z = -a - w$、$z = d$ 处界面会影响扩散电流，继而影响 $R_0 A$。P 区中稳态少数载流子的密度 $\Delta n(z)$ 由连续性方程的解给出。$z = 0$ 处的边界条件由式(3-100)给出，$z = d$ 处的边界条件可以由表面复合速度表示：

$$S_P = -D_e \frac{1}{\Delta n}\frac{\partial \Delta n}{\partial z}\bigg|_{z=d}$$

$$J_e(d) = eD_e \frac{\partial \Delta n}{\partial z}\bigg|_{z=d} = -eS_P \Delta n(d) \tag{3-117}$$

方程的解 $\Delta n(z)$ 为

$$\Delta n(z) = n_{P0}\left[\exp\left(\frac{eV}{k_B T}\right) - 1\right]\left[\frac{\cosh\left(\dfrac{z-d}{L_e}\right) - \beta\sinh\left(\dfrac{z-d}{L_e}\right)}{\cosh\left(\dfrac{d}{L_e}\right) + \beta\sinh\left(\dfrac{d}{L_e}\right)}\right] \tag{3-118}$$

β 定义为

$$\beta \equiv \frac{S_P L_e}{D_e} = \frac{S_P}{(L_e/\tau_e)} \tag{3-119}$$

则 $R_0 A$ 为

$$(R_0 A)_P = (R_0 A)_{P\infty}\left[\frac{1 + \beta\tanh\left(\dfrac{d}{L_e}\right)}{\beta + \tanh\left(\dfrac{d}{L_e}\right)}\right] \tag{3-120}$$

$(R_0A)_{P\infty}$ 与式(3-114)相同。式(3-121)的结果如图3-45所示，表示的是不同β值下，$(R_0A)_P/(R_0A)_\infty$的比值与d/L_e比值之间的关系。由于设计器件时，β在$\dfrac{\partial \Delta n}{\partial z}\bigg|_{z=d}$处为负值，取为正或者0，$(R_0A)_P$可取尽可能大的值。

在$z=-a-w$处，N区中可以用同样的方法处理，则有：

$$(R_0A)_N = (R_0A)_{N\infty}\left[\frac{1+\beta \tanh\left(\dfrac{d}{L_h}\right)}{\beta + \tanh\left(\dfrac{d}{L_h}\right)}\right], \quad \beta = \frac{S_h}{L_h/\tau_h} \tag{3-121}$$

对于一块P型$Hg_{0.8}Cd_{0.2}Te$半导体合金样品，载流子密度较低的少数载流子扩散长度约为45 μm，$Hg_{0.7}Cd_{0.3}Te$约为100 μm，由于典型焦平面阵列器件的扩散长度大于P区的厚度，即$d < L_e$，则上述讨论较有意义。图3-45显示，当$d < L_e$，且表面复合速度为负值并小于扩散速度时，则P区的厚度越薄，$(R_0A)_P$越大，且可以不考虑，则式(3-117)变成：

$$J_e(d) \approx 0 \tag{3-122}$$

这就是说在PN结的背面有极少的复合，$\beta = 0$时在$z = d$、$L_e \gg d$没有少数载流子的流入或流出，对于少数载流子而言是极有效的反射面。然而，对于多数载流子仍可能是欧姆接触的。R_0A由P区扩散电流决定，可以写成：

$$(R_0A)_P = \frac{k_BT}{e^2}\frac{N_A}{n_i^2}\frac{\tau_e}{d} \tag{3-123}$$

也就是说，减小厚度d可以增加R_0A。该方程在考虑P区扩散电流和发光复合后仍能成立。

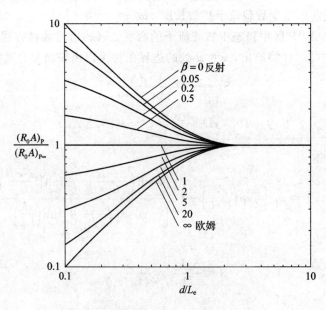

图3-45　$(R_0A)_P$不同边界条件下与d(距空间电荷区距离)/L_e(扩散长度)的关系

为了使$J_e(d) = 0$，可以有三种方法。第一种是通过离子植入或受主扩散的方法，在P区一端构成P^+离子的高密度区。通过此方法构成的$P^{+-}P$结，可以有效阻止少数载流子，对于多数载流子，其本身对于 P 区的接触端是欧姆接触。$N^{+}-P^{-}-P^{+}$ 结构也经过相关研究。第二种方法是，通过适当的表面处理，可以有效改善表面势能，因此可降低边界复合速度 S_P。第三种方法是通过 LPE（液相外延）技术在 CdTe 晶体表面生长一层 P 型 HgCdTe 材料，这层材料具有较大的禁带。通过这种对迁移的缓冲，电场可以对多数载流子和少数载流子同时建立起势垒，并导致载流子在此形成积累，此即 N−P−I 型结构器件。这样的器件并非质量较高，且要求入射信号经过调制。

此时扩散电流对 R_0A 的影响，可以通过将增加的 N 区和 P 区的扩散电流相加，求得总电流之和而获得：

$$\frac{1}{R_0A} = \frac{1}{(R_0A)_N} + \frac{1}{(R_0A)_P} \tag{3-124}$$

可以对比一下 N 区和 P 区的扩散电流的影响：理想情况下，$\beta=0$，$L_e \gg d$，$L_N \gg a$，则

$$\frac{(R_0A)_N}{(R_0A)_P} = \frac{N_D}{N_A} \frac{\tau_e}{\tau_h} \frac{d}{a} \tag{3-125}$$

如果比值的结果远大于 1，则 R_0A 由 P 区的扩散电流决定。

目前，HgCdTe 光电二极管中扩散电流对 R_0A 结果的影响已可定量计算。由上述分析可以得出：N 区中的扩散电流与 P 区相比可以忽略不计。还可以假设，P 区中的主要载流子复合机制是辐射复合，即 P 区中心无肖克利读出复合，而此时俄歇复合速度也比辐射复合慢。

式（3-125）中的 τ_e 可作为发光寿命，τ_{rad} 是：

$$\tau_{rad} \approx \frac{1}{B(p_{P0}+n_{P0})} \approx \frac{1}{BN_A} \tag{3-126}$$

上式中假设 $p_{P0}=N_A \gg n_{P0}$，N_A 是受主密度。辐射复合系数为

$$B = 5.8 \times 10^{-13} \sqrt{\varepsilon_\infty} \left(\frac{1}{m_c+m_v}\right)^{3/2} \left(1+\frac{1}{m_c}+\frac{1}{m_v}\right) \left(\frac{300}{T}\right)^{3/2} E_g^2 \tag{3-127}$$

式中，E_g 的单位是 eV，B 的单位是 cm^3/s，温度 T 的单位是 K；ε_∞ 是高频介电常数，m_c、m_v 分别是导带、价带中自由电子的有效质量比例系数。P 区中的价带空穴有效质量比例系数 $m_v=0.5$，导带中的空穴有效质量比例系数是：

$$\frac{1}{m_c} = 1 + 2F + \frac{E_P}{3}\left(\frac{2}{E_g}+\frac{1}{E_g+\Delta}\right) \tag{3-128}$$

式（3-129）中，$F=1.6$，$E_P=19$ eV，$\Delta=1$ eV，$\varepsilon_\infty(x)$ 为

$$\varepsilon_\infty(x) = 9.5 + 3.5\left[\frac{0.6-x}{0.43}\right] \tag{3-129}$$

上述讨论中，空间电荷区的复合电流影响并未计入。但实际上，空间电荷区的杂质或点缺陷的能级能够起到肖克利读出产生−复合中心的作用，从而导致结电流的产生。空间电荷区的电流在低温时甚至比扩散电流的影响还要大。当空间电荷区的厚度远小于少数载流子扩散长度时，也会发生这种情况。产生−复合电流随温度变化的大小与 n_i 成比例，而扩散电流的变化则与 n_i^2 成比例。在相对温度较高时，扩散电流变成主要影响因素，而随着温度的降低而减弱，此时空间电荷区的产生−复合电流则减弱的比较慢，最终在某一温度下，扩散电流与产生−复合电流相等。在此温度时，扩散电流起主要作用。当然还有其他的电流，诸如表面产生−复合电流和带间隧穿电流，都如产生−复合电流一样，随温度的

降低而减小。

产生－复合中心的稳态净复合速率 $U(z)$ 可以表示为

$$U(z) = \frac{\mathrm{d}n}{\mathrm{d}t} = \frac{n_\mathrm{P} - n_i^2}{\tau_\mathrm{P0}(n + n_1) + \tau_\mathrm{N0}(p + p_1)} \tag{3-130}$$

$U(z)$ 是单位时间内单位体积中复合的载流子数目，$n = n(z)$、$p = p(z)$ 分别是非平衡载流子电子、空穴在空间电荷区的密度，即

$$n_1 = N_c \exp\left(\frac{E_t - E_g}{k_\mathrm{B}T}\right) \tag{3-131}$$

$$p_1 = N_v \exp\left(\frac{-E_t}{k_\mathrm{B}T}\right) \tag{3-132}$$

$$\tau_\mathrm{N0} = \frac{1}{C_\mathrm{N} N_t} \tag{3-133}$$

$$\tau_\mathrm{P0} = \frac{1}{C_\mathrm{P} N_t} \tag{3-134}$$

式中，N_c、N_v 分别是导带、价带的有效态密度，C_N、C_P 分别是电子、空穴的俘获系数，N_t 是产生－复合中心的单位体积，E_t 是产生－复合中心距价带边的能级差，$n(z)$ 与 $p(z)$ 之积与空间电荷区的位置 z 无关，符合肖克利关系即式（3-101）。所以产生－复合中心导致在正偏压 $U(z) > 0$ 处产生净复合，同样在负偏压 $U(z) < 0$ 处也产生净复合。对式（3-130）在整个空间电荷区积分，在产生－复合中心产生的结电流密度可以表示为

$$J_{\mathrm{g-r}} = e \int_w^0 U(z) \mathrm{d}z \tag{3-135}$$

$n(z)$ 与 $p(z)$ 在积分前应是已知的。

假设 $n(z)$ 与 $p(z)$ 在空间电荷区随 z 线性变化，则可以计算出：

$$J_{\mathrm{g-r}} = \frac{en_i w}{\sqrt{\tau_\mathrm{N0}\tau_\mathrm{P0}}} \frac{\sinh\left(\dfrac{-eV}{2k_\mathrm{B}T}\right)}{e\left[\dfrac{V_\mathrm{bi} - V}{2k_\mathrm{B}T}\right]} f(b) \tag{3-136}$$

式中，V_bi 是 PN 结内建电位差，所以 eV_bi 是 N 区与 P 区准费米能级之差。函数 $f(b)$ 近似表示为

$$f(b) = \int_0^\infty \frac{\mathrm{d}u}{u^2 + 2bu + 1} \tag{3-137}$$

其中：

$$b = \exp\left(\frac{-eV}{2k_\mathrm{B}T}\right) \cosh\left[\frac{E_t - E_i}{k_\mathrm{B}T} + \frac{1}{2} \ln\left(\frac{\tau_\mathrm{P0}}{\tau_\mathrm{N0}}\right)\right] \tag{3-138}$$

式中，E_i 是某一态距离价带顶的本征能级，当电子与空穴相等时，就是费米能级，

$$E_i = \frac{1}{2}(E_c + E_v) + \frac{1}{2}k_\mathrm{B}T \ln\left(\frac{N_v}{N_c}\right) \tag{3-139}$$

式（3-131）在 $E_i = E_t$、$\tau_\mathrm{P0} = \tau_\mathrm{N0}$ 时达到最大值，此时电压是 V 时，复合中心的影响最大。

耗尽层中的产生－复合电流对 $R_0 A$ 的影响可以通过式（3-137）求出，表示为

$$(R_0 A)_{\mathrm{g-r}} = \frac{\sqrt{\tau_\mathrm{N0}\tau_\mathrm{P0}} V_\mathrm{bi}}{en_i w f(b)} \tag{3-140}$$

理想的产生－复合中心的条件为：$E_i = E_t$、$\tau_{P0} = \tau_{N0}$，$b=1$，$f(0)=1$，$(R_0A)_{g-r}$ 随温度变化，与 n_i^{-1} 成比例。图 3－46 中的虚线表示不同组分 $Hg_{1-x}Cd_xTe$ 的 $(R_0A)_{g-r}$ 随温度的变化情况与实线表示的 $(R_0A)_P$ 的对比。计算条件是 $f(b)=1$，$\tau_{P0} = \tau_{N0} = 0.1~\mu s$，$E_{V_{bi}} = E_g$，$w = 0.1~\mu m$，$N_B$ 约为 $1 \times 10^{16}~cm^{-3}$ 数量级。

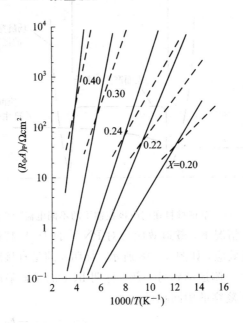

图 3－46　不同组分 $Hg_{1-x}Cd_xTe$ 的 $(R_0A)_{g-r}$ 随温度变化情况与实线表示的 $(R_0A)_P$ 的对比

耗尽层中的产生－复合电流对 R_0A 的影响与 P 区扩散电流的影响的比值为

$$\frac{(R_0A)_{g-r}}{(R_0A)_{P\infty}} = \frac{n}{N_A}\frac{eV_{bi}}{k_BT}\frac{L_e}{w}\frac{\sqrt{\tau_{N0}\tau_{P0}}}{\tau_e} \tag{3-141}$$

式中，$f(b)=1$，$\dfrac{eV_{bi}}{k_BT}$ 的值也比较大。如果 L_e/w 的数量级为 100，则在耗尽层中，当温度使 n_i 小于 $N_A \times 10^{-3}$ 或略低于此时的条件成立时，产生－复合电流就会比扩散电流占优势，其中 N_A 是受主密度。

现在将表面漏电流的频率加以考虑。对于一个理想的 PN 结，暗电流的产生是由于在准电中性区域内载流子的产生和复合作用。在空间电荷区域，扩散电流会产生所谓的产生－复合电流。实际上，在器件中还有其他产生暗电流的机制，特别是温度较低的情况下，暗电流的产生还和半导体的表面有关。在表面的氧化层和绝缘层中，固定电荷与快速变化的表面态就会充当产生－复合中心，并能改变器件各个表面上的势能。这些因素会导致表面产生许多暗电流。

在研究表面电流机制的过程中，曾使用了用绝缘层隔离的门电极，在外部控制 PN 结表面的暗电流效应。如图 3－47 所示，条件分别是 $V_G < V_{Fb}$，$V_G > V_{Fb}$，$V_G \gg V_{Fb}$。V_{Fb} 是电压。另外，带间隧穿也是各种电流的产生机制之一。下面讨论 0 偏压、阻抗 R_0 时 PN 结的带间隧穿电流。

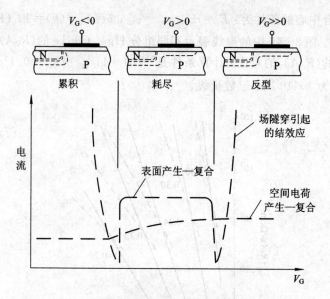

图 3-47 窄带材料在门电极控制下的不同电流产生机制

一般情况下，反偏压情况下，隧道效应会对 PN 结的 $I-V$ 特性产生影响。在 HgCdTe 材料中，有两种基本隧道效应，如图 3-48 所示。标明 a 的是直接隧道效应，电子在保留能量的情况下从空间电荷区一侧运动到另一侧；标明 b、c 的是缺陷产生的隧道效应，空间电荷区的杂质和缺陷充当了隧穿的中间辅助功能。

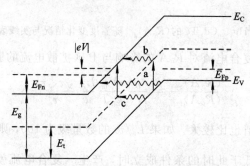

图 3-48 HgCdTe 材料中的两种隧道效应

根据计算，直接隧道效应引起的 N 区导带到 P 区价带的结电流密度 $J_t(V)$ 为

$$J_t = Be^{-a}D(V) \tag{3-142}$$

其中：

$$B = \frac{4\pi e m^*}{h^3} E_\perp, \quad a = \frac{\pi}{4}\left(\frac{E_g}{\theta}\right)^{3/2} \tag{3-143}$$

$$\theta^{3/2} = \frac{eFh}{2\pi\sqrt{2m^*}} \tag{3-144}$$

式中，F 是空间电荷区的平均场强，m^* 是导带边的有效质量，h 是普朗克常数。$E_\perp$ 是与隧穿方向垂直的平面上运动粒子的动能：

$$E_\perp = \theta\sqrt{\frac{\theta}{E_g}} \tag{3-145}$$

式(3-142)中的 $D(V)$ 是发生一次等能量隧穿时由初态到末态的粒子的数量。$D(0)$ 表示 0 偏压，即无净结电流产生。对于结区两侧能量高度简并的隧道二极管，0 偏压附近的 $D(V)$ 表示为

$$D(V) \propto eV = e(V_b + V_{bi}) \qquad (3-146)$$

式中，V_b 是外部偏压，V_{bi} 是内建电场。只有在温度较低的情况下，越过势垒的热激发变得比较小，直接隧穿才变得比较重要。由隧穿电流产生的对 R_0A 的影响由式(3-97)和式(3-142)得出，为

$$\frac{1}{(R_0A)_t} = eB_0 \exp(-a_0) \qquad (3-147)$$

式中，a_0、B_0 分别是 $V_b = 0$ 时 a、B 的值。当 V_b 趋于 0 时，内建势保持，则对隧道电流的主要影响来源于带宽 E_g，体现在参数 a 上。对于带宽较宽的半导体，E_g 随温度降低变小，故 $(R_0A)_t$ 随温度降低。但对带宽足够窄的半导体而言，E_g 随温度变大，与前者相反。

如果考虑了 P 区价带顶的自由空穴在低温情况下的运动情况，则 $D(V)$ 在 $V_b = 0$ 附近可以近似成：

$$D(V) \approx eV\left(\frac{k_B T}{k_B T + E_\perp}\right)\frac{P_0}{N_v} \qquad (3-148)$$

式中，P_0 是 P 区自由空穴密度，N_v 是价带有效密度。则式(3-149)可以变成：

$$\left(\frac{1}{R_0A}\right)_t = eB_0 \exp(-a_0)\left(\frac{k_B T}{k_B T + E_\perp}\right)\frac{P_0}{N_v} \qquad (3-149)$$

该方程反映了 P_0 与温度之间的指数关系。温度较低时空穴的影响变得更加强烈，使得 $(R_0A)_t$ 随温度减小而增加。图 3-49 表示的是 $Hg_{0.8}Cd_{0.2}Te$ 中不同受主能量下 N^+P 结的直接带间隧穿电流对 $(R_0A)_t$ 的影响随温度变化的情况。

隧穿电流与空间电荷区的电场 F 关系密切，由参数 a_0 及其指数形式的公式表示。F 通常情况下较小，即 a_0 较小，所以直接带隙隧穿对于 HgCdTe 低温情况下的影响并非十分显著。但是当有由于表面场引起的结间场存在时，情形就不一样了。因此有必要尽量降低控制半导体的表面电势。尽管直接带隙隧穿并非影响很大，但据新近研究(2006 年)表明，缺陷辅助隧穿在低温暗电流的产生过程中的影响还是较大的。

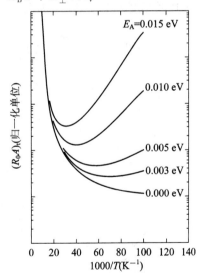

图 3-49 $Hg_{0.8}Cd_{0.2}Te$ 中不同受主能量下 N^+P 结的直接带间隧穿电流对 $(R_0A)_t$ 的影响与温度关系

3. PN 结中的光电流

在半导体中，只要红外光子的能量比半导体材料的禁带宽度大，当其入射并被吸收于其中时，就会产生电子空穴对。如果这种吸收发生在空间电荷区，电子空穴对就会在外界电场的作用下分离，形成电流进入外部电路，从而对外界的电流产生影响；如果这种吸收

发生在 N 区或 P 区内空间电荷区的扩散长度内，则光生载流子会通过扩散作用到达空间电荷区，然后被外界电场分离，形成电流，从而影响外部电路的电流。因此，当光电二极管被光线辐射时，就会在其内部的 PN 结两端产生电压。如果 N 区和 P 区的两端是开路的，就会产生光生电压，此时将导线连接两端，就会有电流产生。这就是 PN 结的光伏效应。

如果假设有稳定的光子流量为 Q，即每平方厘米一定数量的光子入射到光电二极管内，则产生的稳定的光电流密度 $J_{ph}(Q)$ 为

$$J_{ph}(Q) = \eta e Q \qquad (3-150)$$

式中，η 是光电二极管的量子效率，表示的是入射光子数与产生的电子空穴对之比，其最大值是 1，即一个入射光子可以产生一个电子和一个空穴。量子效率是入射辐射光波长的函数，与光电二极管的几何形状也有关系，还与少数载流子的扩散长度及光电二极管的反射系数有关。

具有 V_b 偏压的光电二极管的电流－电压特性 $J(V, Q)$ 通常表示为

$$J(V, Q) = J_d(V_b) - J_{ph}(V, Q) \qquad (3-151)$$

式中，$J_d(V_b)$ 是光电二极管无辐照情况下的特征暗电流，仅与偏压 V_b 有关。方程(3-151)表明，光电二极管的电流－电压特性就是光电流与暗电流的差异值。

如果暗电流与光电流是线性独立的，则量子效率可以作为波长、吸收系数、少数载流子的寿命的函数直接计算。

下面讨论离子植入 HgCdTe NP 型光电二极管的几何构型与材料特性对量子效率的影响。假设 P 区厚度为半无限大，如图 3-50 所示，则 P 区稳定的光生少数载流子的密度为

$$\Delta n(z) = \left(\frac{\alpha Q \tau_e}{\alpha L_e + 1}\right)\left[\frac{\exp\left(\frac{-z}{L_e}\right) - \exp(-\alpha z)}{\alpha L_e - 1}\right] \qquad (\alpha L_e \neq 1) \qquad (3-152)$$

$$\Delta n(z) = \left(\frac{\alpha Q \tau_e}{\alpha L_e + 1}\right)\left(\frac{z}{L_e}\right)\exp\left(\frac{-z}{L_e}\right) \qquad (\alpha L_e = 1) \qquad (3-153)$$

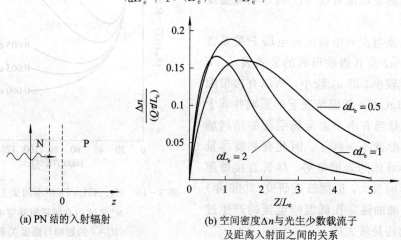

(a) PN 结的入射辐射

(b) 空间密度 Δn 与光生少数载流子及距离入射面之间的关系

图 3-50　辐射产生的载流子与入射面距离的关系

如果忽略入射面的反射率及空间电荷区 N 区的吸收影响，则量子效率可以通过 $J_d = \eta e Q = e D_e \cdot \left.\dfrac{\partial n}{\partial z}\right|_{z=0}$ 计算：

$$\eta = \frac{\alpha L_e}{\alpha L_e + 1} \qquad\qquad (3-154)$$

量子效率在一定程度上与波长有关是因为吸收系数与波长有关，即计算 α 很重要，就是 $\alpha(\lambda)$。由式(3-154)可见，吸收系数越大，少数载流子扩散长度 L_e 越大，则量子效率越大。$\alpha L_e \gg 1$ 时，量子效率趋近于 1；$\alpha L_e = 1$ 时，量子效率等于 1/2，此时有

$$\alpha(\lambda_\infty) = \frac{1}{L_e} \qquad\qquad (3-155)$$

的特殊关系存在，其中 λ_{co} 称为截止波长(Cut-off Wavelength)。

总之，由于吸收系数取决于波长、组分和温度，因此量子效率也与波长、组分、温度及 P 区少数载流子扩散长度有关。

P 区稳定的光生载流子密度的最大值可能在 z_{max} 处产生，

$$z_{max} = \frac{L_e \ln(\alpha L_e)}{\alpha L_e - 1} \approx \frac{\ln(\alpha L_e)}{\alpha} \quad (\alpha L_e \gg 1) \qquad (3-156)$$

所以，当入射光通量为 1×10^{17} 个光子$/cm^2 \cdot s$，寿命为 0.5 μs，吸收系数为 $5 \times 10^3 \ cm^{-1}$，扩散长度为 25 μm 时，有光生载流子密度的最大值

$$\Delta n(z_{max}) = \left(\frac{\alpha Q \tau_e}{\alpha L_e + 1}\right) \exp(-\alpha z_{max}) \approx \frac{1}{\alpha L_e} \frac{Q \tau_e}{L_e} \quad (\alpha L_e \gg 1) \qquad (3-157)$$

波长越短，N 区和空间电荷区的吸收系数逐渐显得重要，尽管空间电荷区的厚度远比扩散长度 L_e 短。由于短波吸收系数增加，辐射的穿透距离缩短。如果 N 区是重掺杂的，则须考虑 Moss-Burstein(M-B)效应的影响，此时费米能级处于导带中，因此增加了有效禁带宽度，所以吸收边移向短波方向。

通用 PN 结模型的光电二极管有两种，即正面辐射的 N-P 型和背面辐射的 N-P 型，如图 3-51 所示。

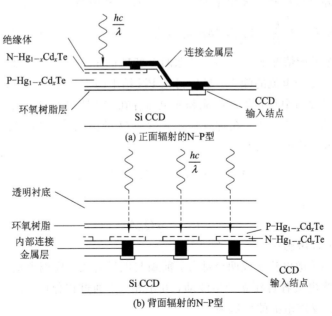

图 3-51　光电二极管两种模型

正面辐射的 N - P 型要求 P 区的厚度接近或小于扩散长度，以使光生载流子在复合前达到空间电荷区。如果 $d \ll L_e$，假设 $z = d$ 是良好反射面，这两种结构的截止波长 λ_{co} 就要由 P 区的厚度决定，而非由 N 区或空间电荷区的扩散和吸收决定。所以正面辐射量子效率模型为

$$\eta = \left(\frac{\alpha L_e}{\alpha^2 L_e^2 - 1} \right) \left[\alpha L_e - \frac{\sinh\left(\frac{d}{L_e}\right) + \alpha L_e e^{-\alpha d}}{\cosh\left(\frac{d}{L_e}\right)} \right] \qquad (3-158)$$

背面辐射量子效率模型为

$$\eta = \left(\frac{\alpha L_e}{\alpha^2 L_e^2 - 1} \right) \left[\frac{\alpha L_e - \sinh\left(\frac{d}{L_e}\right) e^{-\alpha d}}{\cosh\left(\frac{d}{L_e}\right)} - \alpha L_e e^{-\alpha d} \right] \qquad (3-159)$$

如果 $d \ll L_e$，波长为 $\lambda \ll \lambda_{co}$，$\alpha L_e > 1$，则以上两个方程可以简化为

$$\eta \approx 1 - e^{-\alpha d} \qquad (3-160)$$

量子效率为最大值一半处的截止波长的吸收系数由 P 区厚度决定：

$$\alpha(\lambda_{co}) = \frac{2.7}{d} \qquad (3-161)$$

此时截止波长可以由吸收系数的表达式决定。例如，$d = 10 \ \mu m$，$\alpha(\lambda_{co}) = 690 \ cm^{-1}$，则 80 K 时 $x = 0.210$ 的 MCT 合金截止波长为 12.4 μm。L_e 是 25 μm 和 50 μm 时的截止波长分别为 12.7 μm、13.1 μm。上述分析表明，在 P 型 HgCdTe 材料中，要增加量子效率，就得减小表面反射损耗和粒子表面复合速率，增加扩散长度。

4. 光伏探测器中的噪声

当光电管无外界偏压和外部光子照射时，其均方噪声电流等于阻抗为 R_0 时零偏压下的约翰逊噪声，即 $\overline{I_n^2} = \left(\frac{4k_B T}{R_0} \right) \Delta f$，噪声电压为 $V_N = R_0 \sqrt{\overline{I_n^2}} = \sqrt{4k_B T R_0 \Delta f}$，其中 Δf 是带宽。现在研究非热平衡情况下的噪声。考虑两个特殊的情况：一是扩散电流的噪声，一是空间电荷区产生－复合电流的噪声。最后讨论 PN 结中的 $1/f$ 噪声。

假设研究的过程当中只有扩散电流和光电流存在。红外探测器中的非热平衡状态下的噪声可以作为约翰逊噪声考虑。在背景辐射通量为 Q_B 的情况下，结电流是扩散电流与背景辐射的光电流之和。理想情况下，

$$I(V) = I_0 \left[\exp\left(\frac{eV}{k_B T} \right) - 1 \right] - I_{ph} \qquad (3-162)$$

此处，I_{ph} 是背景电流：

$$I_{ph} = \eta e Q_B A \qquad (3-163)$$

式中，A 是光敏元件敏感面。

式(3-162)的扩散电流分成两个部分，前项与电压有关，反偏电流 I_0 是常数。扩散电流与背景辐射的光电流各自独立产生波动，互不相关，通过积分可以求得其分别对散粒噪声的影响。故散粒噪声电流的均值为

$$\overline{I_n^2} = 2e \left\{ I_0 \left[\exp\left(\frac{eV}{k_B T} \right) + 1 \right] + I_{ph} \right\} \Delta f \qquad (3-164)$$

式中，Δf 是带宽。

当光电二极管处于零偏压时，其内阻 R_0 可以表示为

$$\frac{1}{R_0} = \frac{\mathrm{d}I}{\mathrm{d}V}\bigg|_{V=0} = \frac{eI_0}{k_B T} \tag{3-165}$$

将式(3-165)代入式(3-164)，得出零偏压下的噪声电流为

$$\overline{I}^2_{n(V=0)} = \left(\frac{4k_B T}{R_0} + 2\eta e^2 Q_B A\right)\Delta f \tag{3-166}$$

式中第一项是零偏压下的约翰逊噪声，第二项就是背景辐射产生的散粒噪声的光电流。如果内阻 R_0 足够大，如式(3-167)所示，则此项的作用就非常重要。

$$R_0 \gg \frac{2k_B T}{\eta e^2 Q_B A} \tag{3-167}$$

当偏压很大时，$|eV| \gg k_B T$，根据式(3-164)和式(3-165)可以得出噪声电流的新的表达式：

$$\overline{I}^2_{n(V<0)} = \left(\frac{2k_B T}{R_0} + 2\eta e^2 Q_B A\right)\Delta f \tag{3-168}$$

此时式中第一项已较零偏压下的值明显减小。

下面讨论与空间电荷区的产生－复合电流有关的噪声。零偏压的噪声可以通过将式(3-138)代入噪声的电流表达式 $\overline{I}^2_n = \left(\frac{4k_B T}{R_0}\right)\Delta f$ 获得。空间电荷区的产生－复合电流也是由两部分组成的：

$$I_{g-r} = I_r - I_g \tag{3-169}$$

I_r 在当反偏电压很大时，即 $|eV| \gg k_B T$ 可以忽略。设载流子寿命时间为 τ_0，则

$$I_{g-r}(V) = -I_g(V) = \frac{en_i A w}{2\tau_0} \tag{3-170}$$

式中，A 是光敏元件敏感面，w 是宽度。于是低频下的均方电流为

$$\overline{I}^2_n = 2eI_g \Delta f \tag{3-171}$$

高频下的均方电流略有减小，即为

$$\overline{I}^2_n = \frac{2}{3}(2eI_g)\Delta f \tag{3-172}$$

下面讨论 $1/f$ 噪声。通过改变背景辐射通量、温度、偏压和门电压，并对 $1/f$ 噪声进行测量，可知该噪声与光电流或扩散电流无关，但与表面的漏电流成比例。还可以证明，$1/f$ 噪声的均方电流 $I_{n,ex}$ 是温度、反偏压测量的频率等的函数：

$$I_{n,ex}(f, V, V_g, T) = \left[\frac{\alpha_{ex} I_s(V, V_g, T)}{\sqrt{f}}\right]\Delta f \tag{3-173}$$

式中，$I_s(V, V_g, T)$ 为光电管的表面漏电流，它在很大程度上取决于反偏门电压和温度；吸收系数约为 1×10^{-3}；Δf 是带宽，比 f 略低。

5. 探测率、噪声等效功率

假设光电二极管由单色光均匀、持续照射，光通量为 Q_s，则平均光电流为

$$I_s = \eta e Q_s A \tag{3-174}$$

式中，A 是光敏元件敏感面。探测器接收到的辐射功率为

$$P_\lambda = \left(\frac{hc}{\lambda}\right)Q_s A \tag{3-175}$$

(1) 电流响应度 $R_{I\lambda}$ 则是输出电流与输入光功率的比值，写成：

$$R_{I\lambda} = \left(\frac{\lambda}{hc}\right)\eta e \tag{3-176}$$

(2) 等效噪声功率 NEP_λ 是入射为 λ 的光辐射功率与带宽为 Δf 的噪声相等时的比值，此时的光功率为

$$\frac{S}{N} = \frac{I_s}{\sqrt{I_n^2}} = \frac{R_{I\lambda}P_\lambda}{\sqrt{I_n^2}} \tag{3-177}$$

式中分子为信号，分母为噪声。取 $S/N=1$，指定单位带宽内电流，则有噪声等效功率：

$$NEP_\lambda = \frac{\sqrt{I_n^2}}{R_{I\lambda}\sqrt{\Delta f}} \tag{3-178}$$

显然，噪声等效功率越小越好，这说明该探测器的灵敏度越高，越能探测到微弱的信号。

(3) 探测率 D_λ^* 与噪声等效的倒数成比例，此外还与探测器的面积、电路的带宽有关：

$$D_\lambda^* = \frac{\sqrt{A}}{NEP_\lambda} = \frac{R_{I\lambda}\sqrt{A}\,\Delta f}{\sqrt{I_n^2}} \tag{3-179}$$

D_λ^* 的单位是 $cm \cdot Hz^{1/2}/W$。如果探测器的噪声电流如式(3-167)所示，则由式(3-176)、式(3-178)有

$$D_\lambda^* = \frac{\lambda}{hc}\eta e\left[\frac{4k_B T}{R_0 A} + 2\eta e^2 Q_B\right]^{-1/2} \tag{3-180}$$

如果光电二极管中的噪声主要是热噪声，则式(3-180)可简化为

$$(D_\lambda^*)_{th} = \frac{\lambda}{hc}\eta e\sqrt{\frac{R_0 A}{4k_B T}} \tag{3-181}$$

下标"th"表示热噪声的情况。如果背景的光子噪声是主要噪声源，则式(3-180)简化为

$$(D_\lambda^*)_{BLIP} = \frac{\lambda}{hc}\sqrt{\frac{\eta}{2Q_B}} \tag{3-182}$$

下标"BLIP"表示"背景极限噪声"。其前提是 $R_0 A$ 比较大，以达到背景极限条件，即 $\frac{4k_B T}{R_0 A}$ $\ll 2\eta e^2 Q_B$，使得 $R_0 A \gg \frac{4k_B T}{2\eta e^2 Q_B}$。

(4) 响应时间 τ。决定响应时间的主要因素有两方面：一是光生载流子电子空穴对在准中性的 N、P 区，需要通过扩散、漂移作用经过空间电荷区；二是结电容的作用和阻抗所决定的 RC 时间常数。

以扩散速率的大小不同对 τ 的影响为例，如图 3-52 所示的 N-P 型光电二极管中，假设全部入射辐射在 P 区被吸收，在位置 z 处每单位体积的光生载流子的产生速率为

$$G(z, t) = \alpha Q\exp(-\alpha z + i\omega t) \tag{3-183}$$

式中，ω 是信号调制频率，即此时照射探测器的是交变光信号。用连续性方程可以求得剩余载流子密度 $\Delta n(z, t)$，其边界条件是 $\Delta n(0, t)=0$ 和当 $z \to \infty$ 时 $\Delta n(z, t) \to 0$，则由其产

生的光电流密度是:

$$J_{ph}(t) = e\eta(\omega)Q\exp[i(\omega t - \phi)] \tag{3-184}$$

其中:

$$\phi = \arctan\left[\frac{b(\omega)}{\alpha L_e + a(\omega)}\right] \tag{3-185}$$

则交流情况下量子效率为

$$\eta(\omega) = \left[\left(1 + \frac{a(\omega)}{\alpha L_e}\right)^2 + \left(\frac{b(\omega)}{\alpha L_e}\right)^2\right]^{-1/2} \tag{3-186}$$

其中:

$$a(\omega) = \left[\frac{\sqrt{1 + \omega^2\tau_e^2} + 1}{2}\right]^{1/2} \tag{3-187}$$

$$b(\omega) = \left[\frac{\sqrt{1 + \omega^2\tau_e^2} - 1}{2}\right]^{1/2} \tag{3-188}$$

在低频极限时,$a \to 1$,$b \to 0$,$\eta(\omega)$ 变成直流情况的量子效率,如式(3-154),即 $\eta = \frac{\alpha L_e}{\alpha L_e + 1}$。如果频率高至 $\omega\tau_e \gg 1$,则

$$\eta(\omega) \to \frac{\alpha L_e}{\sqrt{\omega\tau_e}} \tag{3-189}$$

扩散时间相对漂移时间对响应时间的影响小。如果漂移速度是 v_d,需要穿过的区域宽度是 w,则渡越时间为

$$t_r = \frac{w}{v_d} \tag{3-190}$$

如果 $w = 1~\mu m$,由于晶格的散射作用,漂移速度 $v_d = 1 \times 10^7~cm/s$,则 $t_r = 1 \times 10^{-11}~s$。

3.5 单光子红外探测

1. 单光子探测

单光子探测是一种极微弱光探测技术,在高分辨率光谱测量、高速现象检测、精密分析、非破坏性物质分析、大气测污、生物发光、放射探测、高能物理、天文测光、光时域反射、地球科学、空间科学、量子信息等领域有着极其广泛的应用。尤其是量子密码通信技术由海森伯不确定性原理决定的完全保密的特点,是传统密码通信技术不可比拟的,也是能抵挡住未来量子计算机攻击的一种密码通信技术。

目前应用于单光子探测器的光电转换器件主要有光电倍增管和雪崩光电二极管(APD)。

光电倍增管对可见光和紫外线有较高的增益,从而得到了广泛的应用和研究,但在红外通信波长范围内,光电倍增管较低的量子效率限制了在该波长的应用,取而代之的是基于半导体工艺的雪崩光电二极管。

量子通信系统中一项关键的技术就是在光纤通信的三个低损耗窗口(即 850 nm、1310 nm 和 1550 nm)中实现单光子探测。在通信的这三个窗口,单光子的能量都在 10^{-19} J

量级，达到了探测器探测灵敏度的极限。在继续研制和开发有更高灵敏度的新型结构的光探测器的同时，研究发现和改进 APD 的控制驱动技术，用市场上现有的 APD 也能够实现单光子探测。

实现单光子探测的基本要求是，一方面是对被探测的光子要有很高的响应灵敏度，另一方面是背景噪声要尽可能小。

综上所述，对于 APD 器件的增益效能的分析便在单光子探测技术中显得尤其重要。下面就分析 APD 器件的电流增益过程。

2. APD 增益电流分析

APD 器件中的增益电流是由于晶格在光生电子空穴对的冲击作用下，继续产生电离而产生新的电子空穴对，从而产生增益。定义电离系数为一个载流子在单位距离内移动能产生的电子空穴对的平均数目，单位是 cm^{-1}，但电子的电离系数 α_n 与空穴的电离系数 β_p 不同，二者的比值称为电离系数比，$k = \beta_p / \alpha_n$，其值取决于外加电场、载流子的散射程度和 PN 结的结构，且显著影响低频雪崩增益和增益带宽积。图 3-52 表示 Si 材料 APD 器件的外加电场与电离系数之间的关系。

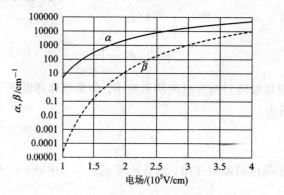

图 3-52 载流子电离系数与外加电场之间的关系

APD 器件中的雪崩增益可以通过对耗尽层中的电场情况进行分析定量描述。图 3-53 中给出了电场与电子、空穴电流(分别写成 $J_n(x)$、$J_p(x)$)的方向，W 为耗尽层的宽度，位置 x 处的电子、空穴电离系数分别是 $\alpha_n(x)$、$\beta_p(x)$，不考虑电场空间分布，则有：

$$\frac{d}{dx}J_n(x) = \alpha_n(x)J_n(x) + \beta_p(x)J_p(x) + qG(x) \tag{3-191}$$

$$-\frac{d}{dx}J_p(x) = \alpha_n(x)J_n(x) + \beta_p(x)J_p(x) + qG(x) \tag{3-192}$$

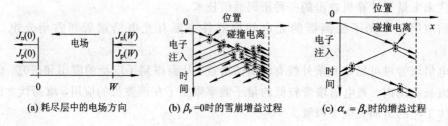

(a) 耗尽层中的电场方向　　(b) $\beta_p = 0$ 时的雪崩增益过程　　(c) $\alpha_n = \beta_p$ 时的增益过程

图 3-53 电场与电子、空穴电流的方向

式中，q 是电子电荷，$G(x)$ 是 x 处光生电子—空穴的速率。总电流为

$$J = J_n(x) + J_p(x) \tag{3-193}$$

对式(3-191)和式(3-192)从 $0 \to W$ 积分，可以得出 J 与 $J_n(x)$、$J_p(x)$ 之间的解析解。如果假设空间电荷区中载流子产生速率为 $G(x)=0$，并考虑 $x=0$ 处的电子、$x=W$ 处的空穴的注入情况，就可以获得电子空穴的雪崩增益：

$$M_p = \frac{J}{J_p(W)} = \frac{1}{1 - \int_0^W \beta_p e^{\left[\int_0^W (\alpha_n - \beta_p)\,\mathrm{d}x'\right]} \mathrm{d}x} = \frac{e^{\left[-\int_0^W (\alpha_n - \beta_p)\,\mathrm{d}x\right]}}{1 - \int_0^W \alpha_n e^{\left[-\int_0^x (\alpha_n - \beta_p)\,\mathrm{d}x'\right]} \mathrm{d}x} \tag{3-194}$$

$$M_n = \frac{J}{J_n(0)} = \frac{e^{\left[\int_0^W (\alpha_n - \beta_p)\,\mathrm{d}x\right]}}{1 - \int_0^W \beta_p e^{\left[\int_x^W (\alpha_n - \beta_p)\,\mathrm{d}x'\right]} \mathrm{d}x} = \frac{1}{1 - \int_0^W \alpha_n e^{\left[-\int_0^x (\alpha_n - \beta_p)\,\mathrm{d}x'\right]} \mathrm{d}x} \tag{3-195}$$

显然，不论是 $x=0$ 处的电子还是 $x=W$ 处的空穴，都有关系

$$\int_0^W \beta_p e^{\int_x^W (\alpha_n - \beta_p)\,\mathrm{d}x'} \mathrm{d}x = 1 \tag{3-196}$$

$$\int_0^W \alpha_n e^{-\int_0^W (\alpha_n - \beta_p)\,\mathrm{d}x'} \mathrm{d}x = 1 \tag{3-197}$$

存在，且 M_p、M_n 都趋于无穷大。此时对应的偏压称雪崩击穿电压。值得注意的是，如果 $\alpha_n = \beta_p$，则式(3-196)和式(3-197)的击穿电压一样。

为讨论电离系数对雪崩增益的影响，考虑以下三种情况（假设耗尽层是同质结）：

(1) $\beta_p = 0$ 时，$x=0$ 的电子电离系数可由式(3-195)得出：

$$M_n = e^{\int_0^W \alpha_n \,\mathrm{d}x} = e^{\alpha_n W} \tag{3-198}$$

M_n 随着 $\alpha_n W$ 呈指数增加。然而，这种情况下并不发生雪崩击穿。由单个电子引发的电流脉冲在当电子穿越强场耗尽区时变得越来越强，而此时反向运动的空穴在此期间并未激发新的载流子对，其结果是电流脉冲有一个长长的拖尾。此时增益随时间变化的情况如图 3-53(b)所示。

(2) $\alpha_n = \beta_p$ 时，由式(3-195)、式(3-196)可知：

$$M_n = M_p = \frac{1}{1 - \int_0^W \alpha_n \,\mathrm{d}x} = \frac{1}{1 - \alpha_n W} \tag{3-199}$$

如果 $\alpha_n W = 1$，即平均每对电子空穴产生的载流子在经过强场耗尽区时都发生了雪崩击穿。此时的情况如图 3-53(c)所示。

(3) $\alpha_n \neq \beta_p \neq 0$ 时的情况。实际上绝大多数半导体中，电子和空穴都对电离过程有贡献，但通常 $\alpha_n \neq \beta_p$。假设 α_n、β_p 与位置 x 无关，$x=0$ 的增益：

$$M_n = \frac{[1 - (\beta_p/\alpha_n)]e^{\alpha_n W[1-(\beta_p/\alpha_n)]}}{1 - (\beta_p/\alpha_n)e^{\alpha_n W[1-(\beta_p/\alpha_n)]}} \tag{3-200}$$

图 3-54 表示的是 $\alpha_n \neq \beta_p$ 时，不同 β_p/α_n 比值下电子增益与电场的关系。

显然 β_p/α_n 比值越接近 1，电场变化引起的雪崩增益越大。$\beta_p/\alpha_n = 0.01$ 时，反偏电压为 100 V，0.5% 的变化可导致 20% 的增益变化。$\beta_p/\alpha_n = 1$ 时，对应增益变化可达 320%。如此幅度的电场变化在实际二极管的使用过程中是很常见的，因此，如果 APD 要想稳定工作，则材料要选择 β_p 和 α_n 差异尽可能大的物质。

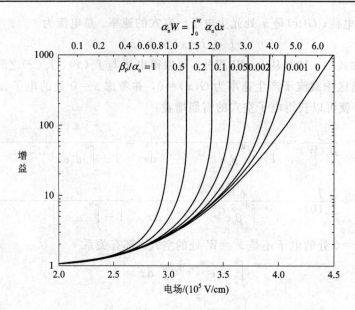

图 3-54 $W=1\ \mu m$ 、$\alpha_n=3.36\times10^6\exp(-1.75\times10^6/|E|)$不同 β_p/α_n 比值下电子增益与电场的关系

进一步的分析还表明，$\alpha_n\neq\beta_p$ 时，雪崩增益还与光子激发载流子的位置有关。$\beta_p>\alpha_n$ 时，空穴在 N 区产生并注入；$\beta_p<\alpha_n$ 时，电子在 P 区产生并注入。这样可以保证电子空穴可以穿越整个耗尽区，从而产生更大的增益。

实际上载流子增益还与频率有关。增益电流的时变方程为

$$\frac{1}{v_n}\frac{\partial J_n(x,t)}{\partial t}=\frac{\partial J_n(x,t)}{\partial x}-\alpha_n J_n(x,t)-\beta_p J_p(x,t)-qG(x,t)\qquad(3-201)$$

$$\frac{1}{v_p}\frac{\partial J_p(x,t)}{\partial t}=\frac{\partial J_p(x,t)}{\partial x}-\alpha_n J_n(x,t)+\beta_p J_p(x,t)+qG(x,t)\qquad(3-202)$$

式中，v_n、v_p是电子、空穴的漂移速度。如果电场是常数，材料为同质结，则光电流可以分成直流和交流两个部分：

$$\begin{cases}J_n(x,t)=J_{n0}(x)+J_{n1}(x)\mathrm{e}^{i\omega t}\\ J_p(x,t)=J_{p0}(x)+J_{p1}(x)\mathrm{e}^{i\omega t}\end{cases}\qquad(3-203)$$

APD 器件的交流成分还包含所谓的位移电流成分：

$$J_{ac}=J_{n1}+J_{p1}+\varepsilon\varepsilon_0\left(\frac{\partial E}{\partial t}\right)\qquad(3-204)$$

式中，ε是相对介电常数，ε_0是真空介电常数。

$x=0$ 处的电子增益频率响应为

$$F(\omega)=\frac{|J_{ac}|}{J}=\frac{|J_{ac}|}{M_n J_n(0)}\qquad(3-205)$$

式中，J是低频成分的电流。当 $M_n>\alpha_n/\beta_p$ 时，增益的频率响应为

$$M(\omega)=\frac{M_n}{\sqrt{1+\omega^2 M_n^2\tau_1^2}},\quad \tau_1\equiv N\frac{\beta_p}{\alpha_n}\tau\qquad(3-206)$$

式中，τ是载流子穿越耗尽区的时间。如果取 $v_n=v_p$，则有 $\tau=W/v_n=W/v_p$。令 τ_1 是有效通过时间，N 是一个慢变数字，$\beta_p=\alpha_n$ 时，$N=1/3$，$\beta_p/\alpha_n=10^{-3}$ 时，$N=2$。因此，高频区

增益带宽积为

$$M(\omega)\omega = \frac{1}{\tau_1} = \frac{1}{N\tau(\beta_p/\alpha_n)} = \frac{1}{N(W/v_n)(\beta_p/\alpha_n)} \qquad (3-207)$$

为了获得较大的增益带宽积，饱和电子漂移速度应尽可能大，而 β_p/α_n 和耗尽区宽度 W 应尽可能小。值得注意的是，这些参数彼此并不是互相独立的。如 Si 材料，耗尽区宽度 W 的减小却会相应增加 β_p/α_n 的值。

3.6 探测器的选择

红外探测器是红外辐射测量系统的心脏。在红外辐射测量中，对红外探测器的选择至关重要。原则上，要选择最合适的探测器，必须考虑以下几个主要方面：

第一，估计所要测量的工作波段。据此，选择适合于这一波段工作的器件及其窗口所用的光学材料。

第二，估计入射辐射通量的量级，核算所选探测器的噪声等效功率 NEP 及探测率 D^* 能否满足测量要求。当然，如采用锁相等新技术，有可能探测更低的辐射功率。

第三，探测器的时间常数应远小于目标变化的最短时间间隔。当采用调制时，探测器的时间常数则应远短于调制信号的周期。这样，才能保证探测器有足够的时间来响应辐射信号，使其输出电压上升到与辐射功率相对应的稳定值，并下降到无信号辐射时的原始值。

第四，根据像落在探测器上的大小，选择探测器敏感元的最佳面积。探测器的噪声正比于它的面积的平方根。为了降低这项噪声，使系统可探测的最小辐射通量下降，总是希望探测器的面积愈小愈好。此外，由于许多探测器敏感元上各点的响应不均匀，力求小面积的探测器，以便像能覆盖住整个敏感元。反之，如果像点比探测器小，将给信号处理带来一系列问题。

但是，倘若探测器的面积太小，以至像的尺寸大于敏感元的面积，则无疑将损失一部分入射通量，减小探测器的输出信号。此外，敏感元太小，也将给对准光路带来一定麻烦。

综上所述，敏感元的面积既不宜过大，也不能太小。如果测量系统无其他像差，只受衍射限制，一般可取敏感元的大小与像的中央极大或称爱里（Airy）圆一样大，这时可接收到 84％ 的辐射通量。如果探测器的面积增大到能包含爱里圆及其周围的前两个环带，则由这两个环带面积所引入的噪声要比它所贡献的辐射通量大得多，反而会使信噪比下降。

对于激光束的接收，虽然在激光光束半径以内，传输的功率约占总功率的 86％，但在这种强信号的检测中，探测器的面积可以取 1.5～1.9 倍激光束半径的值，以接收 99％～99.9％ 的总功率。

此外，选择探测器还应考虑致冷要求、窗口的位置、线性范围以及安装测量上的方便、价格合适，等等。

3.7 红外探测器的使用温度与制冷

红外探测器的功能是进行光电转换，许多探测器的性能与工作温度密切相关。探测器通常需要制冷和低噪声前置放大等一些比较特殊的工作条件，因此选配好制冷器、前置放大器、光学元件等配套件对于保证探测器发挥应有的性能非常重要。通常将探测器和制冷器、前置放大器、光学元件等组装在一起，构成一个结构紧凑的组合件，简称探测器组件。

这里仅以军用中使用最多的低温工作的光电探测器为例加以介绍，其主要组成部分和功能如下：

（1）灵敏元芯片，是探测器的核心，实现光电转换功能。

（2）真空杜瓦，提供真空条件，当探测器芯片被制冷时，探测器外壳保持常温。

（3）微型制冷器，提供低温工作条件，用于对探测器制冷，使其达到工作温度。

（4）光学元件，包括透红外线窗口和滤光片、场镜等。

（5）前置放大器，用做探测器输出电信号的第一级低噪声放大。其中前两项组成低温工作的探测器的结构整体，无法分开，前面已有叙述；后面三项可以单独提出要求，单独选配，是配套条件。由组件外壳组装成组件整体。

对于光子探测器来说外界的光子会激发载流子，外界的热也会激发载流子。而热激发对于来自目标的光激发是一种干扰噪声，为使热激发产生的载流子数目减到最少，通常要使探测器工作在低温状态下，即对探测器致冷。对于长波段的探测器尤其要致冷，否则因其电离能很低，室温下全部载流子都激发了，光子探测器无法工作。

目前，用于红外探测器制冷的制冷器已有许多成熟产品，其中有灌液式杜瓦瓶、气体节流（J—T 效应）制冷器、斯特林制冷机（机械）、辐射制冷器和半导体温差电制冷器等。

1. 灌液式杜瓦瓶

为保证制冷探测器与外界有尽可能少的热交换，通常采用杜瓦瓶结构。典型的杜瓦瓶结构如图 3-55 所示。杯式杜瓦瓶是采取中间抽真空的双层结构，在功能和结构上与普通热水瓶相仿，可用玻璃制作，为了提高结构牢固性，也可用金属制作。

杜瓦瓶夹层空间被抽成真空，用以隔绝与外界的对流交换热量，并在不通光的真空容器内壁上镀以高的光辐射反射层（镀铝和银），以隔绝探测器与外界的辐射交换热量。探测器装在夹层中致冷剂室的端部，这样的探测器只与致冷剂间进行热传导而致冷，也断绝了与外界的传导交换热量。图 3-55 中杜瓦瓶右端为透红外光辐射的窗口，镀高效增透膜，目标的辐射由此透射到探测器。为尽可能减小背景噪声，中间加有冷光屏，使探测器的有效接收角与光学系统的孔径角基本一致。探测器的引线由真空中通过管壁引到外部。

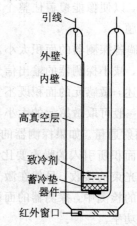

图 3-55 小型杜瓦瓶结构

杜瓦瓶大小、材料、式样等种类繁多，但其制冷原理相同，即均利用相变制冷。物体相变是指其聚集状态的变化。物质发生相变时，需要吸收或放出热量，这种热量称为相变潜能。相变致冷就是利用致冷工作物质相变吸热效应，如固态工作物质溶解吸热或升华吸热、液体汽化吸热等。对于红外探测器，杜瓦瓶中的常用液态制冷剂如表 3-1 所示。

表 3-1 常用液态制冷剂

制冷剂	气化温度/K	制冷能力/(W·h/L)	比重/(kg/L)
冰	273.2	—	—
干冰	194.6	—	—
液氧	90.2	67.6	1.139
液氩	87.3	63.5	1.393
液氮	77.3	44.4	0.8075
液氖	27.1	28.9	1.211
液氢	20.4	8.79	0.07076
液氦	4.2	0.71	0.1247

注：致冷能力指把一升液体变成气体时所需的热量。

2. 气体节流制冷器

气体节流制冷器是基于气体的焦耳—汤姆逊效应(J—T 效应)而获得低温的制冷器。也就是说，它是利用高压气体通过小孔节流，绝热降压膨胀时变冷的效应而制成的一种制冷器。利用不同的高压气体作为制冷工质，可以实现不同的制冷工作温度。从制冷器的一端通入常温高压气体，其另一端就会出现低温液体。例如，高压氮气经过节流制冷器后就会变成液态氮，高压空气通过节流制冷器后就会变成液态空气。表 3-2 列出了用于红外探测器节流制冷的常用工质气体、节流后的液态温度和液体汽化热。

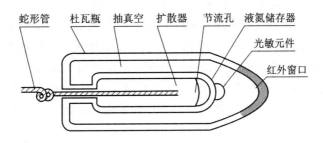

图 3-56 开环节流式焦耳—汤姆逊致冷器

表 3-2 常用工质气体、节流后的液态温度和液体汽化热

工质气体	节流后液态温度/K	液体汽化热/(J/g)
氮气	77.37	199.0
氩气	87.4	162.7
氧气	90.1	212.5
空气	约 80	约 202

气体节流制冷器的优点是体积小、重量轻、冷却速度快、工作可靠，特别适合于安装在空间很小而且制冷时间较短的导弹寻的头中的红外探测器制冷。它所需要的气源由高压气瓶供给，或用小压缩机直接供应高压气体。它们对工质气体的纯度要求很高，气体中不

允许含有水汽或杂质，因为水汽或杂质随工质经节流后，温度降低，会因冻结而堵塞节流孔，使节流制冷器无法工作。目前，红外探测器所用的节流制冷器主要有自调式和快启动式两种。

（1）自调式节流制冷器。其内部采用波纹管式的自动调节机构，控制制冷工质的消耗量，当达到需要的制冷量以后，自动减小流量或关闭进气；当制冷量不够时，自动打开进气，并调节流量，以最小的工质消耗来达到最佳制冷状态，其难度在于自调机构的精确调节控制。

（2）快启动式节流制冷器。目前单兵大量使用的肩射式防空导弹，从发现目标到导弹发射，需 3～4 s 准备时间，制冷器必须在开启后即刻制冷，并在 3 s 之内将探测器制冷到正常工作需要的低温。这种制冷器总工作时间只有数十秒。为了启动快，要减小热负载和加大制冷量，探测器采用非真空杜瓦结构，节流工质用氢气或氢气与氮气的混合气体。以上制冷系统的体积可以做得比较小，便于红外导弹安装。例如，某型红外导弹的红外探测器是采用氮气制冷器进行降温的，制冷器是一种开环节流式焦耳—汤姆逊制冷器（见图 3-56），它装置在杜瓦瓶内（循环式的还带有一个压缩机），可以使探测器光敏元件的温度降低到 77K（−196℃）。这一温度（77 K）是锑化铟光敏元件理想的工作温度，只有达到该温度才能保证导引头红外探测器具有较高的灵敏度，并显著降低内部噪声。

杜瓦瓶起着保温的作用，使制冷后的探测器光敏元件能在一段时间内保持低温。杜瓦瓶的结构类似家庭生活中使用的保温瓶，它是个双层玻璃结构，两层玻璃之间抽成真空，其夹层表面镀银。光敏元件装在内层的前端，对应外层处是透镜，以便红外线进入。制冷器的蛇形管装在杜瓦瓶内腔，蛇形管尖端开有一个直径为 0.1 mm 的节流孔。节流孔处在扩散器内，正对着光敏元件。工作时，压力一定（如 29 MPa）的氮气由蛇形管的另一端进入制冷器，从蛇形管的节流孔流出，体积突然增大，这种情况接近于"绝热膨胀"，必将大量吸收周围的热量，膨胀的氮气温度使急剧下降。连续不断地有大量的氮气从节流孔流出，最后将膨胀的氮气冷却到 77 K，使氮气液化成液态氮，并储存在与光敏元件相接触的液氮储存器内。在氮气近似绝热膨胀冷却液化的过程中，也就同时冷却了光敏元件，使光敏元件的温度最后降到 77 K。导弹在离机前由导弹发射装置内的氮气瓶供给制冷器工作所需的氮气，可保证制冷器连续工作一定时间。当导弹发射后，处于独立飞行状态时，可由导弹上的小氮气瓶补充氮气。

导弹红外探测器使用的制冷器对氮气的质量要求较高。氮气中的水汽和杂质极易引起制冷器节流孔堵塞而无法工作，导致导引头灵敏度下降，甚至无法战斗使用。因此，要求使用的氮气纯度要高，其露点温度不得高于−65℃。另外，必须保持氮气系统的管道、气瓶和附件清洁与干燥。

3. 微型斯特林制冷机

微型斯特林制冷机的工作原理类似家用电冰箱，但它以氦气（或空气）为工质，通过闭合压缩—膨胀循环原理实现制冷。斯特林制冷机是一个闭合密封系统，氦气在机内循环。其结构紧凑，质量为 1～3 kg，启动时间为 2～10 min，制冷功率 0.2～1.5 W，输入功率为 30～80 W。这种制冷器只要通电就可以制冷工作，不需要更多的后勤保障，使用方便，是目前军用红外整机中最受重视的一种制冷机。目前，用于红外探测器制冷的斯特林制冷机有两种结构。一种是整体式斯特林制冷机，探测器芯片直接装配耦合到制冷机的冷媒，真空杜瓦的封装将冷媒与探测器同时密封，其结构非常紧凑，体积很小；缺点是由于运动部件的振动会影响探测器噪声,使用这种制冷机时应采取预防影响探测器振动的措施。另一种是分置式斯特林制冷机,压缩机和制冷部分分开一定距离(一般为 30~50 cm),中间由一条柔性管道连接,把压缩机的振动隔开,降低振动对探测器性能的影响,同时两部分可以分开放置,最适合随动系统使用。斯特林制冷机的制冷温度可以控制,一般可达 77K 以下。军用斯特林制冷机的工作寿命要求大于 5000 h。图 3-57 所示为整体式和分置式微型斯特林制冷机的外形。

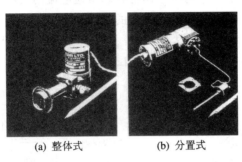

(a) 整体式　　　　　　(b) 分置式

图 3-57　微型斯特林制冷机

4. 辐射制冷器

这种制冷器专为在宇宙空间工作的人造卫星或宇宙飞船上的红外探测器制冷。宇宙空间是超低温和超高真空的环境,相当于一个温度约为 4 K 的黑体。辐射制冷器根据宇宙空间的这一特殊环境,利用辐射传热原理来制冷。辐射制冷器的主体称为辐射器,形状像喇叭,喇叭筒(或棱锥)外壁加绝热层,内壁加工成镜面,抛光镀金,呈向外倾斜的几何体,锥顶为一冷片,探测器装在冷片上,辐射器把宇宙空间的冷量反射聚集到冷片上,对探测器制冷,其结构如图 3-58 所示。

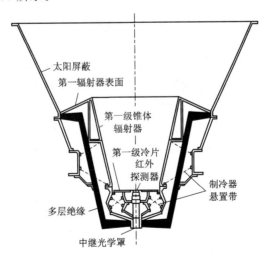

图 3-58　辐射制冷器的结构

辐射制冷器是一种不需要任何动力、无振动、高可靠、长寿命的被动制冷器。它对卫星上的红外探测器制冷应用非常成功,唯一需要注意的是不能使辐射器对着太阳等热源,所以卫星必须有姿态控制装置。辐射制冷器温度可达 100~200 K,制冷功率为几毫瓦到几十毫瓦。

5. 半导体制冷器

半导体制冷器(也称温差电制冷器),它利用了温差发电的逆效应。当电流通过不同半导体构成的回路时,除产生不可逆的焦耳热外,在不同导体的接头处随着电流方向的不同会分别出现吸热、放热现象。这种现象于 1834 年由珀耳帖发现,称珀耳帖效应。但真正把它作为微型制冷器用于红外器件制冷,则是 20 世纪 40 年代至 50 年代以后的事。半导体制冷器制冷量的大小,取决于所用的半导体材料和所通电流的大小。半导体制冷器的制冷效果用冷端与热端的温差来衡量。为了取得好的制冷效果,对制冷器热端采取散热措施是必要的。半导体制冷器有单级和多级两种结构。图 3-59 所示为半导体制冷器的结构。半导体制冷器适合于给在 195 K~300 K 范围内工作的探测器制冷。

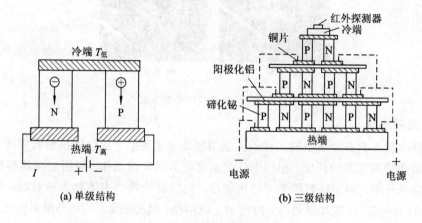

(a) 单级结构   (b) 三级结构

图 3-59 半导体制冷器的结构

习　题

1. 简述信噪比在信号检测过程中的作用。

2. 光电探测器的方式有哪些? 它们的基本工作原理是怎样的?

3. 简述噪声等效功率、探测率、比探测率的计算方法。

4. 探测器的 $D^* = 10^{11}$ cm $\cdot$ Hz$^{1/2}$ $\cdot$ W^{-1},探测器的光敏面直径为 0.5 cm,用 $\Delta f = 5 \times 10^3$ Hz 的光电仪器,其探测的最小辐射功率是多少?

5. 试比较光子探测器与光热探测器的性能特点。

6. 已知 $R_i = 10$ A/W,$i_n = 0.01$ mA,求噪声等效功率。

7. 若直接探测系统只存在光信号噪声,$\lambda = 1.06$ m,$\eta = 4 \times 10^{-4}$,$\Delta f = 1$ MHz,求 NEP。

8. D 与 D^* 的区别以及 D^* 的意义是什么?

9. 简述居里温度和自发极化。

10. 某一光电探测器,其噪声等效功率 NEP $= 5 \times 10^{-10}$ W,光敏器件直径为 0.5 cm,测量带宽 $\Delta f = 1$ kHz,试计算此光探测器的探测率 D 和比探测率 D^*。

11. 波长 $\lambda = 13$ μm 的光辐射入射到量子效率 $\eta = 0.2$ 的光探测器上,当入射的平均光功率分别为 1 mW、10 mW 时,光探测器输出的光电流是多少?

12. 什么是光电探测器的内光电效应和外光电效应，它们分别包含哪些具体的光电效应？

13. 光电探测器的选择原则有哪些？

14. 证明直接探测系统的 NEP 的理论极限为

$$\text{NEP} = \frac{2h\nu\Delta f}{\eta}$$

15. 从以下几个方面比较 PIN、APD 型光电二极管的异同：

（1）结构、工作原理；

（2）噪声特点；

（3）光谱特性；

（4）外加偏置电压、电流特点；

（5）温度对各自响应率的影响（电流）；

（6）接收高低频信号的特性。

试设计一个系统，说明选型依据。

第4章

量子阱红外探测器

◇◆◆

4.1　简　　介

1985 年魏斯特(LCWest)等人首次发现在 GaAs/AlGaAs 量子阱材料导带内不同子带间的跃迁,随后自贝尔实验室的 Levine 等成功研制了世界上第一个量子阱红外探测器(QWIP)以来,在世界各地的研究所、高校之间掀起了一股 QWIP 研究的热潮。新型量子阱红外探测器的主要优点为:① 和 HgCdTe 体系相比,在工艺上用分子束外延技术生长大面积、均匀量子阱材料的技术日趋成熟,所以能够在制造大面积均匀的焦平面阵列方面有独特的优势;② 从设计角度来看,量子阱红外探测器是基于量子阱的子带跃迁机制,可以很方便地通过对组分、阱宽等参数来选择工作波,使其可调节到 $3\sim5\ \mu m$ 和 $8\sim12\ \mu m$ 的大气窗口,因此还容易实现双色器件的单片集成;③ 这类材料很薄,具有很高的响应速度(皮秒量级)。因此,国外和国内有许多研究小组开展了量子阱红外探测器的研究。

量子阱是由一种薄的半导体薄层(一般小于 15 nm)夹在另外两种具有相对比较大禁带能量的半导体薄层(势垒层)之间构成的。对比大多数半导体中的连续电子态,在量子阱中的电子态被分离成几个有区别的能级,而且其数量、能量以及这些能级的间隔都是可调的。当被吸收光子的能量相当于两个量子阱能级间隔的能量时,实现利用光子的能量在中红外波段到远红外波段范围内进行红外探测是可行的。

当电子在材料系统导带的两个能级之间跃迁时,这种情况叫做子带内部跃迁或带内跃迁。目前,可以获得子带内部跃迁的量子阱红外光电探测器主要是由 GaAs/AlGaAs 量子阱构成的。这些材料的导带内的禁带阶跃小于 210 meV,所以这样的量子阱红外光电探测器一般工作在 $8\sim10\ \mu m$ 的长波红外线(LWIR)大气窗口。但这种阶跃相对小的值也会对控制装置暗电流造成困难,因为在量子阱中的电子能够很容易地被热激发而越过势垒。这就要求器件工作在相当低的温度下。

为了解决这个问题,可以用 $In_{1-x}Ga_xAs/AlGaAs$ 材料,这种材料相对于 GaAs/AlGaAs 具有大的导带阶跃,并且这种能级阶跃是通过改变组分 x 来调节的。同时较深的量子阱可以允许较多电子跃迁,因此很容易实现单个材料系统的多波长探测。但是,InGaAs 和 AlGaAs 是晶格不匹配的。当 InGaAs 外延地生长在 AlGaAs 上时,将不可避免地发生应变,这对光电材料的特性将起到关键的作用。应变也可能会导致缺陷,这样在某些情况下将捕获由带内吸收诱发的受激载流子,对于探测是不利的。

为了利用子带内部跃迁探测红外辐射,半导体的体材料或量子阱材料的禁带能量必须比可探测到的辐射能量要大。与宽禁带量子阱材料不同的是,窄禁带半导体材料在生长和器件制造方面都比较困难。同时，窄禁带材料一般会呈现出较低的电性。例如，窄禁带材料的暗电流一般由于其内部载流子受到热激发而变得比较大。因此，广泛使用Ⅲ－Ⅴ族材料作为低维半导体结构。与 HgCdTe 相比，Ⅲ－Ⅴ族半导体材料生长技术容易，而且可控性很高。下面主要研究量子阱和量子点红外探测器。

与体材料半导体探测器的参数一样，量子阱探测器最直接的响应是电流响应度 R_i，定义为

$$R_i \equiv \frac{\lambda\eta}{hc}eg \tag{4-1}$$

其中：λ 是红外辐射的波长；h 为普朗克常量；c 为光速；e 为电子电荷；η 是量子效应，定义为每个入射的光子产生的电子空穴对的数量；g 是光电增益，其描述的是载流子的电子空穴对到达接触电极的速率，并且定义为光激发的电子的寿命（τ_L）与电子穿过电极所需的时间（τ_T）的比值。注意，R_i 具有 V^{-1} 量纲。

由于产生和复合过程的速率不同，电流噪声总是存在的，

$$I_n^2 = 2(G+R)A_e t\Delta f e^2 g^2 \tag{4-2}$$

其中，G 和 R 分别代表每单位体积热载流子的产生和复合速率，Δf 是频带宽度，t 是探测器的厚度，A_e 是面积。

根据式（4-1）和式（4-2），可以推导出描述探测器特性的主要参数——D^*，从 D^* 的定义可以得出：

$$D^* = \frac{R_i(A_o\Delta f)^{1/2}}{I_n} \tag{4-3}$$

其中，A_o 是装置的光学面积，即光敏面积。因此得到：

$$D^* = \frac{\lambda}{hc}\eta[2(R+G)t]^{-1/2}\left(\frac{A_o}{A_e}\right)^{1/2} \tag{4-4}$$

如果假定 $A_e/A_o=1$，辐射仅仅通过有源层一次，且反射率可以忽略不计，则量子效率和探测率可以分别写成：

$$\eta = 1-e^{-\alpha t} \tag{4-5}$$

$$D^* = \frac{\lambda}{hc}\eta[2(G+R)t]^{-1/2} \tag{4-6}$$

其中，α 是吸收系数。易有，当 $t=1.26/\alpha$ 时，D^* 达到最大值。因此，处于平衡状态，即热载流子产生、复合的速率相等（$G=R$），可得：

$$D^* = 0.31\frac{\lambda}{hc}\left(\frac{\alpha}{G}\right)^{1/2} \tag{4-7}$$

由于式（4-7）忽略了探测器后侧反射率的影响，故探测效率的实际值将比通过式（4-6）得到的值高：

$$D^* = 0.31\frac{\lambda}{hc}k\left(\frac{\alpha}{G}\right)^{1/2} \tag{4-8}$$

其中 $1<k<2$。

除了探测效率，噪声等效差异温度（NEDT）也是一个描述性能的重要标准。它代表产生电信号所需的温度差异等效于噪声电压的均方根，并且定义为

$$\mathrm{NEDT} = V_{\mathrm{N}} \frac{\frac{\partial T}{\partial Q}}{\frac{\partial V_{\mathrm{S}}}{\partial Q}} = V_{\mathrm{N}} \frac{\Delta T}{\Delta V_{\mathrm{S}}} \tag{4-9}$$

其中，V_{N}是均方根的噪声电压，V_{S}是由于温差 ΔT 引起的电压信号。

4.2　量子阱红外光电探测器的基本原理

第一个具有 GaAs/AlGaAs 量子阱结构的量子阱红外光电探测器是基于两个受限的导带能级之间的吸收跃迁。关于带内跃迁的详细数学描述，见本章 4.7 节。本节只介绍其工作过程。量子阱红外光电探测器的工作过程详见图 4-1，可以简述为：在子能带之间光子的吸收产生了光生电子，光生电子隧穿逃出量子阱进入势垒顶部后，变成连续态电子，在外部给定的电场的驱动下，在受激态能级下电子平均寿命的范围内，电子被传输一段特殊的距离 L（即在电子被重新捕获进入量子阱前的平均自由程），然后产生光电流。

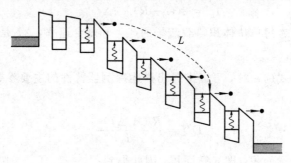

图 4-1　QWIP 中子带吸收产生光生载流子和光电流

值得注意的是，尽管光电流依赖所给定的偏置电压，但其既可以沿着量子阱平面流动也可以沿着其平面垂直方向流动。从探测角度出发，在相当大的程度上沿着量子阱平面传输的载流子有两个好处：一是对于在垂直方向上的基态和激发态载流子来说，流动性是比较高的，因此能够建立比较高的光响应；二是由于沿着这个方向不同的势垒限制了在量子阱中的掺杂区的基态载流子的流动，所以暗电流就非常低。

早期设计、研究的量子阱探测器有 49 个周期的 GaAs/Al$_{0.27}$Ga$_{0.73}$As 阱，阱宽 $L_{\mathrm{w}} = 7.6$ nm，势垒宽度 $L_{\mathrm{b}} = 8.8$ nm。为了避免界面的状态，在阱的中心进行 Si 掺杂，宽度为 5.6 nm（掺杂密度 $N_{\mathrm{D}} = 3 \times 10^{17}$ cm^{-3}）。同时，为了实现电流的注入（掺杂的密度为大约为 10^{18} cm^{-3}），顶部（0.5 μm 厚）和底部（1 μm 厚）接触层都掺杂。图 4-2 所示为量子阱探测器样品的几何结构。为了达到子带内部跃迁，要

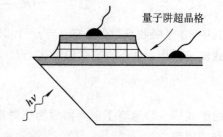

图 4-2　量子阱探测器样品的几何结构

求入射光必须具有垂直于量子阱的电场成分。因此，入射光应该从量子阱阱边进入量子阱平面。为了增加光的吸收效率，底面应该抛光成一个具有特殊角度（如 45°）的光楔。在这样的结构设计下，红外辐射能够有效地从后侧到达探测器。

图 4-3 说明了在前偏置电压下电导和电压的关系，其中温度 $T = 20$ K。电导显示了一

系列的 48 个负峰，当偏置电压从 0 开始增加时，第一个负峰出现在 $V_b = 0.35$ V 处，并且两个相邻峰的电压差值是接近相同的，大约是 85 ± 18 meV。这样的周期特性是由连续的共振隧穿决定的。

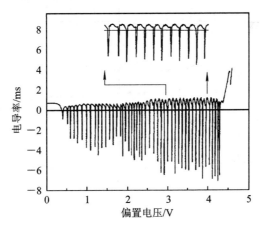

图 4-3　具有 49 个周期结构的 $GaAs/Al_{0.27}Ga_{0.73}As$ 量子阱探测器中电导与偏置电压的关系

理论上，由于在量子阱中电子气的二维性质，共振隧穿仅仅发生在不同的量子阱所对应的能级重合时（见图 4-4(a)）。当存在外加的电场时，不管怎样，这种情况一般是不能实现的。研究表明，一旦量子阱中存在声学声子散射和杂质散射，那么对能量以及动量守恒的需求就会减少。这种关系可以写成：

$$eV_P < \frac{\hbar}{\tau_1} \qquad\qquad (4-10)$$

其中：V_P 是两个相邻量子阱的位势差；τ_1 是基态的散射时间；$\hbar = \dfrac{h}{2\pi}$，h 是普朗克常数。此时共振隧穿仍然是可能的，并且电子通过基态共振隧穿经过每个量子阱，正如图 4-4(b) 所说明的。因此电导的实验值是有限的。

当电导的偏置电压 V_b 增加到 0.35 V 时，第一个负峰出现，这意味着共振隧穿条件被破坏。此时有：

$$eV_P = \frac{2\hbar}{\tau_1} \qquad\qquad (4-11)$$

如果假设每个周期的电压降落相同，且 $V_P = V_b/(N+1)$（其中 N 是超晶格周期数），因为 $V_b = 0.35$ V，$N = 49$，所以 $V_P = 7$ mV，就可以得到 $\tau_1 \sim 10^{-13}$ s。

当偏置电压进一步增加，$eV_P > 2h/\tau_1$ 时，通过基态的共振隧穿是不可能再发生的，而且会产生负微分电阻。在相当大的程度上，负微分电阻的增强会形成一个高场畴，同时共振隧穿的先决条件在每个周期中都被破坏。穿过了这个区域，电压增值会完全地下落。这样一个过程会持续直到下一个邻近阱的基态能级提高到非常接近这个区域的第一激发态能级时（见图 4-4(c)）。当该基态和第一激发态之间的电压间隔变得比 $2h/\tau_2$ 小时（其中 τ_2 是第一激发态的寿命），共振隧穿将再次出现。当偏置电压稳定地增加时，整个过程将重现，如图 4-4(d) 所示。由于屏蔽效应，以及在高的偏置电压下积累的空间电荷使相应的电子能带弯曲，高场畴不能随机地产生，但是首先会在阳极产生，然后当偏置电压增加时连续地到达阴极。当偏置电压足够高时，高场畴将覆盖整个超晶格，连续的共振隧穿达到它的极限。结果，对于具有 p 个周期的超晶格将有 $p-1$ 个负峰。理论上的结果和实验的观察结果完全吻合。

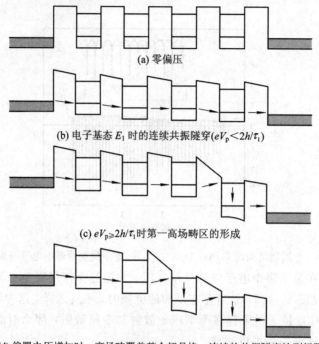

(a) 零偏压

(b) 电子基态 E_1 时的连续共振隧穿($eV_p < 2h/\tau_1$)

(c) $eV_p \geqslant 2h/\tau_1$ 时第一高场畴区的形成

(d) 偏置电压增加时，高场畴覆盖整个超晶格，连续的共振隧穿达到极限

图 4-4　每个周期晶格上电压的下降

基于以上讨论，可以推导出两个邻近的负电导峰之间的电压差值。由吸收测量决定的 $2h/\tau_1 = 7$ meV 和 $2h/\tau_2 = 11$ meV 得到：

$$\Delta V = E_2 - E_1 - 2\hbar/\tau_1 - 2\hbar/\tau_2 = 85 \pm 18 \text{ meV} \tag{4-12}$$

因此导出两次能带之间的能级间隔为 $E_2 - E_1 = 103 \pm 18$ meV。这个值非常接近理论分析的预测值。

如果偏置电压进一步增加，另一组负电导峰将会出现。对比第一组，该组是通过载流子连续地共振隧穿进入势垒顶部的连续态而被引出的。

对于这样一个探测器，在高场畴中的光生载流子只能隧穿逃出量子阱，并且通过有效输运逃逸（逃逸概率为 p_e）。因此，光电流由高场畴单独决定。

$$I_P = n_P ev \tag{4-13}$$

$$n_P = \left(\frac{\alpha P \cos\theta}{h\nu}\right) p_e \tau_L \tag{4-14}$$

其中，v 是超晶格方向上的载流子的传输速率，n_P 是光生载流子的数量密度，$P \cos\theta$ 是光功率以入射角 θ 作用在有源区域，τ_L 是逃逸的（热的）载流子的重新被捕获的寿命，$\tau_L = L/v$，并且 L 是热载流子的平均自由程。从这个关系式来看，R_i 的峰值是 R_P，可以推导出 g 为

$$R_P = \frac{\lambda \eta_a p_e}{hc} eg \tag{4-15}$$

$$g = \left(\frac{v\tau_{\mathrm{L}}}{l}\right) = \left(\frac{\tau_{\mathrm{L}}}{\tau_{\mathrm{T}}}\right) = \left(\frac{L}{l}\right) \tag{4-16}$$

值得注意的是,这里的 η 有两个含义:一个代表吸收影响率 η_{a},另一个是量子阱逃逸概率 p_{e}。

4.3　量子阱中态的改变

4.3.1　束缚态到束缚态跃迁(B-BQWIP)

第一个量子阱红外探测器是 N 型掺杂束缚态到束缚态跃迁的探测器,其量子结构如 4-1 所示。基态 E_0 是束缚态,位于阱内;第一激发态 E_1 也是束缚态。当有光激发时,基态 E_0 上的电子吸收光子能量后垂直跃迁到第一激发态 E_1,隧穿出量子阱,在外加偏置电压下形成光电流。这种探测器光谱响应线宽较窄,且需要较大的外加偏压。

Levine 等人在 1987 年测量了通过分子束外延技术生长的第一个束缚态−束缚态 QWIP。这个探测器的结构由 50 个周期的被夹在大量掺杂 n^+ 的 GaΛs 顶部和底部接触层之间的 6.5nmGaAs/9.5nmAl$_{0.25}$Ga$_{0.75}$As 量子阱或势垒构成。量子阱的掺杂浓度 $N_{\mathrm{D}} = 1.4 \times 10^{18}$ cm^{-3}。导带包含了两个束缚态。对于这样一个系统,束缚态−束缚态跃迁的概率较大。与此同时,在势垒顶部边缘从基态到连续态跃迁的概率非常低。图 4-5 显示了基态和激发态之间的吸收跃迁,其中曲线为实验结果,圆点表示光电流−光子能量的测量结果。

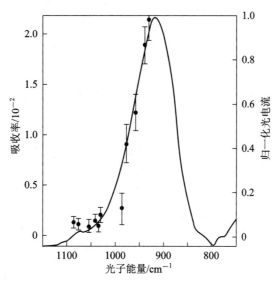

图 4-5　导带束缚态间的吸收输运

该吸收峰发生在 $\lambda_{\mathrm{p}} = 10.9 \ \mu\mathrm{m}$ 处,具有半高宽 $\Delta\nu = 97$ cm^{-1},对应激发态寿命 $\tau_2 = (\pi\Delta\nu)^{-1} = 1.1 \times 10^{-13}$ s。通过实验决定的探测器吸收系数 $\alpha = 600$ cm^{-1},其中 $R_{\mathrm{p}} = 0.52$ A/W,$L = 250$ nm,$p_{\mathrm{e}} = 60\%$。

这类束缚态−束缚态跃迁 QWIP 是最早被尝试去制作具有低维结构的半导体红外探测器。但它是具有缺陷的,比如暗电流大,探测率和量子效率都比较低等。

4.3.2 束缚态到连续态跃迁(B-CQWIP)

如前所述，对于由两个束缚能级组成的量子阱，束缚态到束缚态的跃迁概率比束缚态到连续态的跃迁概率要高得多。但是，通过减小量子阱的厚度可以把受激束缚态的强振子的强度提高到连续态振子的强度，导致了强的束缚态－连续态吸收。对应的导带结构如图4-6所示。

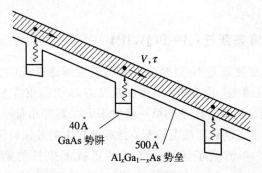

图 4-6　导带中束缚态－连续态量子阱结构中光子激发热电子输运过程

这种结构的主要优势是光生电子能够通过量子阱逃逸而不是隧穿通过能量势垒，因此，对于从量子阱有效地逃逸出去的光生电子，所要求的偏置电压显著地减小，同时也有效降低了暗电流。另外，在相当大的程度上，通过增加势垒的厚度使得基态顺序隧穿减少了许多数量级。研究者取得了束缚态－连续态 QWIP 性能上的显著提高，仅探测率就增加了几个数量级。下面定量研究 QWIP 各参数之间的关系。

偏压相关的暗电流可以表示为

$$\begin{cases} I_d(V) = n^*(V)ev(V)A \\ n^*(V) = \left(\dfrac{m^*}{\pi\hbar^2 L_p}\right)\displaystyle\int_{E_1}^{\infty} f(E)T(E,V)\mathrm{d}E \\ f(E) = \left[1 + \mathrm{e}^{(E-E_1-E_F)/k_B T}\right]^{-1} \end{cases} \quad (4-17)$$

其中：$n^*(V)$ 为受热激发逃出量子阱进入连续运输态的电子的有效密度；e 为电子的电荷；A 为探测器面积；v 为平均传输速率，可以表示为 $v = \mu F[1+(\mu F/v_s)^2]^{-1/2}$，这里 μ 为流动性，F 为平均电场，v_s 为饱和漂移速率；m^* 为电子有效质量；L_p 为超晶格的周期；$f(E)$ 为费米因子；E_1 为束缚的基态能级；E_F 为可测量的与 E_1 相关的二维费米能级；$T(E,V)$ 是对于单个势垒来说与偏压相关的隧穿电流传输因子。这个等式同时说明了超过能量势垒的热辐射($E > E_b$)和热辅助隧穿($E < E_b$)。

图 4-7 显示了对于 $\lambda_c = 8.4~\mu m$ 束缚态－连续态的 QWIP 来说在不同的温度下暗电流和偏置电压的函数关系，图中实线代表实验数据，而虚线是由式(4-18)导出的理论结果。

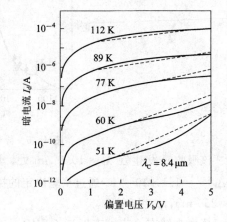

图 4-7　$\lambda_c = 8.4~\mu m$ 束缚态－连续态的 QWIP 不同温度下暗电流和偏置电压的关系

显然，实验和理论数据之间比较吻合。这说明通过势垒顶部的隧穿是暗电流产生的主要原因。

另外，暗电流噪声 I_N 在正负偏置电压下会显示不同的特性：在正的偏置电压下的暗电流要比在负的偏置电压下的暗电流高得多，并且在相当高的正偏压下由于雪崩增益过程暗电流还会有一个突然的增长。通过分析，I_n 可以表示为（Hasnain，et al，1990；Janousek et al，1990）

$$I_n \equiv \sqrt{I_n^2} = \sqrt{4eI_d g \Delta f} \tag{4-18}$$

其中，I_n^2 是噪声电流的平方，Δf 是带宽。从这个关系式可以推导出光学增益 g。

Levine 等人测量了如表 4-1 所列出的结构参数的束缚态－连续态和束缚态－束缚态的 QWIP 探测器的响应谱。样品 F 具有束缚态－准连续态的跃迁，也具有双势垒结构，双势垒的厚度和 Al 比值分别为 50/500Å 和 0.30/0.26。图 4-8 中给出了每个样品的响应度，其绝对幅值大小是通过测量光生电流 I_P 而确定的。可以看出，束缚态－束缚态 QWIP 探测器（虚线）的谱线宽度 $(\Delta\lambda/\lambda)_n=10\%\sim11\%$ 要比束缚态－连续态 QWIP 探测器（实线）的谱线宽度 $(\Delta\lambda/\lambda)_w=19\%\sim28\%$ 窄得多。

表 4-1　GaAs/Al$_x$Ga$_{1-x}$AsQWIP 探测器的结构参数

样品	L_w	L_b	x	N_D	掺杂类型	周期	子带
A	40	500	0.26	1	N	50	B-C
B	40	500	0.25	1.6	N	50	B-C
C	60	500	0.15	0.5	N	50	B-C
D	70	500	0.10	0.3	N	50	B-C
E	50	500	0.26	0.42	N	25	B-B
F	50	50/500	0.30/0.26	0.42	N	25	B-QC

注：x 是组分；L_w、L_b 分别是阱宽度和势垒厚度，单位为 Å，N_D 是掺杂密度，单位为 10^{18} cm^{-1}；B-C、B-B、B-QC 分别表示束缚态－连续态、束缚态－束缚态、束缚态－准连续态。

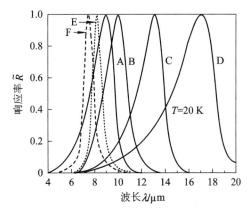

图 4-8　束缚态－连续态（实线）与束缚态－束缚态（虚线）QWIP 探测器的归一化响应率

按照 Zussman 等人(1991)的理论，光生电流 I_P 由式(4-19)中的几个式子决定：

$$\begin{cases} I_P = \int_{\lambda_1}^{\lambda_2} R(\lambda)P(\lambda)\mathrm{d}\lambda \\ P(\lambda) = W(\lambda)\sin^2\left(\dfrac{\Omega}{2}\right)AC_F\cos\theta \\ W(\lambda) = \left(\dfrac{2\pi c^2 h}{\lambda^5}\right)(\mathrm{e}^{hc/\lambda k_B T_B} - 1)^{-1} \end{cases} \quad (4-19)$$

其中：λ_1 和 λ_2 定义为响应的谱线范围；$R(\lambda) = R_P^0 \widetilde{R}(\lambda)$。这里 R_P^0 为峰值响应度，$\widetilde{R}(\lambda)$ 为归一化的谱线响应度；$P(\lambda)$ 是在波长 λ 附近每单位波长黑体辐射到探测器的入射功率，$W(\lambda)$ 为黑体的谱密度；A 为探测器的有源面积；Ω 为光场的立体角；θ 为入射角度；C_F 为总的耦合系数，$C_F = T_f(1-r)M$，这里 T_f 为过滤器和窗口的净传输系数，r 为探测器表面的反射率，M 为光束调制因子；T_B 为黑体温度。根据这个公式，通过测量黑体在温度 $T_B = 1000$ K 时的光生电流可以精确地计算出 R_P^0。

图 4-9 分别画出了束缚态-连续态和束缚态-束缚态 QWIP 探测器的偏置电压和响应度的关系曲线(图中的小图表示此时导带中的电子状态)。在图 4-9(a)中，对于束缚态-连续态的样品，在低偏压情况下响应度接近线性，而在高偏压的情况下响应度接近饱和。对于束缚态-准连续态的样品(样品 F)，如图 4-9(b)所显示，有相似的响应度-偏置电压关系曲线。同时，对于全束缚的样品(样品 E)，可以看出其响应度曲线的明显形状差异。响应度起始时不是随着偏置电压线性变化，而是在有限的偏压范围内接近于零，因为光生载流子需要电场辅助从量子阱中隧穿和逃逸出去。因为样品 E 在靠近量子阱的顶部有一个束缚的激发态，所以仅仅需要 1 V 的偏置电压就能使得光生载流子有效率地从量子阱中隧穿出去。

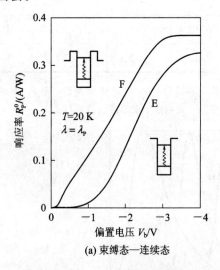

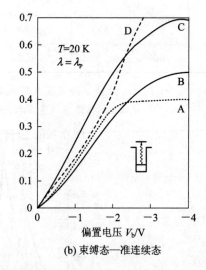

(a) 束缚态-连续态　　　　　　　　　(b) 束缚态-准连续态

图 4-9　$T=20$ K 偏置电压与峰值响应率 $R_P^0(\lambda=\lambda_P)$ 之间的关系

图 4-10 显示了表 4-1 中的样品 B 在 77 K 温度下，由实验测定的光学增益和热电子的平均自由程与偏置电压的关系曲线(空心圆表示正偏置电压，实心圆表示负的偏置电压，图中的小图表示此时导带中的电子状态)。

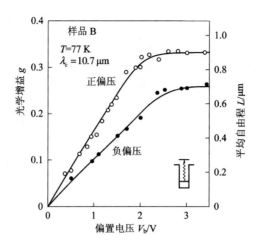

图 4-10　样品 B 在 77 K 温度下由实验测定的光学增益和热电子的平均自由程与偏置电压关系曲线

通过式(4-16)计算可以确定热电子的平均自由程 L，如图 4-10 右边标度所记录的。图中显示，在低偏压的情况下光学增益接近线性增加，而在高偏压区是饱和的。对于样品 B，当 $V \geqslant 2$ V 时，g 约为 0.3。值得注意的是，对比暗电流噪声，光学增益不会随着偏压信号的改变而明显变化，表明逃逸出量子阱进入连续态的电子的数量非常依赖偏压的方向。连续态依赖传输的光学增益对载流子的运动方向不敏感。对于所有三种不同类型的 QWIP 探测器来说，Levine 等人发现了光学增益是非常相似的。这意味着一旦载流子逃逸出量子阱进入连续态，其传输通常是相同的。

此外，因为这个样品中 $l = 2.7$ μm，L 大约是 1 μm。从式(4-13)和偏压相关的光学增益 g 可以得到总的量子效率 η。

图 4-11 显示了束缚态－连续态跃迁样品 A~D 的结果(图中的小图表示此时导带中的电子状态)，其中 η_0 和 η_{max} 分别代表的是零偏压的量子效率和最大量子效率。可以看到，在零偏压下量子效率不是零，而是在 3.2%~13% 范围内下降。伴随着偏压的增加，量子效率 η 起始时线性增加，而最后在 $\eta_{max} = 8\%~25\%$ 处饱和。

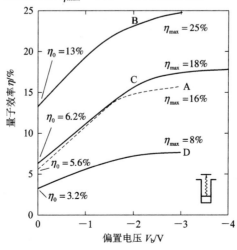

图 4-11　束缚态－连续态探测器的量子效率与偏压关系

束缚态－准连续态 QWIP 探测器有非常相似的零偏压的量子效率 η_0。但是束缚态－束缚态 QWIP 探测器显示了一个明显有区别的特性。它的零偏压量子效率比束缚态－连续态 QWIP 低一个数量级，因为束缚态光生电子需要电场辅助隧穿逃逸出量子阱。

所有三种类型 QWIP 探测器的 η-V_b 关系相似，即一旦光生电子逃逸出量子阱，热载流子的运动过程几乎是相同的。通过这个关系式 $\eta = \eta_{max} p_e$ 可以确定逃逸概率 p_e。对于所有三种类型的探测器，p_e 显示了相似的偏压相关。但是束缚态－准连续态探测器有一个明显区别的零偏值，因为在势垒顶部边缘附近的连续态上的电子逃逸时间要比在同样量子阱中电子被重新捕获的时间短。对于束缚态－束缚态探测器，零偏压逃逸时间要比其他 QWIP 长且超过一个数量级。

从探测率定义式(4-16)，可以求出峰值探测率 D_λ^*，表示为

$$D_\lambda^* = \frac{R_P \sqrt{A\Delta f}}{I_N} \tag{4-20}$$

其中，A 是探测器面积，$\Delta f = 1\ \text{Hz}$。

图 4-12 描画了 $\lambda_c = 10.7\ \mu m$ 的束缚态－连续态 QWIP 的温度与探测率的关系曲线图。从图中可以看出，随着温度的增加，探测率迅速减小。

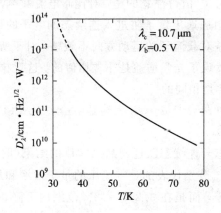

图 4-12 $\lambda_c = 10.7\ \mu m$，$V_b = 0.5\ V$ 的 QWIP 探测率与温度之间的关系

结合式(4-18)～式(4-20)，产生－复合极限探测率可以表示为

$$D_\lambda^* = \left(\frac{\eta_a p_e}{2h\nu}\right)\left(\frac{\tau_L}{n^* l}\right)^{1/2} \tag{4-21}$$

显而易见，为了获得高的探测率 η_a，p_e 和 τ_L 必须尽可能大，同时 n^* 应尽可能小。

对于高入射红外功率，由背景光子噪声决定的背景限红外性能的探测率 D_{BLIP}^* 为

$$D_{BLIP}^* = \frac{1}{2}\left(\frac{\eta}{h\nu I_B}\right)^{1/2} \tag{4-22}$$

因此，对于具有背景限红外性能探测，唯一重要的参数就是净量子效率 $\eta = \eta_a \eta_e$。

图 4-12 中给出了 QWIP 性能数字仿真的例子。取净量子效率 $\eta = 10\%$，同时 $T = 68\ K$，则可以得到背景限红外性能的探测率 $D_{BLIP}^* = 2.5 \times 10^{10}\ cm \cdot Hz^{1/2} \cdot W^{-1}$。如果光学照度通量降低一个数量级，那么 $D_{BLIP}^* = 7.9 \times 10^{10}\ cm \cdot Hz^{1/2} \cdot W^{-1}$。

此外，噪声等效温差可以通过式(4-9)导出：

$$\text{NEDT} = \frac{(A\Delta f)^{1/2}}{D_B^* (dP_B/dT)} \tag{4-23}$$

其中，D_B^* 是黑体探测率，可以定义为

$$D_B^* = \frac{R_B \sqrt{A\Delta f}}{I_n}, \quad R_B = \frac{\int_{\lambda_1}^{\lambda_2} R(\lambda) W(\lambda) \mathrm{d}\lambda}{\int_{\lambda_1}^{\lambda_2} w(\lambda) \mathrm{d}\lambda} \tag{4-24}$$

通常，仅改变一个相对小的量就可以使 R_B 值从峰值 R_P 减小。$\mathrm{d}P_B/\mathrm{d}T$ 是在探测器的谱线范围内入射整个黑体的功率随温度的变化量。根据式(4-20)，通过设定 $C_F = 1$，可以得到一个近似值：

$$\frac{\mathrm{d}P_B}{\mathrm{d}T} = \left(\frac{P_B}{T_B}\right)\left(\frac{h\nu}{k_B T_B}\right) \tag{4-25}$$

结合式(4-23)~式(4-25)，有

$$\mathrm{NEDT} = \left(\frac{I_n}{I_P}\right)\left(\frac{k_B T_B}{h\nu}\right) T_B \tag{4-26}$$

可以看出，NEDT 与噪声电流 I_n 和光生电流 I_P 的比值成正比。

4.3.3　束缚态到准束缚态跃迁(B-DBQWIP)

探测率提高的关键是降低暗电流。经研究发现，当温度处在 45 K 以上时，暗电流主要是由基态电子热激发到连续态所形成的。减小暗电流是 QWIP 商业上成功的关键，这样就能够允许探测器在高温环境下工作。因此，1995 年加州理工学院的 GunaPala 等科学家通过改变阱宽、垒宽和势垒的高度，设计了基态为束缚态，第一激发态正好置于阱顶为准束缚态的量子阱结构，如图 4-13 所示。

图 4-13　束缚态到准束缚态跃迁

在 B-CQWIP 中，对热激发而言，势垒的高度比光电离能低 10~15 meV，而在 B-DBQWIP 中，势垒高度与光电离能的高度相同。这样，如果升高工作温度，暗电流也会显著降低。后者超过前者的最重要优势就是在后者情况下热电子发射的能量势垒和光离化能量势垒相等，暗电流降低一个数量级，探测率 D^* 得到很大的提高。此外，当第一激发态位于量子阱势垒顶时，子带间吸收经历了一个共振，因此后者的光吸收要比 B-CQWIP 明显高。

4.4　超晶格量子阱红外探测器

Kastalsky 等人(1988)以及 Byungsung 等人(1990)完成了关于微带超晶格量子阱红外探测器的试验性工作，同时他们也应用了具有两个束缚态的量子阱结构。为了提高微带超晶格 QWIP 的性能，Gunapala 等人在 1991 年提出了一个束缚态-连续态微带探测器结构。理论上，光学吸收以及电子传输的物理过程可以用 Kronig-Penney 模型来描述。允许微带和微带禁带的波函数 $E(k)$ 满足薛定谔方程，可以表示为

$$\begin{cases} \psi_1(z) = a_n \mathrm{e}^{k_1(z-n\Lambda)} + b_n \mathrm{e}^{-k_1(z-n\Lambda)} \\ \psi_2(z) = a_n' \mathrm{e}^{-ik_2(z-n\Lambda)} + b_n' \mathrm{e}^{ik_2(z-n\Lambda)} \end{cases} \tag{4-27}$$

其中，$k_1 = \sqrt{2m_1^*(V-E_z)}/\hbar$，$k_2 = \sqrt{2m_2^* E_z}/\hbar$，$\Lambda$ 是超晶格周期，n 代表第 n 个 QW，下标 1 和 2 分别代表势垒层和阱层。m_1^*、m_2^* 是 z 方向的有效质量，V 是势垒高度，E_z 是动能 z 方向的分量。满足下列条件：

(1) 边界条件 ψ 和 $(1/m^*)\mathrm{d}\psi/\mathrm{d}z$ 必须分别在 $z = n\Lambda$ 和 $z = n\Lambda + L_\mathrm{b}$ 处连续；

(2) 布洛赫函数的周期特性；

(3) 归一化条件。

这些条件是为了计算出波带色散 $E_z(k)$、z 方向的群速度 $v_\mathrm{g} = (1/\hbar)\mathrm{d}E_z/\mathrm{d}k$ 以及高于势垒从第一束缚微带到第二连续微带的光吸收概率。为了使超晶格态分析比较可靠，就要做一项必要的改善，即把势垒层和阱层的层厚微扰考虑进来。势垒层或阱层的层厚微扰可以用高斯函数描述为

$$G(E) = \frac{1}{\sqrt{2\pi\Delta E^2}} \mathrm{e}^{-(E-E_0)^2/2\Delta E^2} \tag{4-28}$$

其中单层微扰对应于能量宽度 $\Delta E = 10$ meV。

图 4-14 显示了势垒厚度分别为 30、45Å 的两个微带超晶格 QWIP 的归一化吸收系数谱与室温关系，其中实线为实验数据，虚线为理论计算值。入射光与样品之间的关系如图 4-2 所示，使用了一个 45° 的光楔，其原因将在 4.7 节中解释。

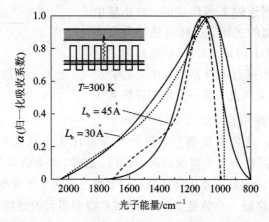

图 4-14　势垒厚度分别为 30Å、45Å 的两个微带超晶格 QWIP 的归一化吸收系数谱与室温关系

图 4-14 中实验所使用的样品通过分子束外延技术制备。一个样品由 40Å 厚、掺杂浓度为 $n = 1 \times 10^{18}$ cm 的 GaAs 量子阱层和 30Å 无掺杂 $\mathrm{Al}_{0.28}\mathrm{Ga}_{0.72}\mathrm{As}$ 势垒层组成。顶部和底部接触 GaAs 层掺杂的厚度分别为 0.5 μm 和 1 μm。另一样品有相似结构，但其势垒厚度 $L_\mathrm{b} = 45$Å。

从图 4-14 可以看出峰值吸收系数的光子能量位置与势垒的厚度无关，而是主要由阱的厚度决定，其中 λ_P 大约是 9 μm。另外，最低态和第一受激微带的宽度明显取决于势垒的厚度。通过理论计算，有 $L_\mathrm{b} = 30$Å，$\Delta E_\mathrm{I} = 41$ meV，$\Delta E_\mathrm{II} = 210$ meV，$L_\mathrm{b} = 45$Å，$\Delta E_\mathrm{I} = 17$ meV，$\Delta E_\mathrm{II} = 128$ meV。吸收谱线的带宽 $\Delta\nu$ 亦取决于势垒厚度：对于 $L_\mathrm{b} = 30$Å，$\Delta v = 530$ cm^{-1}，$L_\mathrm{b} = 45$Å，$\Delta\nu = 300$ cm^{-1}。

考察绝对吸收系数峰值(对于 $L_\mathrm{b} = 30$Å，$\alpha = 3100$ cm^{-1}，$L_\mathrm{b} = 45$Å，$\alpha = 1800$ cm^{-1})，则在这些微带结构中可以看出，较窄的势垒对应于较强的整体吸收。而且，先前提到的理论

模型包含了这些微带结构的所有光电子过程的主要物理机制，并且预示了峰值位置、线宽以及吸收系数谱总形状与实验测量值吻合较好。

图 4-15 说明了两个样品的实验的响应度，并且已经校正了反射系数的损耗，其中实践为实验结果，虚线为理论计算结果。测量是在温度为 20 K 且具有 45°抛光的入射表面的情况下进行的。值得注意的是，在 $T \leqslant 77$ K 的范围内响应度一般是不依赖温度的。

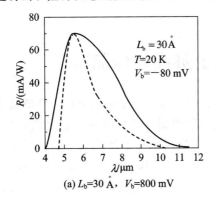
(a) $L_b=30$ Å，$V_b=800$ mV

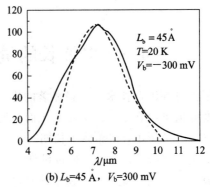
(b) $L_b=45$ Å，$V_b=300$ mV

图 4-15　$T=20$ K 时响应度

这里响应度的峰值比 Byungsung 等人(Byungsung，et al，1990)早前的结果要高 1～2 个数量级。尽管吸收谱峰值的位置几乎不依赖于势垒厚度，但是对于 $L_b=30$Å 和 $L_b=45$Å 的样品来说，响应度峰值分别发生在 $\lambda=5.4$ 和 $\lambda=7.3$ μm 处。当取 $\eta=(1-e^{-2\alpha l})/2$、$\tau_L$ 作为唯一的拟合参数时，式(4-1)和式(4-16)计算的虚线与图 4-15 中的较符合。

显然，计算的峰值位置符合实验结果。拟合过程得出 $\tau=5$ ps，非常接近测量值 $\tau=4$ ps。这说明，在响应度曲线中谱线的峰值不能和吸收峰值准确地同时发生，是由于群速度 v_g 靠近能带的中心附近达到峰值而在能带的边缘逐渐消散，而吸收曲线则在接近能带的低能量边缘取得峰值。

暗电流指示要在具有不同势垒宽度的两个 200 μm 直径探测器上测量，而不同势垒宽度说明了窄势垒探测器明显地有较高的暗电流。这是因为窄的势垒对应较宽的微带，并且因此也对应较强的传导性。另外，在 77 K 和 4 K 的不同温度下测量显示，较高的温度会导致较大的暗电流，因为在不同的温度下粒子活跃程度和原因不同：在 77 K 温度下，暗电流主要来自于从势垒顶部下面的第一微带到势垒上面的第二微带的热电子辐射的产生，而在 4 K 温度下暗电流主要是在第一微带传导。

Gunapala 等人也测量了响应度随着偏置电压的变化。对于 $L_b=45$Å 的微带探测器，在 $V_b=0$ 时响应度等于零并且随着正的或负的偏压单调增加。同样的特性也存在于较宽势垒($L_b=300\sim500$Å)的多量子阱探测器中。与之完全不同的是，$L_b=30$Å 的探测器有零偏响应，如图 4-16 所示。响应度随着负偏压在 $V_b=0\sim-100$ mV 期间缓慢增加，但加正偏压时，响应度随着正偏压的增加而迅速减小，在 $V_b=+110$ mV 附近逐渐消失。

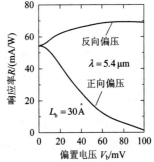

图 4-16　$\lambda=5.4$ μm、$T=20$ K 时 $L_b=30$Å 响应度与正、负偏压的关系

从响应度和暗电流可以看出，峰值探测率 D_λ^* 能够通过使用公式（4-20）计算出。对于 $L_b=30\text{Å}$ 的结构，在 $V_b=-80$ mV，结果是 T 分别为 77 K 和 4 K 时，D_λ^* 分别为 2.5×10^9 cm·$\text{Hz}^{1/2}$·W^{-1} 和 5.4×10^{11} cm·$\text{Hz}^{1/2}$·W^{-1}。对于 $L_b=45\text{Å}$，在 $V_b=-300$ mV，结果是 T 分别为 77 K 和 4 K 时，D_λ^* 分别为 2.0×10^9 cm·$\text{Hz}^{1/2}$·W^{-1} 和 2.0×10^{10} cm·$\text{Hz}^{1/2}$·W^{-1}。这些值要比以前由 Byungsung 等人在 1990 年报道的束缚态-束缚态微带结果高好几个数量级。

4.5　多波长的量子阱红外探测器

量子阱红外探测器技术一个最显著的优点是通过控制量子阱的宽度、势垒成分以及结构，响应度峰值可以在 $2\sim20$ μm 变化而且同时能够保持外延层和底层之间的晶格匹配。因此正如图 4-17 所示，在晶体生长期间，有可能通过单片地堆积数个晶格匹配的 QWIP 来实现想要的多谱线响应。可以通过设计多层 QWIP 堆积导致同时增加所有光电流从而获得一个非常宽的谱线带宽，或者独立地测量每一个谱线的成分，使它的应用能够成为分光计或多波长成像仪。

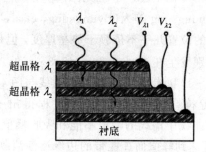

图 4-17　双色-三电极集成量子阱探测器

Köck 等人首次证明了具有如图 4-17 所示通过堆积两级多层 QW 的结构的双色 QWIP。QWIP 的一级具有 50Å 厚的 GaAs 阱和 $\text{Al}_{0.34}\text{Ga}_{0.66}\text{As}$ 势垒层结构，其中它的峰值响应度在 $\lambda_P=7.4$ μm 处。另一级具有 80Å 厚的 GaAs 阱和 $\text{Al}_{0.29}\text{Ga}_{0.71}\text{As}$ 势垒层结构，其中它的峰值响应度在 $\lambda_P=11.1$ μm 处。这个 QWIP 被中间的掺杂浓度很高的接触层隔开，因此通过适当地调节这个三端探测器的偏压可以选择 80Å 或 50Å 厚阱的光响应。这种 QWIP 呈现出在 $T=77$ K 下极高的探测率，即对于较短的波长 $D^*=5.5\times10^{10}$ cm·$\text{Hz}^{1/2}$·W^{-1} 以及对于较长的波长 $D^*=3.88\times10^{10}$ cm·$\text{Hz}^{1/2}$·W^{-1}。

Kheng 等人使用了另一种方法去制作演示工作在中波段（$\lambda=3\sim5$ μm）以及长波段（$\lambda=8\sim10$ μm）谱线区域的 QWIP。他们使用了 $L_w=95\text{Å}$ 的宽阱，包含两个束缚能级，掺杂浓度达到 $N_D=6.8\times10^{18}$ cm^{-3}，使得费米能级是在第二束缚态之上。由于高的掺杂浓度，E_1 到 E_2 束缚态-束缚态子带内部吸收（$\lambda\approx10$ μm）和束缚态-连续态吸收（$\lambda\approx4$ μm）都可以被观察到。由于光生电子必须从 E_2 束缚能级隧穿出去，因此这两个能带的相对强度能够随着偏置电压变化超过两个数量级。

目标识别是这些探测器的一个典型应用。每个物体都有属于自己独特的红外辐射特性模型。这种模型由不同波长下的不同强度构成，因此多光谱红外成像是唯一可以区分来自特定物体、背景红外特性的方法。如图 4-18 所示，飞机的红外辐射和天空的红外辐射在波长为 8 μm 的情况下是相同的，但在波长为 10 μm 的情况下有明显的差别，用一个 10 μm 的单波长探测器就能很好地区分。然而这种特定波长随着物体、环境的不同而不同，所以需要多波长的探测器。

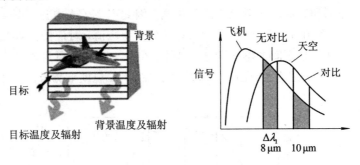

图 4-18　多波段 QWIP 应用：目标识别

4.6　量子点(Quantum Dot)红外探测器

前面讨论的 QWIP 依赖单极的子带内部吸收跃迁。在量子点中，在同样的能带中也存在着子带内部跃迁，并且具有这些类型跃迁的量子点探测器预计在中远红外谱线区域发挥重要的作用。对比 QWIP，由于其较低的电子-声子散射速率，量子点探测器有较长的子带内部弛豫时间的优点。另外，量子点探测器也对垂直入射的光子敏感，因为在量子点中子带内部跃迁不受偏振选择规则限制。对于 QD 探测有两种类型的工作模式，即纵向光电流模式和横向光电流模式。

首先研究纵向的 QD 探测器。与 QWIP 相似，使用 n—i—n 结构来制造 QD 探测器。图 4-19 所示为 20 世纪 90 年代末研究的 In(Ga)As/GaAs 量子点探测器结构。有源的区域包括三个 In(Ga)As 量子点层，它们生长在 GaAs 渗透层(被称为浸润层)，其厚度达到分子尺寸，以保持其量子点特性。使用原子力显微镜可以观察到量子点密度大约是 1.2×10^{10} cm^{-2}。为了避免不同层的量子点之间的耦合，在 GaAs 层之间的隔离层要有一定厚度(40 nm)。其生长温度是 530℃。

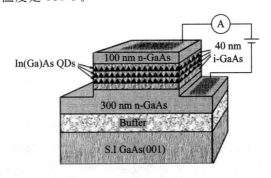

图 4-19　QD 探测器结构

量子点是 Si 掺杂，其中标称掺杂浓度为 7.2×10^{10} cm^{-2}。为了能够使电子从掺杂层到量子点进行有效的转移，掺杂层位于对应的量子点层下 2 nm 处。每个量子点约束缚 6 个电子。有源区域夹在两个 N 型掺杂接触层之间。通过使用光刻法和剥离技术制作这些结构，如图 4-19 所示。为了实现垂直入射的光电流的测量，在顶部接触层制作 $400 \times 400 \ \mu m^2$ 的光学窗口。由于偏置电压加在沿着样品生长的方向，故称垂直光电流。

图 4-20 所示为量子点探测器导带结构。显然，如果加上一个垂直的偏置电压，激发的电子就能够在顶部和底部的接触电极之间传输，因此产生了光电流。图 4-21 示出了典型的光致发光谱，表明在 1.08 eV 和 1.14 eV 处分别为峰值，对应的是在量子点中具有相同主量子数的导带和价带之间的电子跃迁。另外，在 1.43 eV 处也可以观察到一个微弱的峰，这与二维 GaAs 浸润层有关。图 4-22 描述了在 10 K 温度下测量的导带子带内部的光电流谱。

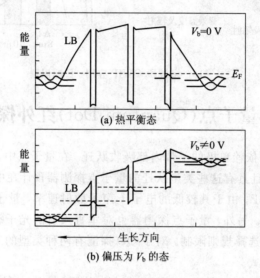

图 4-20　量子点探测器导带结构

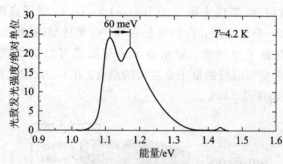

图 4-21　In(Ga)As/InGaAs 量子点探测器光致发光谱

从图 4-22(a)可见，对于垂直入射，光电流明显有两个峰值，一个在 240 meV 处，一个在 280 meV 处，这是由于导带子带内部跃迁所导致的。这表明对于量子阱成立的偏振选择规则，对于具有三维限制的量子点系统不再适用。掺杂的浓度确保量子点中的第一激发能级部分被填充满，且两个峰值被认为是基态到连续态和第一激发态到连续态的跃迁所致。这个 40 meV 的能量间隔接近于量子点导带中基态能级和第一激发态能级之间的能级分裂。零偏以下也可以产生光电流，之后光电流随着偏置电压增加而增加。这是由于掺杂位置的不对称所致。

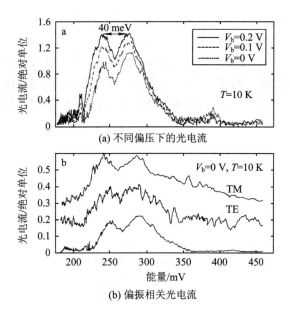

(a) 不同偏压下的光电流

(b) 偏振相关光电流

图 4 - 22　In(Ga)As/InGaAs 量子点探测器垂直入射光电流谱

图 4 - 22(b)表示的是多程波导的量子点探测器的偏振相关测量。把样品的一侧面抛光成 45°角以便接收入射光。在图中标明的 TE 波偏振模式平行于 QD 层,而 TM 波包含一个垂直于 QD 层的分量。关于这一问题本章 4.7 节还要详细讨论。很明显,这两个偏振模式对应的是几乎相同的光电流,表明了量子点的导带中束缚态－连续态跃迁基本上是偏振不相关的。注意,不管怎样,在量子点中的束缚态－束缚态子带内部跃迁依赖束缚态的对称,因此可能表现出一些偏振相关的现象。

与 HgCdTe 探测体系相比,量子阱红外探测器也存在着两大先天不足:① 由于是子带间的跃迁,跃迁概率的问题造成器件的探测率不高。虽然有报道 GaAs/AlGaAs 在 77 K 的探测率已经与 HgCdTe 相近,但如何进一步提高探测还需要进一步努力。② 工作温度相对较低。目前虽然报道的大多数 QWIP 能在液氮工作区 77 K 的环境下工作,但要想获取更高的探测率,必须要将器件的温度降低到 50 K 左右甚至更低。

4.7　量子阱探测器的光耦合

4.7.1　耦合的原因

导带内不同子带间的跃迁,是 1985 年魏斯特(L.C.West)等人在近布儒斯特角斜入射情况下,首次在 AlGaAs/GaAs 量子阱材料吸收谱中观察到的。人们正是利用这一效应制备出量子阱红外探测器。

为了说明量子阱探测器需要光耦合的原因,要先分析半导体材料中的带内跃迁。

1. 子能带

首先说明子能带产生的原因和定量描述。以 GaAs 为例,最靠近导带的是价带,相应的能量比例为 E_n/E_g,$E_n(n = 1, 2, \cdots)$ 是导带量子阱内束缚态能量本征值,E_g 为禁带,其参考点选为阱的导带带边。对于普通量子阱而言，能量比例 E_n/E_g 很小，因此偏振选择原则很精确，实验中测量得到的最大偏差不过 10%。

GaAs/AlGaAs 量子阱的能带简图如图 4-23 所示，其中 CB 表示导带，VB 表示价带，SO 表示自旋轨道劈裂能带，禁带 E_g 约为导带偏移量 ΔE_c 的 10 倍。图中用箭头表示了导带内的光学带内跃迁。图中的垂直方向能量、能级之间的尺度按实际能量比例画出。

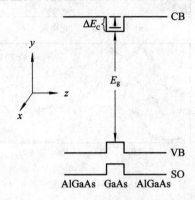

图 4-23　GaAs/AlGaAs 量子阱的能带

由图 4-23 可以看出，价带、自旋轨道劈裂能带的能级都远离带内跃迁的能级和能量范围。因此，可以预计，价带和自旋轨道能带在带内跃迁过程中的参与程度和影响都比较小。所以偏振选择原则在此也体现得比较精确。

在某一种能带（如导带）内，利用有效质量近似原则，图 4-23 中导带的电子的波动方程可以写成：

$$-\nabla\frac{\hbar^2}{2m}\nabla\psi + V\psi = E\psi \tag{4-29}$$

式中，m 是电子有效质量，V 是势能。取量子阱方向为 z 轴方向，m 和 V 仅取决于 z 且波函数可以分解成在 $x-y$ 平面内的横向部分 ψ_{xy} 和 z 方向上的 ψ_z。横向部分就是具有动能 $E_{||}$ 的平面波，ψ_z 是

$$-\frac{\mathrm{d}}{\mathrm{d}z}\frac{\hbar^2}{2m}\frac{\mathrm{d}}{\mathrm{d}z}\psi_z + V\psi_z = E_\perp\psi_z \tag{4-30}$$

的解，故有 $E = E_{||} + E_\perp$。考虑到对于不同的势垒和阱材料，$m = m(z)$ 不同，所以 $\mathrm{d}/\mathrm{d}z$ 不能用 $1/m$ 代替，且式（4-30）要求 ψ_z 和 $(1/m)\mathrm{d}\psi_z/\mathrm{d}z$ 在不同材料的界面处保持连续。

现在研究无限方势阱中的离子运动情况。设 L_w 是阱宽，则 $0 \leqslant z \leqslant L_w$ 时 $V=0$，$z<0$、$z>L_w$ 时 $V=\infty$，则本征波函数和本征能量有平凡解，即

$$\psi_n(\boldsymbol{k}_{xy}) = \sqrt{\frac{2}{L_wA}}\sin\left(\frac{\pi nz}{L_w}\right)\exp(\mathrm{i}\boldsymbol{k}_{xy}\cdot x) \tag{4-31}$$

$$E_n(\boldsymbol{k}_{xy}) = \frac{\hbar^2}{2m}\left(\frac{\pi^2 n^2}{L_w^2} + \boldsymbol{k}_{xy}^2\right) \tag{4-32}$$

式中，A 是 $x-y$ 平面的归一化面积，n 是正整数，$\boldsymbol{k}_{xy}$ 是 $x-y$ 平面波矢量，m 是阱内电子有效质量。公式（4-32）说明，量子阱内的能量是分级的，当 $n=1、2、3\cdots$ 时，出现许多"子带"能级。而对于某一给定的量子态，会有许多电子处于不同的动量状态。

2. 带内跃迁及跃迁矩阵元

半导体的光跃迁可以分成带间跃迁与带内跃迁两种。带间跃迁就是指导带和价带之间

的激发跃迁。这种跃迁涉及两种载流子，一种是电子，一种是空穴，因此是一种偶极跃迁或称极性跃迁。跃迁能量为

$$E_{inter} = E_g + E_{c;nc} + E_{v;nv} - E_{ex} \tag{4-33}$$

式中，$E_{c;nc}$、$E_{v;nv}$ 分别是导带、价带中电子和空穴的能量，E_{ex} 是载流子外部结合能量。

带内跃迁就是导带内或价带内部发生的粒子跃迁行为，只涉及一种载流子，即电子或者是空穴，因此是一种非极性跃迁或称单极性跃迁。还有一种单极性跃迁的例子就是激光光子的产生，即介质吸收光子并产生新的光子，也是只有一种中性粒子的光子参与跃迁。

在均匀量子阱结构中，不论是带内跃迁还是带间跃迁，都可用有效质量理论描述。在电偶极近似中，光学跃迁矩阵元可以表述为

$$p_{ij}\langle \Psi_j \mid \boldsymbol{\varepsilon} \cdot \boldsymbol{p} \mid \Psi_i \rangle \tag{4-34}$$

式中，$\boldsymbol{\varepsilon}$ 是光场偏振矢量，$\boldsymbol{p}$ 是动量矩算符，Ψ_j、Ψ_i 是初态、末态的波函数。波函数可以表示成带边函数 $u_i(\boldsymbol{r})$ 与慢变空间函数 $F_i(\boldsymbol{r})$ 之积的形式：

$$\Psi_i = u_i(\boldsymbol{r}) \cdot F_i(\boldsymbol{r}) = u_i(\boldsymbol{r}) \cdot e^{(i\boldsymbol{k}_{//} \cdot \boldsymbol{r}_{//})} \cdot \phi_i(z) \tag{4-35}$$

式中，$u_t(\boldsymbol{r})$ 是带边的布洛赫函数，$\boldsymbol{k}_{//}$ 是量子阱界面处的波矢量，$\phi_i(z)$ 是阱内 z 方向上第 i 子带波函数包络。于是跃迁矩阵元可写成：

$$p_{ij} = \boldsymbol{\varepsilon} \cdot \langle u_j \mid \boldsymbol{p} \mid u_i \rangle \cdot \langle F_i \mid F_j \rangle + \langle u_j \mid u_i \rangle \cdot \langle F_j \mid \boldsymbol{\varepsilon} \cdot \boldsymbol{p} \mid F_i \rangle \tag{4-36}$$

上式等号右边第一项为带间跃迁矩阵元，第二项表示的是带内跃迁。

需要指出的是，带内跃迁是在带边的不同布洛赫态间发生的，而带内跃迁则是在某一布洛赫态下不同包络函数间发生的。

对于带内跃迁，表示初态和末态的布洛赫态的参数状态是一致的。又由于 $\langle u_j \mid u \rangle = \delta_{ij}$，所以跃迁矩阵元可以写成：

$$\begin{cases} \langle F_j \mid \boldsymbol{\varepsilon} \cdot \boldsymbol{p} \mid F_i \rangle = \dfrac{i\sqrt{2(E_j - E_i)m_0}}{e\hbar}\mu_{ij} \\ \mu_{ij} = e\langle \phi_j(z) \mid z \mid \phi_i(z) \rangle \cdot \boldsymbol{\varepsilon} \cdot \boldsymbol{z} \end{cases} \tag{4-37}$$

式中，μ_{ij} 是带内跃迁电偶极子偶合元，$\hat{z}$ 是 z 方向的单位矢量，e 是电子电荷，E_i、E_j 是初态、末态的本征能量，m_0 是自由电子质量。可以看出 μ_{ij} 是与初态、末态偏振矢量 $\boldsymbol{\varepsilon}$ 有关的量，因为 z 是奇函数，所以在对称均匀量子阱中带内跃迁只能发生在不同奇偶性的两个包络波函数之间。而在非对称量子阱中，如耦合量子阱、阶梯量子阱或直流偏转量子阱中，原则上任意两态之间都可以发生跃迁。

3. 偏振选择及光耦合

对于具有无限高势垒的量子阱，设 i 与 j 态是具有不同奇偶性的包络波函数的两个状态，则两个态之间的跃迁矩阵元为

$$\mu_{ij} = \frac{8e}{\pi^2} \cdot \frac{i \cdot j}{(j^2 - i^2)^2} \cdot L_w \cdot \sin\theta \tag{4-38}$$

式中，L_w 是阱宽，θ 是光场入射角度。

显然，式(4-38)中，如果 $\theta = 0$，入射光垂直入射探测器材料样品表面，即等同于光的偏振方向垂直于阱的生长方向，如图 4-24 所示，则带内跃迁的矩阵元为 0。这就是所谓的偏振选择规则。如图 4-24 所示，光垂直入射在量子阱探测器表面，将不能引起带内跃迁。

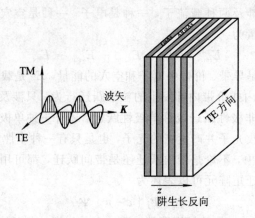

图 4-24　光垂直入射探测器

如果要引起量子阱的带内跃迁,就得使用如图 4-25 所示的耦合几何构型将入射光入射方向调整至与量子阱的生长方向成 45°角。

图 4-25 中的耦合结构可以使 TE 分量平行于量子阱平面,而 TM 产生一个垂直于量子阱平面的分量 TM′,正是这个分量使得阱内电子产生带内跃迁,如图 4-26 所示。

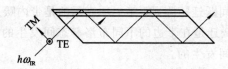

图 4-25　具有 45°波导结构的量子阱耦合几何构型

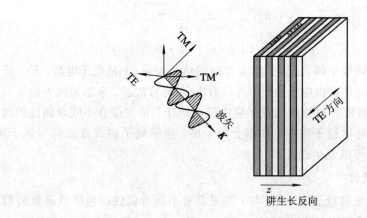

图 4-26　TM 产生一个垂直于量子阱平面的分量 TM′

当 $\theta=90°$ 时,由式(4-38)可知,μ_{ij} 有最大值。此时,可得出带内跃迁矩阵元为

$$\mu_{12} = \frac{16}{9\pi^2} \cdot e \cdot L_{\mathrm{w}} \approx 0.18 eL_{\mathrm{w}} \qquad (4-39)$$

由此计算出无限深量子阱的振子强度为

$$f_{12} = |\,p_{12}\,|^2 = \frac{2m_0(E_2 - E_1)}{e^2 \hbar^2} \cdot \mu_{12}^2 = 0.96 \cdot \frac{m_0}{m^*} \qquad (4-40)$$

显然振子强度与跃迁能量无关而与载流子电子的有效质量成反比，则以与阱生长轴 z 成 θ 角度传播、在 $x-y$ 平面内偏振的入射光的吸收概率为

$$\eta = \frac{e^2 h}{4\varepsilon_0 n_r mc} \frac{\sin^2\theta}{\cos\theta} n_{2D} f_{12} \frac{1}{\pi} \frac{\Delta E}{(E_{i,j} - \hbar\omega)^2} \tag{4-41}$$

式中：ε_0 是真空介电常数；n_r 是折射率；c 是光速；$n_{2D} = \left(\dfrac{m}{\pi\hbar^2}\right)^2 E_f$，其中 m 是电子质量，E_f 是费米能级。

同样可以分析量子点和量子线中的情况，量子线中偏振方向与量子线方向同向的情况下不会发生带间的光学跃迁。而量子点中则无方向要求。

能使两个子能带间产生光学跃迁的入射光的偏振方向，也取决于相关波函数的空间对称性。因此，通过分析对称性，就可以预计子带间跃迁的偶极偏振特性。值得注意的是，如前所述，对于垂直入射，量子阱中不能产生子带吸收，但在量子点和量子线中却可以做到。这就意味着利用量子点和量子线技术可以制作能够接受垂直照射的红外探测器。

4.7.2　耦合的方式

比较成熟的光耦合方式有 45° 磨角耦合，一维、二维周期光栅耦合，无序光栅耦合，波纹耦合等。

1. 45°磨角耦合

45° 磨角耦合也称边耦合，这样的器件量子效率与光敏元的大小及探测波长无关，并且容易获得衡量器件性能好坏的参数（响应率、探测率及量子效率等），因此当比较光耦合模式的性能时，45° 磨角耦合常被作为比较的"标准"。45° 磨角耦合探测器的结构如图 4-27 所示。

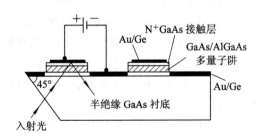

图 4-27　45°磨角耦合探测器结构示意图

用分子外延技术在 GaAs 绝缘衬底上依次生长 N^+GaAs 底接触层、AlGaAs/GaAs 多量子阱层及 N^+GaAs 顶接触层，然后顶层覆盖 Au/Ge/Ni，形成欧姆接触，在衬底一侧抛光，形成与阱层成 45° 夹角的小斜面，辐射光线垂直于抛光面入射，经过 GaAs 衬底进入量子阱区，与垂直衬底平面入射的情况相比耦合效率提高很多。

当然 45° 磨角耦合也有局限性：一是相比其他的耦合模式，如周期光栅，它的量子耦合效率较低；二是它只适用于单元器件或线阵列，对二维焦平面阵列就无法用它实现。这也促使了其他光耦合模式的发展，比较常见的就是光栅耦合。

2. 周期光栅耦合

周期光栅耦合分成一维和二维等多种形式，这里以波导二维光栅耦合为例作一介绍。二维光栅耦合器件的制备与磨角耦合器件相似，但为了形成波导，在衬底和底部接触层之间生长 AlGaAs 覆盖层，利用光刻技术在顶层刻蚀所需的二维光栅，光栅剖面图和三维图分别如图 4-28(a)、(b)所示。这样光栅、量子阱以及 AlGaAs 覆盖层限制了波导，光耦合效率有很大提高。

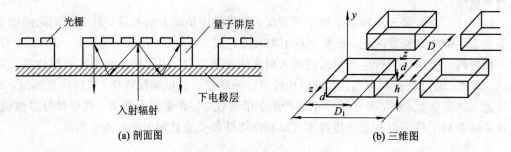

(a) 剖面图   (b) 三维图

图 4-28　二维光栅耦合结构示意图

为了使顶层有高反射率、高电导率及优良的欧姆接触，在台面中心 10% 的面积上，蒸镀 Au/Ge/Ni 合金，然后在整个台面上溅射 Au 层。有资料显示，在温度为 77K 时，对器件的性能进行测试，获得了较好的结果。样品的各种参数如下：AlGaAs 覆盖层厚 3 μm；上下 GaAs 接触层的厚度分别为 113 μm 和 3 μm，掺杂浓度 $n = 7 \times 10^{17}$ cm^{-3}；50 个周期的 GaAs/AlGaAS，$L_w = 5.2$ nm，$L_b = 34.8$ nm；光栅深度 $h = 1.75 \mu$m，光栅常数 $D = 2.18$ μm，光栅宽度 $d = 1.16$ μm。

带有波导的二维光栅耦合优于 45° 磨角耦合，同时其性能也比一维光栅和无波导的二维光栅好，而且随着光敏元台面面积的扩大，它的主要性能参数值增加，这意味着光耦合效率不断提高。光栅理论表明，光栅耦合器件的性能不仅与光栅的厚度、周期、宽度有关，还与光栅空腔的形状和对称度等参数有关。为制作性能优良的光栅，除了根据需要设计出光栅参数外，光刻工艺也是关键。虽然光栅耦合明显好于边耦合，但它也有不足之处：首先，光栅耦合的依据是集合的衍射效应，光敏台面大小对器件的量子效率及探测率等参数有较大影响，台面面积越大，其性能参数越好。若要提高器件的分辨率必须减小台面的尺寸，这样做势必影响性能参数。其次，由光栅耦合的固有特性决定，它对探测的辐射波长有选择性，这就限制了光栅耦合技术在宽带探测或多色探测方面的应用。

3. 无序光栅耦合

周期光栅耦合中，入射光在衍射出衬底前，在二维光栅耦合探测器的量子阱层中只经历了一次衍射、两次反射过程，即通过二次可吸收路径，从而使光栅耦合效率不是很理想。为增加可吸收路径次数，贝尔实验室设计了一种新颖的光耦合模式——无序光栅耦合。

所谓无序光栅耦合光，就是针对不同探测波长设计所需要的随机反射单元，通过光刻技术在顶层 GaAs 接触层上随机刻蚀出反射单元，形成粗糙的反射面，垂直于衬底入射的光束遇到反射单元发生大角度反射，这些角度大部分符合全反射条件，光束就这样被捕获在量子阱区域，只有在晶体反射锥形角 θ_c（$\sin\theta_c = 1/n$，在 GaAs 中 $\theta_c = 17°$）内的小部分辐射逃逸，如图 4-29 所示。

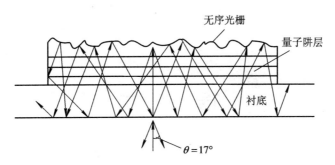

图 4 - 29 无序光栅耦合

4. 波纹耦合

如上所述，采用光栅或无序光栅耦合的量子阱红外探测器，其光耦合效率的确比 45° 磨角耦合的高得多，然而，它们有各自的适用范围。在高分辨率的探测器阵列中，光敏元的面积变小，这两种耦合模式就不再适用了。美国普林斯顿大学的科学家 K. K. Choi 等人提出了一种新的光耦合模式 —— 波纹耦合，并且制造出波纹耦合的量子阱红外探测器：通过化学方法，在量子阱区域刻蚀出 V 形槽，刻蚀深度达底层 GaAs 接触层，这样器件表面就由一些三角线组成(类似波纹)。图 4 - 30 就是器件的剖面图以及垂直衬底入射的光束在器件中的光路图，由该图可知，波纹耦合模式利用空气和 AlGaAs 之间能够发生全反射的原理，入射光束在量子阱区的路径几乎平行于量子阱的生长面，这有利于量子阱对辐射的吸收，提高器件的量子效率。

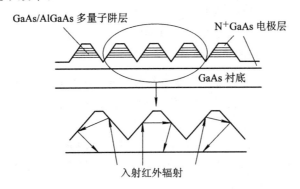

图 4 - 30 波纹耦合器件的剖面图

习 题

1. 简述量子阱红外光电探测器的基本原理。
2. 量子阱中量子态的改变有哪几种形式？
3. 什么是超晶格量子阱？什么是量子点红外探测器？
4. 为什么量子阱探测器需要进行光耦合？简述偏振选择与光耦合之间的关系。
5. 常见的量子阱探测器光耦合方式有哪些？
6. 量子点探测器与普通量子阱探测器相比有什么明显的优点？

第 5 章

噪　　声

◇◆◆

5.1　红外探测器中的噪声

探测器在完成光电转换的过程中，不仅给出被测对象的电压、电流信号，同时伴随有无用噪声的电压、电流信号，这是一种起伏噪声，其大小决定了探测器的探测能力。

下面以起伏噪声电压 $u_n(t)$ 为例来说明计算起伏噪声大小的方法。噪声电压的波形如图 5-1 所示，其中时间轴尺度作了一定的夸大。由图可见，噪声电压的瞬时振幅和相位随时间呈现无规则的变化，瞬时值的平均值 $\overline{u_n(t)}=0$，所以用 $\overline{u_n(t)}$ 无法计量噪声电压的大小。

然而，噪声电压的均匀值 $\overline{u_n^2}$ 则是完全确定的，而且有明确的物理意义（$\overline{u_n^2}$ 表示单位电阻上所消耗的噪声平均功率），可用功率电表测量出来，因

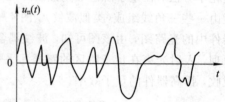

图 5-1　噪声电压

此，噪声电压的大小可用均方值 $\overline{u_n^2}$ 来计量。显然，噪声电压的均方根值 $\sqrt{\overline{u_n^2}}$ 同样也有完全确定的的数值，用正弦交流电表可近似（因为噪声电压并不服从正弦变化）测量，通常称为起伏噪声电压的有效值。

由于产生探测器起伏噪声电压的因素很多，且这些因素又彼此无关，这些独立的起伏过程产生不同的起伏噪声电压，故总的起伏噪声电压的均方值等于各种独立起伏噪声电压均方值之和，即 $\overline{u_n^2}=\overline{u_{n_1}^2}+\overline{u_{n_2}^2}+\cdots$，于是有

$$\sqrt{\overline{u_n^2}}=\sqrt{\overline{u_{n_1}^2}+\overline{u_{n_2}^2}+\cdots} \tag{5-1}$$

起伏噪声电流可按同样的方法处理。为了书写方便，将均方值 $\overline{u_n^2}$ 或者 $(\overline{i_n^2})$ 写成 V_n^2（或 I_n^2，将有效值 $\sqrt{\overline{u_n^2}}$（或 $\sqrt{\overline{i_n^2}}$）写为 V_n（或 I_n）。

在探测率的表达式中，噪声的影响是一个重要的因素。噪声源自许多方面，不仅与光子吸收过程有关，也和电路中的频率带宽和温度有关。光导类探测器的噪声包括热噪声、产生-符合噪声、$1/f$ 噪声和放大器噪声，还有背景辐射引起的噪声。

5.1.1　热噪声

热噪声 V_j 也称约翰逊噪声，来自于温度引起的阻抗为 R_j 的探测器的端电压的波动。这种波动引入的噪声与材料的性质无关，而只与阻抗 R_j、带宽 Δf 有关，可以表示为

$$V_j^2 = (4k_B TR_j)\Delta f \qquad (5-2)$$

电压的波动是由载流子的热运动引起的。当考虑整个探测器体积时，电阻中的电中性条件应该得到满足。但是在局部范围内载流子的无规则热运动将引起电荷的梯度涨落，引起电压的波动。如果将产生该电压的电阻与另一个并联，上述由热而产生的电压在另一个电阻中也会产生电流，因而也会引起第二个电阻的功率的变化。对于第一个电阻也是一样。当热平衡时，离开每个电阻的净功率为零，这就是所谓的热噪声。

5.1.2 产生－复合噪声

产生－复合噪声是散粒噪声，来自探测器材料中的载流子电子－空穴的产生、复合过程。探测器中载流子的平均数量由这两个过程决定。探测器材料中载流子数目的波动以及载流子在被重新俘获前所经历的漂移长度的随机性导致了产生－复合噪声。对于直接复合过程为主要过程的半导体材料，单位带宽噪声电压为

$$V_{g-r}^2 = \frac{4V_b^2}{(lwd)^2}\langle \Delta N^2 \rangle \frac{\tau}{n_0^2} \frac{\Delta f}{1+\omega^2\tau^2} \qquad (5-3)$$

式中，$\langle \Delta N^2 \rangle$ 是多数载流子数目波动的均值，n_0 是载流子密度，Δf 是噪声带宽，l、w、d 是制作探测器的特体材料的长度、宽度和厚度，V_b 是偏压。对于一个二能级系统，$\langle \Delta N^2 \rangle = g\tau$，$g$ 是单位时间产生概率，τ 是少数载流子寿命：

$$\tau = \frac{\Delta N}{J_s(\lambda)\eta(\lambda)A} \qquad (5-4)$$

式中，$J_s(\lambda)$ 是单光子辐照度。假设热运动引起的产生－复合过程与光子入射引起的产生－复合过程相互独立，则多数载流子的平均波动数目应等于这两个产生－复合过程的载流子之和：

$$\langle \Delta N^2 \rangle = (g\tau)_{thermal} + (g\tau)_{photon} \qquad (5-5)$$

式中，下标 thermal 和 photon 分别表示热运动引起的产生－复合过程与光子入射引起的产生－复合过程。其中：

$$\begin{cases} (g\tau)_{thermal} = \dfrac{n_0 p_0}{n_0 + p_0} lwd \\ (g\tau)_{photon} = p_b lwd \end{cases} \qquad (5-6)$$

式中，p_b 表示背景辐射激发空穴的密度。故有：

$$V_{g-r} = \frac{2V_b}{(lwd)^{1/2} n_0}\left[\left(1+\frac{p_0}{p_b}\frac{n_0}{n_0+p_0}\right)\left(\frac{p_b\tau\Delta f}{1+\omega^2\tau^2}\right)\right]^{1/2} \qquad (5-7)$$

式中，V_b 是偏压。低温下，材料非本征态时，密度 p_0 很小，p_b 起主要作用，此即背景极限相干光子噪声，由入射光子辐照度的波动决定。其探测率 D_{BLIP}^* 亦由入射光子辐照度的波动决定。

5.1.3 1/f 噪声

光电探测器的 $1/f$ 噪声与器件的设计、制造工艺有关。器件的低频响应受到 $1/f$ 噪声大小的限制。在光电导理论中，$1/f$ 噪声可以用经典的方法进行研究。$1/f$ 噪声独立于所有其他噪声源，且其幅度与信号频率的倒数成比例，故名 $1/f$ 噪声。该噪声的产生来自于

探测器的各个部分，可以表述为

$$V_{1/f} = \frac{C_1}{d} \frac{1}{w} E^2 \frac{\Delta f}{f} \qquad (5-8)$$

式中：l、d、w 分别是制作探测器的半导体材料的长度、宽度和厚度；E 是直流偏压；Δf 是噪声的带宽；f 是信号频率；C_1 是一个系数，取决于探测器载流子的密度。

实际器件中，存在一个特定频率 f_0，在此频率上，$1/f$ 噪声与散粒噪声(产生－复合噪声)相等，即有：

$$V_{1/f_0}^2 = V_{g-r}^2(0) \qquad (5-9)$$

又由于其特性，即其幅度与信号频率的倒数成比例，因此，频率 f 处的 $1/f$ 噪声可以表述为

$$V_{1/f}^2 = \left(\frac{f_0}{f}\right) V_{g-r}^2(0) \qquad (5-10)$$

而特定频率 f_0 可以是偏压、温度、背景光子通量的函数。

曾经对 HgCdTe 光电导探测器进行过大量关于 $1/f$ 噪声的研究，所得的一些结论都是经验公式。其中包括 $1/f$ 噪声电压 $V_{1/f}$ 与产生复合噪声电压 V_{g-r} 之间的关系：

$$V_{1/f}^2 = \left(\frac{k_1}{f}\right) V_{g-r}^3 \qquad (5-11)$$

式中，k_1 是一常数。正如本章中利用量子理论计算散粒噪声的部分内容所述，散粒噪声是一个随电流变化的噪声，因此，$1/f$ 噪声在理论上也是一个电流噪声，而且 $1/f$ 噪声随探测器内阻的增加而减小。

式(5-10)中的 f_0 可称为传输频率，可以表述成：

$$f_0 = k_1 V_{g-r} \qquad (5-12)$$

f_0 可以由式(5-7)～式(5-9)进行计算。对于 N 型 HgCdTe 光电导探测器，$n_0 \gg p_b$，并假设 $(\omega\tau)^2 \ll 1$，则 f_0 可以如下计算：

$$f_0 = \frac{C_1 n_0^2}{4(p_b + p_0)\tau} \qquad (5-13)$$

如果温度足够低，则由于受热而产生的载流子可以忽略不计，可以将 f_0 写成：

$$f_0^{BLIP} = \frac{C_1 n_0^2 d}{4\tau^2 \eta J_B} \qquad (5-14)$$

式中：C_1 是一个系数，取决于探测器载流子的密度；n_0 是载流子密度；d 是敏感材料厚度，η 是量子效率；τ 是少数载流子的寿命；J_B 是背景光电流，此时也称探测器为"背景极限探测器"。f_0 仅取决于敏感材料的厚度，而非面积大小。

经典理论中，C_1 的计算无需考虑噪声是源自材料内部还是表面。假设由于半导体表面存在陷阱，电子(载流子)的陷落或被释放而导致体材料中电子的密度发生波动，从而导致材料的电导率发生波动变化。现假定电子通过隧穿方式通过这些表面陷阱而进入体材料中，通过该过程，可以推算出载流子寿命的概率分布函数。而隧穿概率与隧穿距离的指数成正比，则 C_1 可以表述为

$$C_1 \approx \frac{\left(\frac{N_t}{4n_0^2}\right) l}{\alpha d} \qquad (5-15)$$

式中，N_t是陷阱的密度，α是隧穿特征长度。

式(5-11)和式(5-12)表明，$1/f$噪声随产生－复合噪声的增加而增加。因此，若要减小$1/f$噪声，就要在其他参数确定的条件下，选择产生－复合噪声相对较小的材料。

图5-2是HgCdTe探测器的f_0与背景光子通量的关系。可以看出，背景光子通量增加，探测器的f_0会随着背景光电流$J_B^{-1/2}$而变化。当背景光通量小于10^{17}个光子/$cm^2 \cdot s$时，f_0会减弱，产生－复合噪声增强。

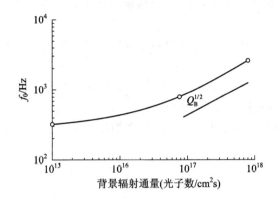

图5-2　HgCdTe探测器的f_0与背景光子通量的关系

5.1.4　放大器噪声

如果内阻为r_d的探测器连接在放大器上，则探测器就会对放大器引入噪声。如果噪声电压是e_a，电流噪声是i_a，则放大器上的噪声为$V_a^2 = e_a^2 + i_a^2 r_d^2$。对HgCdTe探测器的内阻为$r_d$通常小于100 Ω，由于一般情况下使用的频率都在10 MHz以上，所以电容阻抗可以忽略不计。

5.1.5　总噪声

综上所述，探测器上的总噪声为
$$V_t^2 = V_j^2 + V_{g-r}^2 + V_{1/f}^2 + V_a^2 \tag{5-16}$$
图5-3所示为典型的总噪声谱，其中还表明了各部分噪声的影响程度。

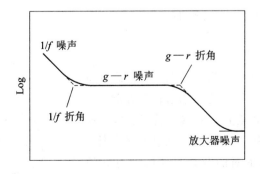

图5-3　探测器总噪声谱

黑体辐射下 D_B^* 为

$$D_B^* = \frac{V_s (A \Delta f)^{1/2}}{P_B(T_b)} \cdot \frac{1}{V_N} = \frac{V_s (A \Delta f)^{1/2}}{P_B(T_b)} \cdot \left(\frac{1}{V_j^2 + V_{1/f}^2 + V_{g-r}^2 + V_a^2} \right)^{1/2} \quad (5-17)$$

或

$$D_B^* = D_{BLIP}^* \left(1 + \frac{p_0}{p_b} \frac{n_0}{n_0 + p_0} \right)^{-1/2} \left(1 + \frac{f_0}{f} + \frac{V_j^2 + V_a^2}{V_{g-r}^2(f)} \right)^{-1/2} \quad (5-18)$$

式(5-17)中，$P_B(T_b)$ 是 T_b（背景温度）下黑体辐射功率；式(5-18)中，D_{BLIP}^* 是一个探测器的探测率的最大值。

温度较高时，如果探测器的半导体材料是本征型的，即 $n_0 = p_0$，则

$$\left(1 + \frac{p_0}{p_b} \frac{n_0}{n_0 + p_0} \right)^{1/2} \approx \left(\frac{p_0}{2p_b} \right)^{1/2} \gg 1 \quad (5-19)$$

对于式(5-17)，探测器的探测能力就会降低。

温度较低的情况下，n_0 接近于常数，p_0 与之相比非常小，则此时半导体变成非本征型的，则 D_B^* 变成：

$$D_B^* = D_{BLIP}^* \left(1 + \frac{p_0}{p_b} \right)^{-1/2} \left[1 + \frac{f_0}{f} + \frac{V_j^2 + V_a^2}{V_{g-r}^2(f)} \right]^{-1/2} \quad (5-20)$$

显然，当

$$\frac{V_j^2 + V_a^2}{V_{g-r}^2(f)} \ll 1, \quad \frac{p_0}{p_b} \ll 1, \quad \frac{f_0}{f} \ll 1 \quad (5-21)$$

时，就会出现背景极限情况。

当放大器噪声和热噪声占主要成分时，有 $V_j^2 + V_a^2 \gg V_{1/f}^2 + V_{g-r}^2$ 关系成立，则式(5-17)的探测率变成：

$$D_B^* = \frac{R_\lambda (A \Delta f)^{1/2}}{(V_j^2 + V_a^2)^{1/2}} \quad (5-22)$$

则 D^* 对温度变化、背景的响应以及产生－复合噪声都由载流子密度的增加和时间常数的变小决定。

对于上述的噪声分析，严格地讲，一旦考虑了少数载流子的寿命，就必须考虑表面复合。因为半导体表面每单位时间的复合概率常大于体材料内的复合概率，这就会使少数载流子的寿命减小。所以表面复合会直接影响光电导器件的性能。

5.1.6 背景噪声与背景极限探测率

1. 探测器的背景噪声

在前面对探测器噪声的分析中是把入射光或背景辐射看成是恒定的入射。实际上背景辐射也存在起伏，这种随机起伏的背景辐射入射到探测器上后当然也会使它产生噪声。在理论分析中一般将背景看成黑体或灰体。

若一个光子探测器面对的背景是视场角为 π 的半球（见图 5-4），它的光谱辐出度为 M_ν，则半球在面积为 A_d 的探测器上的入射功率 $P_{\nu B}$ 为

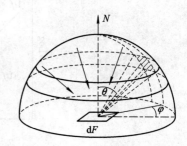

图 5-4 半球背景辐射几何关系

$$P_{\nu B} = \int_0^\pi \int_0^{\frac{\pi}{2}} \frac{A_d M_\nu}{\pi} \sin\theta \cos\theta \, \mathrm{d}\theta \, \mathrm{d}\varphi = A_d M_\nu \tag{5-23}$$

若以光子数 $N_{\nu B}$ 表示,则为

$$N_{\nu B} = \frac{A_d M_\nu}{h\nu} \tag{5-24}$$

式中,h 为普朗克数,ν 为入射光的频率。将以频率表示的普朗克公式代入式(5-24),可以得到

$$N_{\nu B} = \frac{2 A_d \pi \nu^2}{c^2} \frac{1}{\mathrm{e}^{h\nu/k_B T_b} - 1} \tag{5-25}$$

若光子发射起伏满足卜松分布,则其方差 σ^2 应等于平均光子数 $N_{\nu B}$,但光子服从玻色—爱因斯坦分布,σ^2 变为

$$\sigma^2 = \frac{2 \mathrm{e}^{h\nu/k_B T_B}}{\mathrm{e}^{h\nu/k_B T_B} - 1} N_{\nu B} \tag{5-26}$$

考虑到光子入射到探测器上的量子效率 $\eta(\nu)$,探测器内引起的载流子产生率的均方差 G_N 为

$$G_N = A_d \int_{\nu_0}^\infty \eta(\nu) \sigma^2 \, \mathrm{d}\nu = A_d \int_{\nu_0}^\infty \eta(\nu) \frac{4\pi\nu^2}{c^2} \frac{\mathrm{e}^{\eta\nu/k_B T_B}}{(\mathrm{e}^{h\nu/k_B T_B} - 1)^2} \, \mathrm{d}\nu \tag{5-27}$$

上式中积分下限 ν_0 是对应探测器长波限 λ_0 的频率。上式中的积分式已求出:

$$\int_{\nu_0}^\infty \frac{\nu^2 \mathrm{e}^{h\nu/k_B T_B}}{(\mathrm{e}^{h\nu/k_B T_B} - 1)^2} \, \mathrm{d}\nu = \frac{\nu_0 k_B T_B}{h} \left\{ \sum_{m=1}^\infty \mathrm{e}^{-\frac{m h \nu_0}{k_B T_B}} \left[1 + \frac{2 k_B T_B}{m h \nu_0} + 2 \left(\frac{k_B T_B}{m h \nu_0} \right)^2 \right] \right\} \tag{5-28}$$

因而,

$$G_N = \frac{4\pi A_d \eta(\nu_0)}{c^2} \frac{\nu_0^2 k_B T_B}{h} \left\{ \sum_{m=1}^\infty \mathrm{e}^{-\frac{m h \nu_0}{k_B T_B}} \left[1 + \frac{2 k_B T_B}{m h \nu_0} + 2 \left(\frac{k_B T_B}{m h \nu_0} \right)^2 \right] \right\} \tag{5-29}$$

又根据噪声功率谱 $S_N(f)$ 等于噪声电流方差的关系 ,即

$$S_N(f) = G_N \tag{5-30}$$

于是,在频带宽度内的背景起伏的光子噪声方差为

$$\overline{\Delta N_B^2} = G_N \Delta f \tag{5-31}$$

当热噪声和产生—复合噪声较小时,背景辐射的噪声在总噪声中就会占主要地位。此时的探测率也称背景极限(探测率)。半导体中由背景辐射而产生的载流子数目的波动就是噪声来源。但由光子引入的载流子数目的变化还要产生信息探测的信号,因此信噪比是:

$$\frac{V_S}{V_N} = \frac{(\eta P_s / h\nu)}{\sqrt{2 \eta Q_B A \Delta f}}$$

背景极限(探测率)为

$$D_{\mathrm{BLIP}}^* = \frac{V_S}{V_N} \cdot \frac{\sqrt{A \cdot \Delta f}}{P_s} = \frac{1}{h\nu} \sqrt{\frac{\eta}{2 Q_B}} \tag{5-32}$$

对光导探测器而言,复合速度的波动引起此时载流子占有概率的波动变化,因此,噪声应是 V_N 的 $2^{1/2}$ 倍,则

$$D_{\mathrm{BLIP}}^* = \frac{1}{2 h\nu} \sqrt{\frac{\eta}{Q_B}} \tag{5-33}$$

式中,Q_B 是背景辐射光子通量:

$$Q_B = \int_{\nu_c}^{\infty} \frac{2\pi}{c^2} \frac{\nu^2 e^{h\nu/k_B T}}{(e^{h\nu/k_B T} - 1)} d\nu \tag{5-34}$$

式中，ν_c 是截止波长对应的频率。Q_B 表示能激发少数载流子的背景辐射通量。

综上所述，如果背景温度下降，则其辐射减小，因此由其产生的少数载流子也减少，于是背景辐射噪声也减小，相应的 D_{BLIP}^* 就会增加。

2. 光电导及光伏探测器的噪声

光电导探测器的噪声主要有三种，即热噪声、产生－复合噪声和 $1/f$ 噪声。由前述可知，光电导探测器的总噪声均方电流可用下式表示：

$$\overline{i_n^2} = \overline{i_{n,j}^2} + \overline{i_{n,g-r}^2} + \overline{i_{n,f}^2} = \left(\frac{4k_B T}{R} + 4eI_0 \frac{\tau_c}{\tau_d} + \frac{CI^\alpha}{f^\beta} \right) \Delta f \tag{5-35}$$

α、β 是器件的特性常数，C 是比例系数，τ_c 是载流子寿命，τ_d 是载流子渡越时间，I_0 是探测器中的平均电流，e 是电子电量，Δf 是带宽，k_B 是玻尔兹曼常数，T 是温度，R 是内阻。

图 5-3 示出了光电导探测器的噪声功率谱，图示曲线转折点与半导体材料的掺杂及工艺有关。一般情况下，这两个转折点在 1 kHz、1 MHz 左右。从图 5-3 可见，在低频时，主要是 $1/f$ 噪声，中频段以产生－复合噪声为主，而在高频段则以热噪声为主。在通常的红外探测器的工作频率范围内以产生－复合噪声为主。

光伏探测器的噪声源中产生－复合噪声很小，其主要的噪声为散粒噪声和热噪声，因而噪声均方电流可表示为

$$\overline{i_n^2} = \left(2eI + \frac{4k_B T}{R_d} \right) \Delta f \tag{5-36}$$

当处于反偏工作状态时，器件电阻 R_d 很大，因而热噪声项可忽略，在第一项中的电流 I 包括光电流 I_P 和暗电流 I_D。由于没有产生－复合噪声，这类探测器的噪声均方电压要比光电导型的小，只是其 $1/\sqrt{2}$。

5.2　量子阱红外探测器的噪声

5.2.1　光导型量子阱探测器的噪声

如前所述，量子阱探测器也包含热噪声、产生－复合噪声等。其热噪声电流为

$$i_{n,j}^2 = \frac{4k_B T}{R} \Delta f \tag{5-37}$$

式中，Δf 是带宽，R 是器件的差分电阻，T 是温度，k_B 是玻尔兹曼常数。等式左边电流的下标分别表示噪声和"Johnson"，即热噪声。量子阱探测器中，当知道器件的 $I-V$ 曲线后，热噪声很容易计算，而且热噪声对光导型的量子阱探测器的影响比较小。

量子阱探测器中，暗电流噪声和光子噪声的影响往往是限制其性能的关键，下面进行定量分析。

先定义噪声源为 α_n，放大因子为 F，则噪声电流的大小为

$$I_n^2 = 2F^2 \alpha_n \Delta f \tag{5-38}$$

式中，Δf 是带宽。从物理机制上讲，暗电流噪声属于产生－复合噪声。根据产生－复合噪

声的计算，则有：

$$i_{n,dark}^2 = 4eg_{noise}I_{dark}\Delta f \tag{5-39}$$

式中，g_{noise} 是噪声增益，I_{dark} 是器件的暗电流。如果定义从一个量子阱中逃逸流出的电流为 $i_e^{(1)}$，则暗电流为

$$I_{dark} = \frac{i_e^{(1)}}{p_c} = \frac{i_e}{Np_c} \tag{5-40}$$

式中，$i_e \equiv N \times i_e^{(1)}$，表示 N 个阱的总发出电流，也可以用俘获电流 i_c 表示：

$$I_{dark} = \frac{i_c^{(1)}}{p_c} \tag{5-41}$$

显然有 $i_e^{(1)} = i_c^{(1)}$。

p_c 表示载流子俘获概率：

$$p_c = \frac{T_{trans}}{\tau_c + \tau_{trans}} \tag{5-42}$$

式中，τ_c 是量子阱重新俘获激发电子所用的时间；τ_{trans} 是隧穿时间，即载流子从一个阱经过势垒进入另一个阱所需要的时间。

由上述，产生一复合的噪声电流来自 i_e、i_c 的波动。根据式(5-38)，放大因子为 $1/(Np_c)$，则有：

$$i_{n,dark}^2 = 2e\left(\frac{1}{Np_c}\right)^2(i_e + i_c)\Delta f = 4e\left(\frac{1}{Np_c}\right)^2 i_e\Delta f$$

$$= 4e\frac{1}{Np_c}I_{dark}\Delta f \equiv 4eg_{noise}I_{dark}\Delta f \tag{5-43}$$

噪声增益定义为 $g_{noise} \equiv 1/(Np_c)$。传统的光导探测器，绝大多数情况下噪声增益等于光子增益，即 $g_{noise} = g_{photo}$。但此处，噪声增益是 $1/(Np_c)$，而光子增益为 $g_{photo} = p_e/(Np_c)$，这里 p_e 表示载流子逃逸概率，显然是个大于 1 的数，表示光子增益要比噪声增益大。

光子噪声电流的表达式可以用光子电流代替式(5-43)中的 I_{dark} 获得。光子噪声的主要来源就是被探测器吸收的背景光子辐射，而探测器的工作温度主要由背景光子噪声来决定。

5.2.2 光伏型量子阱探测器的噪声

光伏型量子阱探测器的噪声电流与光导型的类似，用公式(5-39)表示，重写成：

$$i_n^2 = 4eg_{noise}I_{dark}\Delta f \tag{5-44}$$

考虑到光伏型量子阱中的俘获概率较高，接近于 1，而逃逸概率低且二者不相关的特点，将式(5-44)改写成：

$$i_n^2 = 4eg_{noise}I_{dark}\left(1 - \frac{p_0}{2}\right)\Delta f \tag{5-45}$$

则噪声增益为

$$g_{noise} = \frac{i_n^2}{4eI_{dark}\Delta f} + \frac{1}{2N} \tag{5-46}$$

假设俘获概率是 1，则 $N=20$，即具有 20 个阱的探测器的噪声增益的下限为 $1/N=0.05$。与光导型的探测器相比，光导型噪声的计算前提是俘获概率较低，仅限于用式(5-43)计

算。而光伏型的俘获概率则接近于 1，所以其电流波动的随机性仅由载流子在被重新俘获前所经历的漂移长度的随机性所决定，结果是噪声电流相对比较小，如果 $p_c = 1$，则式 (5-45) 变成 $i_{n,g-r}^2 = 2egI\Delta f$，即 $i = \sqrt{2eg_{noise}I\Delta f}$，噪声电流比光导型探测器噪声电流 $i = 2\sqrt{eg_{noise}I\Delta f}$ 小，只是其 $1/\sqrt{2}$。因此，光伏型的量子阱探测器也称低噪声量子阱探测器。

光伏型量子阱探测器中的热噪声与探测器中的差分传导率 dI/dV 有关，产生原因仍是载流子所具有的热能不同。在偏压 V 下，热噪声产生的噪声电流为

$$i_{n,J}^2 = 4k_B T\left(\frac{dI}{dV}\right)\Delta f \qquad (5-47)$$

式中：n、J 表示噪声和"Johnson"，即热噪声；Δf 是带宽；T 是温度；k_B 是玻尔兹曼常数。由于热噪声与产生－复合噪声是统计独立的，所以噪声产生的总电流为

$$i_n^2 = i_{n,g-r}^2 + i_{n,J}^2 \qquad (5-48)$$

热噪声是探测器系统处于热平衡状态下的一种噪声。研究表明，当探测器处于低照度和相当低甚至零偏压下时，热噪声是主要噪声源。而当探测器处于探测率最大的工作偏压下时，热噪声对探测器的噪声电流影响很小。之所以还要研究热噪声，是因为要更精确地确定产生－复合噪声以及在实验测试中测定光导型探测器的增益。

5.3 红外系统噪声

红外系统对景物信息进行检测时，总存在着各种干扰——外部的背景干扰和内部的噪声干扰。对处于某一特定场合下的红外仪而言，背景干扰常常是确知的，如背景的辐射面积、辐射波长及辐射亮度等特性。当条件一定时，这些值都是确定的；然而天空背景干扰却常常是不确定的，如云团辐射的强弱就与云团本身的组成状况、受太阳照射情况及云团温度等因素有关。云团辐射亮度及辐射面积是随机的，常用某种统计特性进行描述。对背景干扰主要用专门的背景过滤方法或背景鉴别电路加以消除或削弱其影响。信号检测的任务主要是研究从内部噪声中检测信号的问题。红外系统的内部噪声有探测器噪声和非探测器噪声两大类。所谓非探测器噪声，有时包括放大器噪声、模拟－数字(A/D)转换噪声、偏离及偏转电磁场噪声和制冷(绝大多数是斯特林制冷)噪声等，统称系统级噪声。

红外系统的探测器噪声很低时，系统级噪声就会是红外系统的主要噪声来源。电磁场噪声和制冷噪声在对系统进行精心结构设计后，可以有效消除。

现在设计的电路结构中，模拟信号采样的比重比过去增加了许多。例如，红外成像系统中，将模拟信号变成数字图像，以便后续 CPU 进行各种图像处理。因此，模拟－数字转换噪声就是这种红外系统中不能不考虑的噪声源之一。

为了保持合理的动态范围，热成像仪绝大多数都工作在存储能力 50% 的水平。这是因为，如果温度从 300 K 增加到 340 K，9 μm 附近的背景热辐射就会增加一倍。8～9 μm 波长、300 K 时，如果使用 14 位的 A/D 转换器件，最后一位有效位 LSB 对应的精度就是 1/8000，这就相当于 $\Delta T = 7$ mK 的温度变化。

放大器噪声用来表述由放大器引起的前级信号噪声比的降低，可以表示为放大器输入端口的等效噪声电流 $i_{n,amp}$：

$$i_{n, amp} = \sqrt{\frac{4k_B T_A \Delta f}{R_A}} \qquad (5-49)$$

即等效于温度 T_A 时，负载电阻 R_A 的热噪声。

放大器噪声与探测器的热噪声较为相似，所以可以合并表示成：

$$i_{n, J}^2 + i_{n, amp}^2 = \frac{4k_B T_N \Delta f}{R_N} \qquad (5-50)$$

式中，T_N 是有效噪声温度，R_N 是探测器及与其并联的负载的阻抗。由于放大器噪声与热噪声数量级相当，因此它在红外系统中的影响也与热噪声相当。

由探测器的温度波动和系统的机械振动引起的噪声称为加性噪声。由于绝大多数的系统噪声与探测器信号、积分时间不相关，所以对信噪比的影响较小。

5.4 探测器噪声的量子理论

下面用量子理论来推导、计算电子和空穴的粒子性所造成的散粒噪声及其热运动所造成的热噪声。下面首先介绍几个基本概念：电流矩、自相关时间和平稳过程。

5.4.1 基本概念

1. 电流矩

由于电流的波动是随时间变化的，而且这种变化只能通过统计的参数观察到，所以称这样的过程是随机过程，其任意时刻 t 的值 $I(t)$ 就是该过程全体总和的一个采样函数。

由经典随机过程理论可知，可以通过计算随机过程的所有有关的矩来了解该随机过程的统计分布情况。

假设多体系统的某态用统计算符 $\hat{\rho}(t)$ 表示，则电流的一阶矩即是其均值：

$$e\langle \hat{I} \rangle_t = e\mathrm{Tr}\{\hat{\rho}(t)\hat{I}\} \qquad (5-51)$$

二阶矩是其自相关函数：

$$S(t, t') = \frac{e^2}{2}\mathrm{Tr}\{\hat{\rho}(t=0)[\hat{I}(t)\hat{I}(t') + \hat{I}(t')\hat{I}(t)]\} \qquad (5-52)$$

理想平稳过程中，式(5-51)表示的电流不随时间波动，即有 $\langle \hat{I} \rangle_t = \langle I \rangle$，通过定义算符 $\Delta \hat{I}(t) \equiv \hat{I}(t) - \langle \hat{I} \rangle$，可以方便地计算电流的二阶矩。此时，自相关函数只与时间变化有关：

$$S(t-t') = \frac{e^2}{2}\mathrm{Tr}\{\hat{\rho}(t=0)[\Delta \hat{I}(t)\Delta \hat{I}(t') + \Delta \hat{I}(t')\Delta \hat{I}(t)]\}$$

$$\equiv \frac{e^2}{2}\langle \Delta \hat{I}(t)\Delta \hat{I}(t') + \Delta \hat{I}(t')\Delta \hat{I}(t) \rangle \qquad (5-53)$$

下面从式(5-53)出发，研究散粒噪声和热噪声。

定义 m 阶矩为

$$S(t_1, t_2, \cdots, t_m) = \frac{e^m}{m!}\mathrm{Tr}\{\hat{\rho}(t=0)\mathrm{P}[\prod_j \hat{I}(t_j)]\} \qquad (5-54)$$

P 表示变量的所有可能的排列情况。

理想的平稳过程下，各阶矩不随时间变化，即

$$S(t_1 + \tau, t_2 + \tau, \cdots, t_m + \tau) = S(t_1, t_2, \cdots, t_m)$$

式中，τ 是任意时间间隔。

2. 自相关时间与平稳过程

由于平稳过程是理想化的理论模型，所以在处理问题时就要求将具体问题通过某些条件的设立近似成平稳过程。这就是所谓的自相关时间的概念。

自相关时间定义为一段有限的时间，写成 τ_c，此后，随机过程的自相关性可以忽略不计。这是由于一个随机过程若无一有限自相关时间，则其总要"记忆"其历经及其初始条件因此不能近似成理想平稳过程。

如果

$$S(t, t') = \frac{e^2}{2} \langle \hat{I}(t)\hat{I}(t') + \hat{I}(t')\hat{I}(t) \rangle - e^2 \langle \hat{I}(t) \rangle \langle \hat{I}(t') \rangle \qquad (5-55)$$

是电流的自相关函数，则可以通过以下条件将其近似成平稳过程：$|t-t'| > \tau_c$ 时，$|S(t, t')| \approx 0$；或者，当 $|t-t'| \to \infty$ 时，有

$$\lim_{|t-t'| \to +\infty} \frac{\langle \hat{I}(t)\hat{I}(t') + \hat{I}(t')\hat{I}(t) \rangle}{2} = \langle \hat{I}(t) \rangle \langle \hat{I}(t') \rangle \qquad (5-56)$$

可以看出，平稳过程的基础是各态历经的。

5.4.2 散粒噪声的表示

散粒噪声表示的是绝对 0 度情况下，探测器的电流由于粒子的离散性而产生的波动。

1. 经典卜松极限

首先研究阴极射线管的随机时间间隔情况下的电子发射。假设电子间不存在库仑作用，且发射互不相关，可以将垂直经过任意发射面的电子束假设成不同时间的 δ 函数：

$$I(t) = \sum_i e\delta(t - t_i) \qquad (5-57)$$

若 T_p 是任意有限间隔的时间段，则在平稳过程中 N 个电子在 T_p 时间内经过发射面的平均电流为 $\bar{I}_{T_p} = eN/T_p$。取极限 $T_p \to \infty$，则 N 亦趋于无穷大，平均电流为

$$\langle I \rangle = \lim_{T_p \to \infty} \frac{1}{T_p} \int_{-T_p/2}^{T_p/2} \mathrm{d}t I(t) = \lim_{T_p \to +\infty} \bar{I}_{T_p} \qquad (5-58)$$

此处，在不考虑初始条件的情况下，利用各态历经性将右侧的式子变换成集平均的形式。

利用这些假设和定义，可以计算探测器平均电流的波动，即噪声大小。可以通过以下两种方法计算：

(1) 通过式(5-52)计算探测器电流的自相关函数；

(2) 由于电流的集平均事件服从卜松分布，因此可以通过对其估算求出不同时间下由发射面发出的电子的分布的波动情况。

下面采用第一种方法计算。

设 $\Delta I(t) = I(t) - \langle I \rangle$，探测器电流的自相关函数为

$$S(t') = \lim_{T_p \to \infty} \frac{1}{T_p} \int_{-T_p/2}^{T_p/2} \Delta I(t) \Delta I(t+t') \mathrm{d}t = \langle \Delta I(t) \Delta I(t+t') \rangle \qquad (5-59)$$

式(5-59)的成立是建立在该随机过程是平稳过程的基础上的。

如果把式(5-57)代入式(5-59)，则

$$S(t') = \lim_{T_p \to \infty} \frac{e^2}{T_p} \sum_i \sum_{i'} \int_{-T_p/2}^{T_p/2} \delta(t-t_i)\delta(t-t_{i'}+t')dt - \langle I \rangle^2$$

$$= \lim_{T_p \to \infty} \frac{e^2}{T_p} \sum_i \sum_{i'} \delta(t_i - t_{i'} + t') - \langle I \rangle^2 \tag{5-60}$$

在第二行的表达式中使用了 δ 函数的性质。

根据维纳－辛钦定理,平稳过程自相关函数的谱密度为

$$S(\omega) = 2 \int_{-\infty}^{\infty} dt' e^{j\omega t'} S(t') \tag{5-61}$$

注意,该式成立的前提是自相关函数的时间是有限的。对于上述电子发射过程,则假设其为平稳过程。

由于 δ 函数项 $t_i \neq t_{i'}$ 对 $S(t')$ 的均值不起作用,因此先假设 N 个 δ 函数项的 $t_i = t_{i'}$,然后将式(5-57)代入式(5-61)中,则噪声功率谱为

$$S(\omega) = 2 \lim_{T_p \to \infty} \frac{e^2}{T_p} \int_{-\infty}^{+\infty} dt' e^{j\omega t'} \delta(t') - 2\langle I \rangle^2 \int_{-\infty}^{+\infty} dt' e^{j\omega t'}$$

$$= 2e \lim_{T_p \to \infty} \frac{eN}{T_p} - 2\langle I \rangle^2 \delta(\omega) = 2e\langle I \rangle - 2\langle I \rangle^2 \delta(\omega) \tag{5-62}$$

此处对 δ 函数应用傅立叶变换:

$$\delta(\omega) = \int dt e^{j\omega t}$$

在频率趋于 0 时可得一个与平均电流成比例的噪声值:

$$S_p \equiv \lim_{\omega \to 0} S(\omega) = 2e\langle I \rangle \tag{5-63}$$

由于假设了穿过给定导体表面的电子的数目符合卜松分布,所以称此结果为散粒噪声的卜松极限。

2. 散粒噪声的量子理论

现在研究一种理想状态,即单电子在一维通道的情形。电子受到势能壁垒散射,其隧穿壁垒的概率是 T,则反射的概率是 $1-T$。对于每一单位能量段 dE,穿过壁垒的电流是

$$dI = \frac{e}{2\pi\hbar} f(E) T(E) dE$$

式中, f 是电流中载流子数目的分布函数,电流的大小变化与电流中的载流子数目 $n = fT$ 成正比,则当信号的频率为 0 时,电流的波动与载流子数目 n 成比例的关系:

$$S(0) \propto \langle \Delta n \Delta n \rangle$$

用图 5-5 可表示电流中散粒噪声与穿越势能壁垒与被其反射的载流子数目之间的统计关系。可见,散粒噪声是由于载流子数目在势能壁垒的反射和隧穿统计数目 Δn_R 与 Δn_T 相关波动变化而引起的。

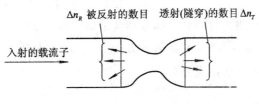

图 5-5 散粒噪声的表示

下面研究如何计算这种波动变化。假设入射的载流子通量为 $\langle n_i \rangle = f$，则隧穿通量和反射通量分别是 $\langle n_T \rangle = fT$，$\langle n_R \rangle = fR$。对于某次固定实验而言，由于载流子电子在本次实验中不是通过了壁垒就是被壁垒反射，故其集平均为 0，即 $\langle n_T n_R \rangle = 0$，所以这两者也较易计算。另外，还假设研究的粒子是理想统计特性的费米气体，故热平衡下统计波动的二阶矩与其均值相等：$\langle n^2 \rangle = \langle n \rangle$。定义 $\Delta n_T = n_T - \langle n_T \rangle$、$\Delta n_R = n_R - \langle n_R \rangle$，有

$$\langle (\Delta n_T)^2 \rangle = \langle n_T \rangle - \langle n_T \rangle^2 = fT(1 - fT) \tag{5-64}$$

$$\langle (\Delta n_R)^2 \rangle = \langle n_R \rangle - \langle n_R \rangle^2 = fR(1 - fR) \tag{5-65}$$

$$\langle (\Delta n_T)(\Delta n_R) \rangle = -\langle n_T \rangle \langle n_R \rangle = -f^2 TR \tag{5-66}$$

假设入射概率为 1（0 温度，$f=1$），则式（5-63）～式（5-65）可简化成：

$$\langle (\Delta n_T)^2 \rangle = \langle (\Delta n_R)^2 \rangle = -\langle (\Delta n_T)(\Delta n_R) \rangle = TR = T(1-T) \tag{5-67}$$

如前所述，电流的波动与载流子数目 n 成比例的关系，即 $S(0)$ 正比于 $\langle \Delta n \Delta n \rangle$，从公式（5-66）可知，这正是由于隧穿势垒的载流子数目和反射的载流子数目波动之间的统计互相关所引起的。所以说，散粒噪声取决于载流子隧穿和反射的概率。

从式（5-67）还可以定义分形噪声，即入射的电子流分成反射和隧穿两部分，当 $T=1/2$ 时该噪声最大，$T=0$、1 时（全反射、全部隧穿）散粒噪声为 0。后者可解释为均匀一致的电子流（或其他种类的粒子流），即能体现出 $T=1$ 的情形，不对电流产生二阶矩。

以下的讨论中，记单电子隧穿势垒的情形为单通道，多电子隧穿的情形为多通道。在讨论平均电流之前，要先做一些必要的假设：

首先，在此情形下，粒子的散射函数由下式给定（具体内容参看相关书籍，此处不做过多论述）：

$$\Psi(\mathbf{r}, E) = a_L \Psi^+_{iki}(\mathbf{r}) + a_R \Psi^+_{i(-ki)}(\mathbf{r}) \tag{5-68}$$

式中，i 是通道序号，a_L、a_R 分别是粒子的通量，$\mathbf{r}$ 是粒子空间位置。

再者，公式

$$\psi(\mathbf{r}, t) = \psi^L(\mathbf{r}, t) + \psi^R(\mathbf{r}, t) \tag{5-69}$$

是用场算符表示的粒子在势垒附近的散射、透射关系。式中，场算符 $\psi^L(\mathbf{r}, t)$、$\psi^R(\mathbf{r}, t)$ 分别是：

$$\psi^{L(R)} = \int dE D(E) \Psi^+_{i(\pm k_i)}(\mathbf{r}) \hat{a}^{L(R)}_E e^{-iEt/\hbar} \equiv \int dE \Psi^{L(R)}_E(\mathbf{r}) \hat{a}^{L(R)}_E e^{-iEt/\hbar} \tag{5-70}$$

式中，$D(E)$ 是通道的态密度。与波函数 $\Psi^+_{i(\pm ki)}(\mathbf{r})$ 对应，由左侧 L 入射波的波矢是（$+|ki|$），由右侧 R 入射波的波矢是（$-|ki|$），该过程的湮灭算符为 $\hat{a}^{L(R)}_E$。由于处理的是费米子，且假设左右入射的粒子互不相关，则该算符满足：

$$\{\hat{a}^i_E, \hat{a}^{j+}_{E'}\} = \delta_{ij}\delta(E - E') \qquad i, j = R, L \tag{5-71}$$

第三，假设由左右两侧入射的粒子都分别满足局域热平衡分布，单粒子态为

$$\langle \hat{a}^{i+}_E \hat{a}^j_{E'} \rangle = \delta_{ij}\delta\langle E - E' \rangle f^i_E \qquad i, j = R, L \tag{5-72}$$

式中，$f^i_E = f_i(E)$ 为费米-狄拉克分布。

1) 单通道

由上述假设，可定义电流算符为

$$\hat{I}(x, t) = \frac{\hbar}{2mi} \int d\mathbf{r}_\perp \left[\psi^+(\mathbf{r}, t)\left(\frac{\partial}{\partial x}\psi(\mathbf{r}, t)\right) - \left(\frac{\partial}{\partial x}\psi^+(\mathbf{r}, t)\right)\psi(\mathbf{r}, t) \right]$$

$$= \mathrm{Im}\left[\varphi^+(\mathbf{r}, t)\frac{\partial\psi(\mathbf{r})}{\partial x} \right] \tag{5-73}$$

式中，$d\mathbf{r}_\perp = dydz$ 是横向二维坐标。

2）平均电流

将式(5-69)代入式(5-73)，可以得出电流算符的具体形式：

$$\hat{I}(x, t) = \frac{\hbar}{2mi} \int dE \int dE' \int d\mathbf{r}_\perp \, e^{i(E-E')t/\hbar}\left[(\hat{a}_E^L)^+ \, \hat{a}_E^L \tilde{I}_{E,E'}^{LL} \right.$$

$$\left. + (\hat{a}_E^R)^+ \, \hat{a}_E^R \tilde{I}_{E,E'}^{RR} + (\hat{a}_E^L)^+ \, \hat{a}_E^R \tilde{I}_{E,E'}^{LR} + (\hat{a}_E^R)^+ \, \hat{a}_E^L \tilde{I}_{E,E'}^{RL} \right] \tag{5-74}$$

式中：

$$\tilde{I}_{E,E'}^{ij} \equiv (\Psi_E^i)^* \frac{\partial \Psi_E^j}{\partial x} - \frac{\partial(\Psi_E^i)^*}{\partial x}\Psi_{E'}^j \qquad i,j = R, L \tag{5-75}$$

下面利用式(5-72)计算电流算符的集平均：

$$\langle I \rangle = e\langle \hat{I}(x) \rangle = \frac{e\hbar}{2mi} \int dE \int d\mathbf{r}_\perp \left[\int \frac{L}{E}\tilde{I}_{E,E}^{LL} \mid f_E^R \tilde{I}_{E,E}^{RR} \right]$$

$$= \frac{e\hbar}{2mi} \int dE \int d\mathbf{r}_\perp \left[f_E^L - f_E^R \right]\tilde{I}_{E,E}^{LL} \tag{5-76}$$

式中利用了性质：

$$\tilde{I}_{E,E}^{LL} = -\tilde{I}_{E,E}^{RR}$$

仔细考察式(5-76)，首先，式(5-76)与时间无关，第二，电流的大小与空间位置 x（如图5-6所示，图中 $\mu(x)$ 是电子化学势）也无关，因此可以假设其是空间任意点的电流值。例如，可以用式(5-76)计算 $x \to +\infty$ 的电流。其中波函数分别为

$$\Psi_{ik_i}^+(\mathbf{r}) \to \sum_{f=1}^{N_c^R} \tau_{if}\sqrt{\frac{|v_i|}{|v_f|}}\psi_{fk_f}(\mathbf{r}) \qquad x \to +\infty \tag{5-77}$$

$$\Psi_{i(-k_i)}^+(\mathbf{r}) \to \psi_{i(-k_i)}(\mathbf{r}) + \sum_{f=1}^{N_c^R} \tilde{\tau}_{if}\sqrt{\frac{v_i}{v_f}}\psi_{fk_f}(\mathbf{r}) \qquad x \to +\infty \tag{5-78}$$

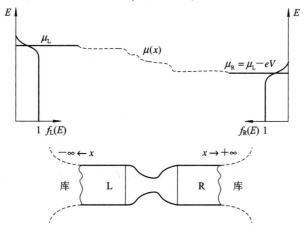

图 5-6 单通道情形的隧穿电流计算

式中：N_c^R 是通道号；$\tau_{if} = \delta_{if} + \dfrac{L_x}{\mathrm{i}\hbar \sqrt{|v_f||v_i|}} t_{if}$，其中 L_x 是粒子运动的归一化距离，δ_{if} 是狄拉克函数，v_i 是入射通道粒子的速度，v_f 是离开通道粒子的速度，

$$t_{if}(E_i) = \langle \psi_{fk_f} \mid \hat{V} \mid \psi_{ik_i} \rangle + \langle \psi_{fk_f} \mid \hat{V}\hat{G} + \hat{V} \mid \psi_{ik_i} \rangle \tag{5-79}$$

式中，$\hat{V}$ 是势能算符，$\hat{G}$ 是格林函数算符，ψ 是波函数。

将波函数 $\Psi_{i(\pm ki)}^+(\mathbf{r})$ 代入式（5-76），经空间积分可得：

$$\langle I \rangle = \frac{e}{2\pi\hbar} \int \mathrm{d}E [f_E^L - f_E^R] T(E) \tag{5-80}$$

这就是电流算符的集平均。

3）电流的二阶矩

下面计算噪声。由式（5-61），有电流的二阶矩：

$$S(\omega, x_1, x_2) = e^2 \int_{-\infty}^{+\infty} \mathrm{d}t \mathrm{e}^{\mathrm{i}\omega t} \langle \Delta\hat{I}(x_1, t)\Delta\hat{I}(x_2, 0) + \Delta\hat{I}(x_2, 0)\Delta\hat{I}(x_1, t) \rangle$$
$$\tag{5-81}$$

其中，$\Delta\hat{I}(x, t) = \hat{I}(x, t) - \langle\hat{I}\rangle$。

将式（5-74）、式（5-76）代入式（5-81），并利用式（5-72）的性质，经过繁杂计算，有

$$S(\omega; x_1, x_2) = -\frac{e^2\hbar^3}{2m^2} \int \mathrm{d}E \int \mathrm{d}\mathbf{r}_{1\perp} \int \mathrm{d}\mathbf{r}_{2\perp} \sum_{i,j=L,R} f_{E+\hbar\omega}^i (1 - f_E^j)$$
$$\times [\tilde{I}_{E,E+\hbar\omega}^{ij}(\mathbf{r}_1) \times \tilde{I}_{E+\hbar\omega,E}^{ji}(\mathbf{r}_2)] \tag{5-82}$$

将式（5-82）的条件限制在"0 温 0 频"的情况，若左侧电子化学势 μ_L 高于右侧的，如 $\mu_L - \mu_R = eV$，则散粒噪声为

$$S(0; x_1, x_2) = -\frac{e^2\hbar^3}{2m^2} \int_{\mu_L}^{\mu_R} \mathrm{d}E \int \mathrm{d}\mathbf{r}_{1\perp} \int \mathrm{d}\mathbf{r}_{2\perp} [\tilde{I}_{E,E}^{LR}(\mathbf{r}_1) \times \tilde{I}_{E,E}^{RL}(\mathbf{r}_2)] \tag{5-83}$$

式（5-83）可以对空间中任意一对点进行估算。现在估算 $x_1 \to \infty$、$x_2 \to \infty$ 的 $S(0; x_1, x_2)$ 值，并记为 S_{RR}。

将波函数 $\Psi_{i(\pm ki)}^+(\mathbf{r})$ 的值即式（5-77）、式（5-78）代入式（5-82）并积分，可得：

$$S_{RR} = \frac{e^2}{\pi\hbar} \int_{\mu_R}^{\mu_L} \mathrm{d}E\, T(E) R(E) = \frac{e^2}{\pi\hbar} \int_{\mu_R}^{\mu_L} \mathrm{d}E\, T(E)[1 - T(E)] \tag{5-84}$$

类似地，可以计算 $x_1 \to -\infty$、$x_2 \to -\infty$ 的 $S(0; x_1, x_2)$ 值，记为 S_{LL}、$x_1 \to -\infty$、$x_2 \to \infty$ 的 $S(0; x_1, x_2)$ 值，记为 S_{LR}、$x_1 \to \infty$、$x_2 \to -\infty$ 的 $S(0; x_1, x_2)$ 值，记为 S_{RL}，可以看出它们之间的关系是：

$$S_{RR} = S_{LL} = -S_{LR} = -S_{RL} \tag{5-85}$$

如式（5-66）所表示的一样。

4）卜松极限

下面讨论式（5-84）表示的散粒噪声在极限情况下变成卜松极限即式（5-63）时的情况。

设 $T(E) \ll 1$，由式（5-84），可得：

$$S_{RR} \approx \frac{e^2}{\pi\hbar} \int_{\mu_L}^{\mu_R} \mathrm{d}E\, T(E) \tag{5-86}$$

如果继续假设传输系数与粒子隧穿的能量无关，即 $T(E) \equiv T$，则可将其从能量积分式中提出，再利用 $\mu_L - \mu_R = eV$，有

$$S_{RR} \approx \frac{e^2}{\pi\hbar} T \int_{\mu_L}^{\mu_R} \mathrm{d}E = \frac{e^3 V}{\pi\hbar} T \tag{5-87}$$

利用同样的近似，式(5-80)的均值电流为

$$\langle I \rangle \approx \frac{e^2 V}{2\pi\hbar} T \tag{5-88}$$

则式(5-87)可以写成：

$$S_{RR} \approx 2e \frac{e^2 V}{2\pi\hbar} T = 2e\langle I \rangle = S_P \tag{5-89}$$

此即式(5-63)表示的经典理论得出的值。

　　5）多通道

　　以上单通道情形为单电子隧穿势垒的电流产生散粒噪声时的描述。可以将其推广到多个电子隧穿势垒的电流产生的散粒噪声。当然，假设这些通道都是互相独立的，如有 i 个独立的入射通道 N_c^L 和 f 个独立的离开的通道 N_c^R，且入射和离开的通道数量也不必相同。此处，通过将各个通道的结果相加，直接给出 S_{RR} 的结果如下：

$$S_{RR} = \frac{e^2}{\pi\hbar} \sum_{ijkl} \int_{\mu_L}^{\mu_R} \mathrm{d}E r_{kf}^* r_{ki} \tau_{li}^* \tau_{lf} = \frac{e^2}{\pi\hbar} \int_{\mu_L}^{\mu_R} \mathrm{d}E \, \mathrm{Tr}\{\boldsymbol{r}^+ \boldsymbol{r} \boldsymbol{\tau}^+ \boldsymbol{\tau}\}$$

$$= \frac{e^2}{\pi\hbar} \sum_n \int_{\mu_L}^{\mu_R} \mathrm{d}E T_n(E)[1 - T_n(E)] \tag{5-90}$$

矩阵 $\boldsymbol{r}$ 和 $\boldsymbol{\tau}$ 是与通道的数目有关的块矩阵，与其转置矩阵 $\tilde{\boldsymbol{r}}$、$\tilde{\boldsymbol{\tau}}$ 共同构成表示通道中入射通量与出射通量幅度关系的矩阵，即

$$\boldsymbol{S} = \begin{pmatrix} \boldsymbol{r}_{N_c^L \times N_c^L} & \tilde{\boldsymbol{\tau}}_{N_c^L \times N_c^R} \\ \boldsymbol{\tau}_{N_c^R \times N_c^L} & \tilde{\boldsymbol{r}}_{N_c^R \times N_c^R} \end{pmatrix} \tag{5-91}$$

如 $\boldsymbol{r}_{N_c^L \times N_c^L}$ 就表示 $N_c^L \times N_c^L$ 的矩阵。式(5-90)的第二行表示的是本征值为 $T_n(1 \leqslant n \leqslant N_c^L)$，$\boldsymbol{\tau}^+ \boldsymbol{\tau}$ 为对角阵和本征值为 $1 - T_n(1 \leqslant n \leqslant N_c^L)$，$\boldsymbol{r}^+ \boldsymbol{r}$ 为对角阵的情况。此种情况称为本征通道。

　　如前所述，散粒噪声不能仅写成传输概率的形式。另外，由式(5-90)可以看出，它还与 $\tau_{kf}^* r_{ki} \tau_{li}^* \tau_{lf}$ 成比例，i、k、f、l 表示不同的通道。如果 $i \neq f$，则其积就非实数，故其取决于传输的相对相位和反射的幅度，在各通道间表现为相干干涉。

　　此处再次假设系数项 $T_n(E)$ 与能量无关，即 $T_n(E) \equiv T_n$，则式(5-90)变为

$$S_{RR} \approx \frac{e^3 V}{\pi\hbar} \sum_n T_n(1 - T_n) \tag{5-92}$$

此即式(5-87)的更一般的形式。

　　同样地，本征通道的电流为

$$\langle I \rangle = \frac{e}{2\pi\hbar} \sum_n \int \mathrm{d}E [f_E^L - f_E^R] T_n(E) = \frac{e}{2\pi\hbar} \int \mathrm{d}E [f_E^L - f_E^R] \mathrm{Tr}\{\boldsymbol{\tau}\boldsymbol{\tau}^+\} \tag{5-93}$$

在"0 温"和系数 $T_n(E)$ 与能量无关的假设下，变为

$$\langle I \rangle \approx \frac{e^2 V}{2\pi\hbar} \sum_n T_n \tag{5-94}$$

则多通道的卜松形式为

$$S_P \approx 2e\langle I \rangle = \frac{e^3 V}{\pi \hbar} \sum_n T_n \qquad (5-95)$$

习惯上，定义一个变量，称法诺因子，用来衡量散粒噪声与其卜松值之间的关系：

$$F = \frac{S_{RR}}{S_P} \qquad (5-96)$$

将式(5-90)和式(5-93)代入，则有：

$$F = \frac{S_{RR}}{S_P} = \frac{\int_{\mu_R}^{\mu_L} dE \ \mathrm{Tr}\{\boldsymbol{r}^+ \ \boldsymbol{r}\boldsymbol{\tau}^+ \ \boldsymbol{\tau}\}}{\int_{\mu_R}^{\mu_L} dE \ \mathrm{Tr}\{\boldsymbol{\tau}\boldsymbol{\tau}^+\}} \qquad (5-97)$$

当系数 $T_n(E)$ 与能量无关的假设下的本征通道，式(5-97)变成：

$$F \approx \frac{\sum_n T_n[1 - T_n]}{\sum_n T_n} \qquad (5-98)$$

因为 $0 \leqslant T_n \leqslant 1$，所以法诺因子小于 1。由此可知，散粒噪声总是小于其卜松值，也称亚卜松噪声。然而，这一结果仅对无相互作用的粒子才成立。对于有相互作用的粒子，就会有 $F > 1$。

习　题

1. 什么是"白噪声"？什么是"$1/f$"噪声？
2. 探测器的总噪声由哪些部分组成？
3. 红外系统噪声的产生有哪些因素？
4. 试用卜松极限的形式表示散粒噪声。
5. 试用本章中叙述的方法分析热噪声。

第 6 章

红外光学系统与光学材料

◇◆◆

6.1 概　　述

6.1.1 红外汇聚光学系统

在红外探测成像系统中，通常光学系统采用汇聚的光学系统，其作用主要体现在两个方面：与辐射源配套使用时，使射线集中于一定的视场角内，形成一定的光束；与辐射探测器配套使用时，光学系统将射线集中到探测器的灵敏面，从而大大提高其辐射照度。

大多数热辐射目标均为漫辐射，这些目标产生的辐射通量在很宽的立体角内传输。因此，对于灵敏面不大的探测器，只能接收到目标辐射极少的能量，如图 6-1(a)所示。

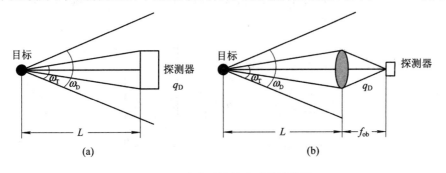

图 6-1 光学系统放大系数计算图

假定辐射探测器与光强为 I 的点状热辐射目标之间有一定的距离 L，此时，入射到面积为 q_D 的探测器灵敏面的辐射通量 F_D 大约为 $F_D \approx I\omega_D$，ω_D 为探测器灵敏面所张成的空间立体角，$\omega_D = \dfrac{q_D}{L^2}$；目标辐射的总辐射通量 $F_T = I\omega_T$，ω_T 是目标辐射均匀分布的立体角。

显然，$F_D = \dfrac{F_T \omega_D}{\omega_T}$。当距离比较大时，$\dfrac{\omega_D}{\omega_T}$ 就很小，因此，入射到面积为 q_D 的探测器灵敏面的辐射通量 $F_D = \dfrac{F_T \omega_D}{\omega_T}$ 也很小。靠增加 q_D 是不现实的，因为这不仅会影响探测器的性能，技术条件也有所限制。

如果在探测器之前设置一个物镜，如图 6-1(b)所示，使得射线聚焦到探测器的灵敏面上，则物镜所"搜集"的辐射通量 F_{ob} 为 $F_{ob} = \dfrac{F_T \omega'_{ob}}{\omega_T}$。在理想情况下，这一通量将由探测器全部接收。用 F_{0b} 除以 F_D，可得 $\dfrac{F_{0b}}{\omega_{0b}} = \dfrac{F_D}{\omega_D}$，设 k_{ont} 是聚焦系统的放大系数，其值等于焦平面

探测器入射通量与没有聚焦系统探测器的入射通量之比，则 $k_{ont} = \dfrac{F_{0b}}{F_D} = \dfrac{\omega_{0b}}{\omega_D}$。它的变化范围

很大，可从 25 到 5000。可见，光学系统的设置增大了 $F_D = \dfrac{F_T \omega_D}{\omega_T}$ 的值。

通过上述分析可见，红外光学系统的作用是重新改善光束的分布，更有效地利用光能、搜集辐射能，汇聚到探测器灵敏面上，大大提高灵敏面上的照度，提高信噪比，增大系统探测能力。

6.1.2　红外光学系统与可见光学系统的区别

红外装置与可见光范围使用的光学仪器，其汇聚光学系统在很多方面都是相同的，但也有两个主要的差别。一是工作的波段不同，红外光学系统工作在中远红外区，采用红外光学材料，可见光学系统的工作波段在可见光区；二是成像后的空间分辨率不同。

所谓空间分辨率，是指光学成像系统的分辨本领，即它能分辨开两个靠近的点物或物体细节的能力。从几何光学的观点来看，每个像点应该是一个几何点，因此，对于一个无像差的理想光学成像系统来说，其分辨本领应当是无限的，即两个物点无论靠得多近，像点总可以分辨开。但实际上，光波通过光学成像系统时，由于光的波动性，总会因光学孔径的有限性产生衍射，物点的像不再是一个点，而是有一定大小的光斑，称为爱里斑（夫朗禾费衍射图样），如图 6-2 所示。

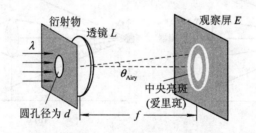

图 6-2　光学系统的衍射现象

这样，当两个物点过于靠近，其像斑重叠在一起，就可能分辨不出两个物点的像，如图 6-3 所示。可见光学系统存在一个分辨极限，与不同辐射波长产生的衍射极限有关，通常用最小分辨角 θ_0 来描述。最小分辨角的倒数就定义为光学系统的空间分辨率。

这个分辨极限即最小分辨角 θ_0，通常采用瑞利提出的判据来确定。如图 6-3 所示，设有 S_1 和 S_2 两个非相干点光源，间距为 i，它们到直径为 D 的圆孔的距离为 R，则 S_1 和 S_2 对圆孔的张角 $\alpha = i/R$。由于衍射效应，它们的像将有一定的大小。张角 α 愈小，愈不易分辨开。现在要研究，对于一个光学成像系统，张角 α 小到什么程度就不能分辨 S_1 和 S_2 了。

下面研究两个光源所成的像。由于衍射效应，点光源 S_1 和 S_2 通过直径为 D 的圆孔后分别在屏上形成自己的衍射图样，如图 6-3 所示。设每个爱里斑关于圆孔张角的半角宽度为 θ_0，则有 $\theta_0 = 1.22(\lambda/D) = 0.61(\lambda/\alpha)$，$\theta_0$ 称为圆孔夫朗禾费衍射图样的第一暗环衍射角。

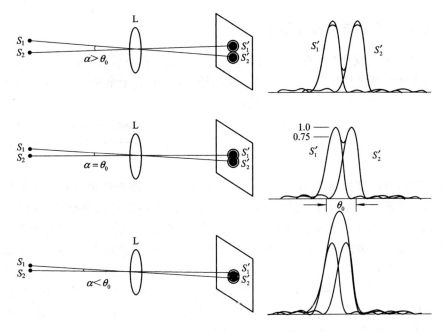

图 6 - 3　两个点物衍射像的分辨

瑞利判据就是以爱里斑角的半角宽度 θ_0 作为光学系统空间分辨极限。具体理解如下：

(1) 当张角 $\alpha>\theta_0$ 时，两个爱里斑能完全分开，即 S_1 和 S_2 可以分辨。

(2) 当张角 $\alpha=\theta_0$ 时，一个物点的爱里斑的中心正好处于另一个物点的爱里斑边缘，刚好能分辨出两个像。此时，两个爱里斑中心对光学系统的张角就是圆孔夫朗禾费衍射图样中爱里斑的半角宽度，即等于 θ_0。

(3) 当张角 $\alpha<\theta_0$ 时，两个爱里斑分不开，S_1 和 S_2 不可分辨。

下面利用瑞利判据确定人眼睛的分辨本领。人眼的成像作用可以等价于一个单凸透镜的情况。通常人眼睛的瞳孔直径为 2～6 mm（视入射光强的大小而定），比如，人眼瞳孔直径为 2 mm，对于人眼最敏感的光波波长 0.55 μm 而言，根据瑞利判据，可以算得人眼的最小分辨角：

$$\theta_0 = 1.22\left(\frac{\lambda}{D}\right) = 1.22 \times \left(\frac{0.55 \times 10^{-6}}{2 \times 10^{-3}}\right) = 3.3 \times 10^{-4} \text{ rad}$$

通常由实验测得的人眼最小分辨角约为 $1'$（大约 2.9×10^{-4} rad），与上面计算的结果基本相符。可见瑞利判据确定最小分辨率是合理的，但瑞利判据并不是一个很严格的判据，在有利条件下，有的人可以分辨更小的角宽度。

根据瑞利判据可以得到以下两点推论：

(1) 最小分辨角与衍射孔的孔径 D 成反比。对于光学仪器而言，总希望得到清晰的像，就要求光学系统的最小分辨角 θ_0 尽量小，这就要求衍射光的弥散尽量小，即爱里斑尽量小，所以应该尽可能增大光学仪器的孔径 D。例如，天文望远镜物镜一直都做得很大，可达 6 m，原因之一就是为了提高分辨本领。对于波长为 0.55 μm 的单色光来说，其最小分辨角为 $0.023' = 1.12 \times 10^{-7}$ rad，比人眼的分辨本领要大 3000 倍左右。

(2) 最小分辨角与所用光波的波长 λ 成正比。要提高光学仪器的分辨本领，就应该尽可能减小观测光的波长 λ。所以，红外光学系统的空间分辨率比可见光系统的空间分辨率要低。

6.1.3 红外光学系统的设计要求

红外光学系统在设计时面临着一些特殊问题，主要有以下几方面：

（1）可选择的投射材料少。目前在中、长红外波段，只有十余种透射材料，考虑到成本及理化性能，实际可用的材料只有 3～5 种。

（2）受光学工艺的制约较大。红外光学系统中不能使用胶合镜，限制了设计自由度。另一方面，由于红外光线为非可见光，因此在系统调试、零件加工及检测环节都存在一定的难度。

（3）对使用制冷型探测器的红外光学系统，还要考虑冷光栏耦合和冷反射抑制的问题。制冷型探测器杜瓦瓶内部有制冷光栏，光学系统的光瞳要与该制冷光栏耦合，一般要求冷光栏耦合的效率要达到或接近 100%，以降低背景噪声。冷反射是红外光学系统特有的一种图像缺陷，其表现形式为在视场中心区域有一黑斑（白热状态），这将严重影响热像仪的探测识别、分辨和跟踪性能。冷反射产生的原因是光学系统透射面的透过率不能达到100%，致使在视场中心探测器接收到的是由光学零件表面反射的微弱的制冷探测器辐射信号，而在视场边缘探测器接收到的是较强的壳体辐射信号。冷反射信号幅度与扫描镜前的透射面数、冷反射信号对探测器所张的立体角、光学面的反射率成正比。设计时抑制冷反射的措施有两个：一是控制光学透射面的形状，以减小冷反射信号对探测器所张的立体角；二是提高透过率。

（4）红外光学材料的折射率－温度系数较大，要有温度补偿或调焦措施。在合理分配光焦度和选用透射材料的基础上，实现被动温度补偿（无需人工调节）。不同形式的光学系统有不同的温度补偿条件。

综上所述，红外仪器的光学系统在设计时应综合考虑下列要求：

（1）机械尺寸的要求：根据设计需求，外形尺寸尽量要小。

（2）视场的要求：满足一定视场角的需求下，相对孔径尽可能大。

（3）光谱的要求：所选用波段的波长损失要最小。

（4）像差的要求：无重大失真，无明显畸变。

（5）稳定性要求：在不同气侯条件以及在颠簸和振动情况下工作时光学性能稳定。

6.2 红外光学系统的参数

6.2.1 光阑

组成光学系统的透镜、反射镜都有一定的孔径，它们必然会限制可用来成像光束的截面或范围，有些光学系统中还特别附加一定形状的开孔的屏，它们统称为光阑，它们在光学系统中起拦光的作用。

实际光学系统中可能有许多光阑，但按其作用可分为孔径光阑和视场光阑两类。

6.2.2 入瞳

为研究目标的辐射能量有多少为光学系统接收，需要引入入射光瞳的概念。图 6-4 中

M_1N_1 为薄透镜 L_1 的边框,另有一个开有孔的光阑 A_1B_1。若一点光源位于焦点 F_1 处发出光束,由图可见.限制入射光束截面的光阑是 A_1B_1 而不是 M_1N_1,所以在图示的情况下,A_1B_1 是系统的孔径光阑。虽然位于 F_1 处的点光源发出的光束能通过光学系统的孔径角是由 A_1B_1 决定的(即图示的 u_0),但它不是由 A_1B_1 对 F_1 直接连成的张角,这是因为 A_1B_1 与物点 F_1 不在同一空间内,F_1 在物空间而 A_1B_1 在像空间。A_1B_1 对于发自 F_1 点的光束的限制,需要通过它前面的光学系统 L_1 的折射起作用。从 F_1 点来看,A_1B_1 的大小相当于以孔径光阑为物,通过透镜 L_1 与系统物空间所成的像 $A_1'B_1'$,由这个像的边缘对物点 F_1 所作的张角,就是通过光学系统的光束的最大孔径角。光阑 A_1B_1 的像 $A_1'B_1'$ 就称为系统的入射光瞳,或简称入瞳。换言之,入瞳是孔径光阑在物方的共轭。

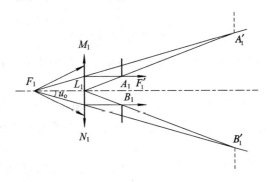

图 6 - 4　入射光瞳

入瞳的大小是由光学系统对成像光束能量的要求或者对物体细节的分辨能力的要求来确定的。需要指出,哪个光阑成为光学系统的孔径光阑是与物体的位置有关的。如果物体位置发生变化,原来限制光束截面的孔径光闸将会失去限制光束的作用。但对点源红外制导系统来说,可以把物距取为无限远从而确定孔径光阑。

6.2.3　相对孔径

相对孔径定义为入瞳的直径 D_0 与焦距 f 之比。

设物与像的关系如图 6-5 所示,景物面积为 A,像的面积 A',若景物的辐射亮度为 L,则其辐射强度为

$$I = LA$$

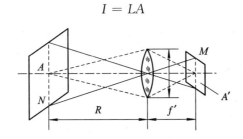

图 6 - 5　像的照度与相对孔径的关系

景物在光学系统入瞳上形成的辐射功率 P 为

$$P = I\omega = LA \frac{A_0}{R^2} \tag{6-1}$$

式中，A_0 为入瞳面积。考虑到光学系统的透过率 τ_0，在像面上的辐射功率 P' 为

$$P' = P\tau_0 = LA\frac{\pi D_0^2}{4R^2}\tau_0 \tag{6-2}$$

将光学系统成像关系

$$\frac{A}{R^2} = \frac{A'}{f^2} \tag{6-3}$$

代入式(6-2)可得

$$P' = \frac{\pi}{4}\left(\frac{D_0}{f}\right)^2 L\tau_0 A' \tag{6-4}$$

所以像面上的辐照度为

$$H' = \frac{P'}{A'} = \frac{\pi}{4}L\tau_0\left(\frac{D_0}{f}\right)^2 \tag{6-5}$$

由上式可见，像面上的辐照度与光学系统的相对孔径的平方成正比。要增加像面的辐照度，必须增加相对孔径。

相对孔径的倒数 f/D 为 F 数($f/$数)，例如一个物镜系统的焦距为 160 mm，其入瞳直径为 20 nm，则其 F 数为 8，就写此物镜的 F 数为 $f/8$。$f/8$ 表示系统的焦距为入瞳直径的 8 倍。

像面上的照度与 $f/$数的平方成反比。例如，$f/1.4$ 的物境在像面上形成的照度比 $f/2.0$ 形成的高一倍，因而相对孔径或 $f/$数是衡量光学系统聚光能力的参数。

6.2.4 视场与视场角

视场是探测器通过光学系统能感知目标存在的空间范围。度量视场的立休角 ω 称为视场角，如图 6-6(a)所示。

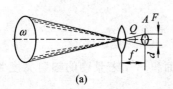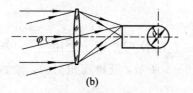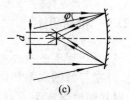

图 6-6 视场角示意图

视场角的单位为球面度(sr)，但目前习惯上用平面角表示，例如图 6-6(a)中的圆锥视场的锥顶角 Q。最简单的情况下，视场角可由探测器敏感面的大小和光学系统的焦距决定。对一个装在焦平面上的圆形探测元件，它能感受的视场是个圆锥形，即以 $Q = 2\varphi$(见图 6-6(b)、(c))为锥顶角的锥形空间内的目标，经光学系统成像后均能被该圆形探测元件感知。由图 6-6 可知

$$Q = 2\arctan\frac{d}{2f'} \tag{6-6}$$

一般的红外系统，视场角很小，故

$$d \approx f'Q \tag{6-7}$$

视场角是红外导弹光学系统的一个重要参数，视场角大，有利于导弹的红外导引头捕获目标。但视场角大，将要求探测器的面积大。在第 3 章中已经提到，红外探测器的噪声与

探测器的尺寸成正比，因此增大视场角将导致噪声的增加而使信噪比降低。为了不增加光学系统的视场而又能扩大红外系统的捕获范围，常可采用小的瞬时视场与扫描相结合的方法。

6.3 像 差

对于实际光学系统，光学成像相对近轴成像的偏离称像差，像差使成像与原物形状产生差异。换言之就是非傍轴光线追迹所得的结果和傍轴光线追迹所得的结果不一致，这些与高斯光学的理想状况的偏差叫做像差。

像差一般分两大类：色像差和单色像差。

1. 色像差

色像差简称色差，是由于透镜材料的折射率是波长的函数而产生的像差。由于透射材料折射率随波长变化，造成物点发出的不同波长的光线通过光学系统后不会聚在一点，而成为有色的弥散斑。

色像差仅出现于有透射元件的光学系统中。按照理想像平面上像差的线大小与物高的关系，可将它分为位置色差和放大率色差两种。

（1）位置色差，又称纵向色差，是与物高无关的像差，即不同波长的光线经由光学系统后会聚在不同的焦点。

（2）倍率色差，又称横向色差，是与物高一次方成正比的像差。它使不同波长光线的像高不同，在理想像平面上物点的像成为一条小光谱。

2. 单色像差

单色像差是即使在高度单色光时也会产生的像差，按产生的效果，又分成使像模糊和使像变形两类。前一类有球面像差、慧形像差和像散。后一类有像场弯曲和畸变。1856 年，德国的赛德尔分析出源于单色（单一波长）的五种像差，称为赛德尔五像差，分别为球差、彗差、场曲和像散以及畸变。

（1）球差：与物高无关而与入射光瞳口径三次方成正比的像差。它使理想像平面中的各像点都成为同样大小的圆斑。轴上物点只有球差这一种像差。通过入射光瞳上不同环带的光线，经过光学系统后会聚在光轴上的不同点。这些点与近轴光的像点之差称为轴向球差。

（2）彗差：与物高一次方、入射光瞳口径二次方成正比的像差。若仅存在彗差，轴外物点发出的通过入射光瞳不同环带的光线，会在理想像平面上形成半径变化的并且沿视场半径方向偏移的像圈。它们的组合会使物点的像成为形状同彗星相似的弥散斑。

（3）场曲和像散：与物高二次方、入射光瞳口径一次方成正比的像差。若仅存在场曲，则所有物平面上的点都有相应的像点，但分布在一个球面上；若采用弯成此种形状的底片，则可获得处处清晰的像。此时在理想像平面上，像点呈现为圆斑。若仅存在像散，则轴外物点的光线通过光学系统后聚焦成两条焦线。在这两条焦线的中点，光束形成最小弥散圆。若将底片弯成处处都在这样的位置，则可获得处处像点弥散成最小的圆形斑。此时在理想像平面上，像点呈现为椭圆斑。

（4）畸变：仅与物高三次方成正比的像差。当物体发出光线与主轴有较大倾角时，即使是窄光束,所成像与原来的物不再相似,各部分放大率不一样,如桶形畸变、枕形畸变等。若仅有畸变,则得到的像是清晰的,只是像的形状与物不相似。

实际的光学系统存在着各种像差,一个物点所成的像是综合各种像差的结果。

6.4 红外光学系统的分类

红外光学系统在实际使用中可以大致分为以下几类:

1. 透射式红外光学系统

透射式红外光学系统也称作折射式红外光学系统,由几个透镜或组合透镜组成,用于红外探测器的光学系统中,利用透镜聚光器将物镜整个视场内的辐射束全部收集到探测器的灵敏面上。

(1)单透镜:如图 6-7 所示,是由单个球面透镜构成的,结构简单,加工方便。它对成像质量要求不高,缺点是边缘畸变比较严重(普通放大镜的边缘的影像)。

(2)组合透镜:如图 6-8 所示,是由若干个单透镜组成的,能很好地消除像差,可以获得较好的成像质量,边缘畸变小,但总透过率低,成的影像比较暗。

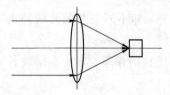
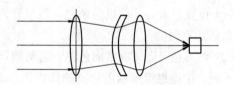

图 6-7　单透镜示意图　　　　　　图 6-8　组合透镜示意图

2. 反射式红外光学系统

反射式红外光学系统主要有以下几种:

(1)牛顿式反射镜:如图 6-9 所示,主镜是抛物面,次镜是平面,简单易加工,但挡光比较大。

(2)卡塞格伦式反射镜:如图 6-10 所示,主镜是抛物面,次镜是双曲面,比牛顿式挡光小,难加工。

(3)格里高利式反射镜:主镜是抛物面,次镜是椭球面,加工难度适中。实际工作中应用最广泛的是球面镜和抛物面镜,因为容易求焦距。

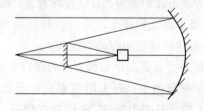
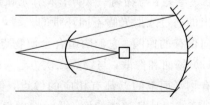

图 6-9　牛顿式反射镜示意图　　　　图 6-10　卡塞格伦式反射镜示意图

3. 复合式红外光学系统

复合式红外光学系统是由透镜＋反射镜构成的,如图 6-11 所示。其典型的有图6-12所示的包沃斯-施密特系统和图 6-13 所示的包沃斯-马克苏托夫系统。

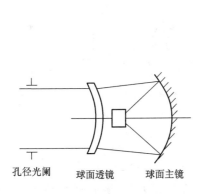

孔径光阑   球面透镜   球面主镜

图 6-11 复合式红外光学系统示意图

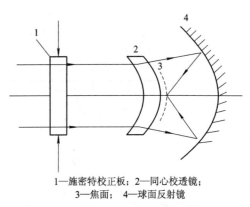

1—施密特校正板；2—同心校透镜；
3—焦面； 4—球面反射镜

图 6-12 包沃斯—施密特系统

图 6-13 是基本的包沃斯—马克苏托夫系统，这种系统由于多了反射镜与弯月透镜第二面的间距 d_2 及透镜第二面的曲率半径 h 这两个变量，因此可以消去更多的像差，使像质得到改善。

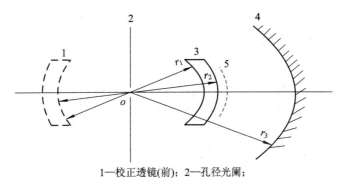

1—校正透镜(前)；2—孔径光阑；
3—校正透镜(后)；4—球面反射镜；5—焦面

图 6-13 包沃斯—马克苏托夫系统

如图 6-13 可见，三个面的曲率中心都取在同一点 o，并且孔径光阑就置于此处，这样整个系统与单球面反射镜一样没有彗差、像散和畸变。校正透镜的作用与施密特校正板一样，主要用来校正球面反射镜的球差，但引进一些色差。由厚透镜消色差条件可知，校正透镜的厚度 d_1、折射率 n 以及曲率半径 r_1、r_2 应满足如下关系：

$$r_1 - r_2 = \frac{n^2 - 1}{n^2} d_1 \qquad (6-8)$$

马克苏托夫系统的校正透镜也可以放在孔径光阑前面，如图 6-13 中虚线所示的位置，其曲率中心必须仍在反射镜球心上，这种系统可称为心前系统，它的光学特性与心后系统是完全一样的。心前系统常用在红外导弹制导系统中，这种校正透镜兼作整流罩。

包沃斯—马克苏托夫系统的焦点在球面反射镜和校正透镜之间，接收器必然造成中心部分挡光，并且使用起来很不方便，为此发展成包沃斯—马克苏托夫—卡塞格伦系统。这种系统把校正透镜的中心部分镀上铝、银等反射膜用作次镜用，就可将焦点移到主反射镜之外。图 6-14 为两种简单的包沃斯—马克苏托夫—卡塞格伦系统，图 6-14(a)用校正透镜凸面作反射次镜；图 6-14(b)用凹面作反射次镜，因此是曼金次镜。这种系统镜筒较短。

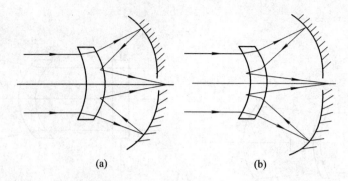

图 6-14　包沃斯－马克苏托夫－卡塞格伦系统

　　为了把包沃斯－马克苏托夫－卡塞格伦系统应用在导弹头上，校正透镜必须为心前型以承受导弹的高速运动，这时校正透镜兼作整流罩用，这样卡氏次镜就必须与校正镜分离。为了缩短镜筒长度，常又把焦点移到主反射镜里面。图 6-15 为导弹用或机载红外雷达用的包沃斯－马克苏托夫－卡塞格伦系统的基本形式。图 6-15(a)采用曼金主镜和正的小校正透镜来改善像质。图 6-15(b)不用曼金主镜，依靠负的小校正透镜来改善像质。图 6-15(c)用曼金次镜和整流罩一起来减小系统球差，这样对整流罩的要求就降低了。正的小校正透镜主要用来校正系统彗差。

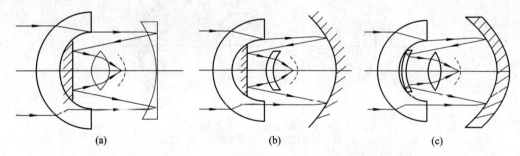

图 6-15　三种用于导弹的组合系统

　　应当指出，图 6-15 那样的系统是不同心的，但是整流罩的两个曲面在主反射镜上同心，主镜为孔径光阑，也是入瞳。这样就能保证从视场内各个方向沿整流罩法线入射的光束的主光线都能通过入瞳中心，以适应导弹跟踪目标时主镜转动的需要。由于光阑不在主镜球心，因此系统存在像散、彗差和畸变。正因为这种系统中包沃斯－马克苏托夫基本结构存在各种像差，才需要依靠次镜和附加的小校正透镜来校正系统的各种像差，使整个系统的结构显得复杂，但是这种系统的所有曲面均为球面，加工是容易的，这是一大优点。

　　4. 透射式和反射式红外光学系统的优缺点

　　透射式和反射式这两种形式的光学系统各有自己的优点和缺点，归纳起来有以下几点：

　　(1)反射光学系统材料便宜，使用一般的光学玻璃或金属材料都可以，而透射式的物镜必须采用昂贵的红外光学材料，要求其具有高红外透射性能和良好的温度特性等要求。

　　(2)一般反射形式的物镜中心有遮拦，一会影响它的红外能力接收，二将导致红外光学系统高频区红外传递函数下降，而透射形式的物镜就没有这样的问题。

　　(3)反射形式的物镜在成像时尽管不产生色差，但很难消除远轴像差，一般用在小于

3°的小视场成像系统中。

可见，要进一步改善像质或增大视场，需要采用复合式光学系统。

6.5　红外辐射的光学调制

6.5.1　光学调制

光电系统对军用目标的探测通常要通过较远的距离，对于静态目标来说，系统所能接收到的是相当微弱的和恒定的光辐射，经探测器进行光电转换，再经直流放大形成系统的探测信号。由于直流放大器的零点漂移等影响，这种处理方法对远距离探测很不理想。为此希望在探测器上接收交变的目标光辐射，转换为交流信号，并进行交流放大，这样的处理方式精度高，而且比较方便。

此外，若对光辐射信号直接进行光电转换，所得到的电信号只能表明在视场中有目标存在，而无法判定目标的方位，而且无法分离背景与目标的辐射信号。为了使这个信号能反映目标在空间相对系统光轴的位置，同时消除背景干扰，就必须在光电转换之前进行光学调制。

光辐射的调制就是把系统接收到的常值辐射信号变换为随时间变化的辐射信号，并使其某些特征(幅度、频率、相位)携带目标信息的过程(如随目标在空间的方位而变化)。调制后的辐射信号，经光电探测器转换成交流电信号。可见，光辐射调制的目的是：对所需处理的信号或被传输的信息做某种形式的变换，使之便于处理、传输和检测。

6.5.2　调制盘的光学调制

1. 调制盘

调制盘是光强度调制器的一种。它的制作方法很多，最常用的是在能透过光辐射(辐射的波段多为红外波段)的基板上覆盖一层不透光的涂层，然后用光刻的办法把涂层做成许多透光和不透光的栅格，由这些栅格组成调制盘的花纹图案。简单的调制盘也可以通过在金属板上切割成各种图形得到。通常，调制盘被置于光学系统的焦平面上，位于光电探测器之前。当目标像点与调制盘之间有相对运动时，透光和不透光的栅格切割像点，使得通过调制盘的辐射能量变成了断续的形式。于是，光电探测器接收到的光辐射就被调制成周期性重复的光强度调制信号了。

调制盘有多种分类方式，按照扫描方式不同，调制盘通常可分为三类：旋转式、圆锥扫描式和圆周平移式。

旋转式调制盘是调制盘本身以一定角速度转动，在对应系统中，当目标位置一定时，像点在调制盘空间上的位置也固定不动。而当目标位置变化时，对应像点位置也发生变化，这样经调制盘调制后的信号就包含了目标的方位信息。

圆锥扫描式调制盘工作时，调制盘不动，而由光学系统的扫描机构运动，当目标在空间某确定位置时，对应像点在调制盘上以一定频率做圆周运动。而当目标在不同位置上时，对应轨迹为中心在不同位置上的圆，即扫描圆。利用扫描圆在不同位置上切割特定的调制盘图案，获得包含目标防卫的信息。

圆周平移式调制盘工作时，调制盘不动，而是使调制盘中心绕光学系统中心做圆周平移。平移一周，目标像点在调制盘上扫出一个圆，该圆偏离调制盘中心的大小和方向，与目标偏离光轴的大小和方向相对应。

调制盘按调制方式来分类，可分为调幅式、调频式、调相式和脉冲编码式四种，分别与表征光波特性的振幅、频率和相角相对应。调幅式、调频式和调相式分别用调制波的幅度变化、调制波的频率变化和调制波的相位变化来表示目标的方位，而脉冲编码式是利用调制盘的图案输出一组组脉冲的频率和相位的变化来反映目标方位。

调制盘最基本的作用是把恒定的辐射通量变成周期性重复的光辐射通量。对于常用的光电探测系统而言，调制盘的作用主要有如下三点：

（1）提供目标的空间方位。在红外跟踪及制导系统中，利用调制盘来提供目标的空间方位，把目标方位转换成可用的信息，从而给出方位误差信号驱动跟踪机构跟踪目标。

（2）进行空间滤波以抑制背景干扰。由于系统目标（如飞机、导弹等）总是存在于背景（大气、云层、地景等）之中，因此背景辐射总是不可避免地与目标辐射同时进入系统。利用目标和背景相对于系统张角的不同，即利用目标和背景空间分布的差异，调制盘可以抑制背景、突出目标，从而把目标从背景中分辨出来。

（3）抑制噪声与干扰以提高系统的检测性能。将直流信号转换为交流信号进行处理，可提高信息处理能力。

可见，调制盘在军用光电系统中有着十分重要的作用，下面结合具体的调制盘来讨论目标方位转化和空间滤波的工作原理。

2. 调制盘的工作原理

1）目标测量的投影角原理

调制盘利用投影角原理，通过对目标辐射能量的调制，测量目标在空间的坐标位置。如图 6-16 所示，目标（辐射）经光学系统成像后，物平面上的一点 M' 对应着像平面上的一个确定点 M。

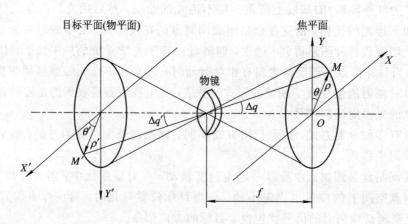

图 6-16　目标测量的投影角原理

目标 M' 和像点 M 在物平面和像平面上的位置用极坐标表示为 (ρ', θ') 和 (ρ, θ)，如果光学系统的焦距为 f，则有：

$$\begin{cases} \rho = f\,\tan\Delta q = \dfrac{f}{D}\cdot\rho' \\[2mm] \theta = \theta' \end{cases} \tag{6-9}$$

式中：ρ 为 XOY 平面内像点至 O 点的距离，称为像点偏离量；θ 为像点方位角；Δq 为失调角，它反映了目标偏离光学系统光轴的大小。这样，像点的位置 (ρ,θ) 便与目标在空间的方位 (ρ',θ') 联系起来了，如图 6-16 所示。

现在的问题是怎样将目标像点的方位 (ρ,θ) 转化为可用信号。下面以旭日型调制盘为例，说明调制盘的工作原理。

2）典型调制盘工作过程分析

旭日型调制盘是调制盘中较简单的一种，上半圆为目标调制区，由透辐射与不透辐射的扇形条交替呈辐射状；下半圆为半透区，呈半透辐射的透过特性。将这一调制盘置于光学系统的焦平面上，使调制盘中心 O 位于光轴上，调制盘绕中心 O 转动。

假定像点位于图 6-17(a)中的 M 点不动，调制盘以角速度 Ω 顺时针方向转动。当像点在调制区内相对调制盘转动时，像点交替通过透辐射与不透辐射扇形，则透过调制盘的像点能量就在最大与最小之间交替变化；当像点在半透区内运动时，透过调制盘的像点能量为像点总能量的一半。这样，在调制盘的一个转动周期内，透过调制盘的能量大小随调制盘转角而变化，像点能量被调制成调幅波。若像点大小与扇形条尺寸的比例如图 6-17(a)所示时，则所得到的调幅波波形如图 6-17(b)所示，显然是方波调制的连续梯形波，调制盘转动一周（360°）为一个调制周期 T。

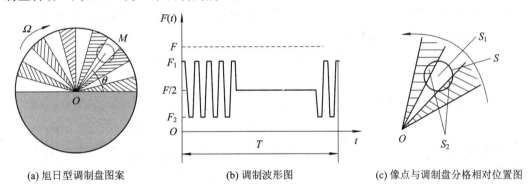

(a) 旭日型调制盘图案　　　　(b) 调制波形图　　　　(c) 像点与调制盘分格相对位置图

图 6-17　旭日型调制盘及其调制波形

首先分析调制信号与像点偏离量的关系。

图 6-17(a)中，像点 M 的偏离量为 ρ，方位角为 θ。假定像点为有限半径的圆形；像点上辐照度（单位面积上的辐射能）均匀分布；像点总面积为 S。像点上一部分辐射能能透过调制盘，其面积为 S_1；一部分辐射能不能透过调制盘，其面积为 S_2，如图 6-17(c)所示。因此，像点上透过调制盘的能量 F_1 正比于 S_1，不能透过调制盘的能量 F_2 正比于 S_2，当调制盘转过一个扇形角度时，F_1 成为不透过的能量，F_2 成为透过的能量。此时，如调制盘不停地旋转，则在上半圆调制区内，透过调制盘的能量就在 F_1 与 F_2 之间周期性地变化；在下半圆半透区内，透过调制盘的能量为像点总能量（F）的一半，如图 6-17(b)所示。

显然，此时调制信号的幅值应为 $|F_1-F_2|$，它与 $|S_1-S_2|$ 成正比。分析问题时，为方便起见，常常引用调制深度 D 的概念，表示为

$$D = \frac{|F_1 - F_2|}{F} = \frac{|S_1 - S_2|}{S}$$

式中：F 为像点总能量；调制深度 D 表征目标辐射通量中被调制部分所占的比例，D 越大，则调制信号幅值越大。

假定目标像点的面积不变，如图 6-17(c) 所示面积为 S，加之调制盘又是扇形结构，所以像点位于调制盘不同径向位置上，即像点偏移量 ρ 不同时，$|S_1 - S_2|$ 的值是不同的（所占透明区的面积 S_1 和不透明区的面积 S_2 大小是不同的），相应的调制信号的幅值 $|F_1 - F_2|$ 也是不同的（透过的通量 Φ 也不同），其变化规律是离轴心越远占透明区的面积越大，透过的能量 F_1 越大，$|F_1 - F_2|$ 也越大，即调制深度 D 也越大；反之亦然。用关系式表示为：$D = f(\rho)$。于是，可以用有用调制信号的幅值来表示像点偏离量的大小。

其次，讨论调制信号的包络相位与目标方位角的关系。

通过上述分析，显示调制波的幅值随调制盘转过目标像点的转角而变化，那么调制盘的转角是否可以描述目标的空间方位？调制盘的转角与目标方位角之间有什么关系？

旭日型调制盘图案有明显的分界线 OX，令这一分界线为起始坐标线，则目标像点偏离 OX 的方位角 θ 可反映目标的空间方位。为讨论问题方便起见，忽略像点大小的影响，假定像点为一个几何点，这时所得载波为矩形脉冲。调制信号的相位角通常要同基准信号相比较，把基准信号的起始相位取于 OX 轴。

由于调制盘转一周（360°）对应包络信号变化一个周期，因此包络的初相角就等于目标在空间的方位角，如图 6-18(a) 中目标分别处于 A 点和 B 点，方位角分别为 θ_a 和 θ_b，所得调制波波形分别如图 6-18(b)、(c) 所示，此时调制信号（即包络）与基准信号的相位差角 θ 分别等于目标在空间的方位角 θ_a 和 θ_b。

可见，当目标像点偏离 OX 不同方位角时，所得到的调制波的包络的初相角不同，因此可以用包络的初相角反映目标方位。

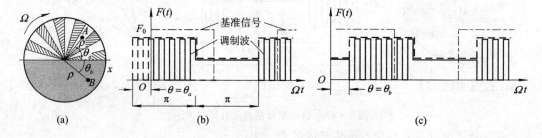

图 6-18 包络的相位与目标方位角的关系

综上所述，用调幅调制的方法，就可以把目标像点的偏离量 ρ 及方位角 θ 转化成可用信息（即包络的幅值及初相角），旭日型图案仅为一例。完成转化的关键问题是：调制盘径向变幅度调制 $D = f(\rho)$ 且具有确定的起始坐标线。

下面研究调制盘的空间滤波作用。由于红外系统要保证一定的视场，就不可避免地引入背景辐射干扰，如地物、云层的辐射和太阳光反射散射等。系统中设置的调制盘可以大大抑制这些背景的干扰，提高系统的信噪比。

上面所述的一些背景通常具有较目标辐射大得多的辐射面积，因此在调制盘上所成的像会覆盖若干个扇形辐条，如图 6-19(a) 中所示的像点 B。如果像点总能量为 F_0，则此时

透过的能量接近 $F_0/2$，在下半圆内透过的能量仍然为 $F_0/2$。在整个周期内，大面积辐射所能透过的辐射能大体上接近于总辐射能的一半，因此没有有用信号输出，如图 6-19(b)所示。这样，便抑制了大面积背景的干扰，这就是调制盘的空间滤波原理。

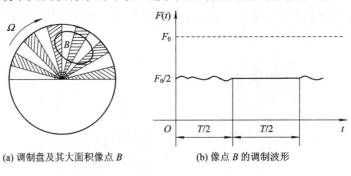

(a) 调制盘及其大面积像点 B　　　(b) 像点 B 的调制波形

图 6-19　大面积象及其调制波形

这种上半圆为扇形辐条，下半圆为半透区的调制盘，当辐射面积较小的背景成像于调制盘边缘时，仍会产生调制信号，如图 6-20 所示。为了进一步提高抗背景干扰的能力，可将边缘部分再进行径向分格，以减小透辐射与不透辐射区的面积，使边缘成为棋盘格子状。棋盘格子的设计，应使调制盘的径向各处对大面积像点的透过率均接近 50%，为此要求每个小单元格子的面积应接近相等。这就是空间滤波问题中，为进一步消除背景干扰而进行径向分格的一条重要原则——对大面积的背景辐射，在整个周期内保持调制盘的透过系数为某一恒定值，即等面积原则。

考虑了空间滤波性能，调制盘调制区的边缘可做成棋盘格式。为使制作工艺简便，半透区通常由宽度和间距都相等的不透辐射同心半圆黑线组成。当目标像点线度远大于不透辐射同心半圆线的宽度时，可以认为这个区域的透过系数无论对目标或背景均为 50%。因此，旭日型调制盘又进一步演化成图 6-21 所示的调制盘。

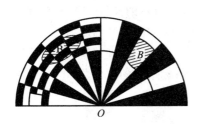

图 6-20　调制盘边缘径向分格

图 6-21　棋盘格式调幅调制盘

3）其他类型的调制盘

（1）旋转调频调制盘。图 6-22(a)所示为一种旋转式调频调制盘图案，沿径向分成四个环带，每一环带又分成若干个黑白扇形格子，同一环带内黑白格子所对应的扇形角度相等，每一环带内的扇形格子数目随径向距离而变化，由内向外每增加一个环带，扇形黑白格子数目就增加一倍。

目标位置一定，则像点处于某一固定的位置，调制盘以一定转速旋转。像点处于 A 位置时产生的脉冲数目为处于 B 位置时脉冲数目的一半，因而像点由某环带移到相邻的外边一个环带时，载波频率便升高一倍。因此，可根据载波频率的变化决定目标的径向位置。

但这种调制盘却不能反映目标在空间的方位，原因是同一环带内扇形分格间距相等。处于同一环带内不同方位角的像点，载波频率都相同。

另一种旋转式调频调制盘图案如图 6-22(b)所示，径向上分三个环带，各环带中黑白相间的扇形分格数从内向外是逐渐增加的，且每一环带中扇形角度分格大小不均匀，其角度分格自 OO' 线起按正弦规律变化。6-22(c)所示为旋转调频调制盘的信号波形。

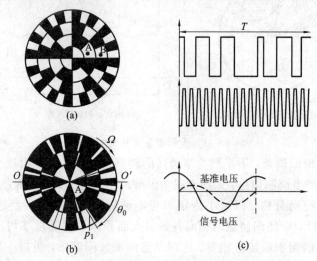

图 6-22　旋转调频调制盘及其波形

(2) 调相式调制盘。图 6-23 所示为一种简单的调相式调制盘。目标像点聚焦在旋转着的调制盘上，用透过辐射脉冲串的相位信息，去标视目标的径向位置。图 6-23 中以 R 为半径的圆将调制盘分成两个不同的区域，两区域中的目标调制区与半透区的相位相反。当像点位于小于 R 的一根辐条上时，则得到图 6-23(a)所示的波形。若像点位于同一根辐条大于 R 的位置上，则波形与图 6-23(a)类似，但相位与 6-23(a)相差 $180°$，如图 6-23(c)所示。若像点正好处于分界线上，则得到图 6-23(b)所示的波形，这是由于调制盘转动的一个周期中，像点能量始终只有一半被调制扇形区调制，因而其幅度为图 6-23(a)、(c)所示波形的一半。很显然，这种调制盘只能给出目标沿径向处于"界外"、"压线"、"界内"的信息，而无法表示偏离量的具体大小，也不能反映目标偏离的方位角。

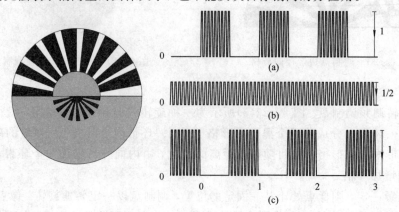

图 6-23　调相式调制盘

综上所述，调相体制很少单独使用，由于它不能全面反映目标的位置，因此这里对调相式调制盘不进行详细的讨论。

6.6　红　外　材　料

红外材料是指与红外线的辐射、吸收、透射和探测等有关的一些材料。

6.6.1　红外辐射材料

工程上，红外辐射材料是指能吸收热辐射而发射大量红外线的材料。红外辐射材料可分为热型、"发光"型和热—"发光"混合型三类。红外辐射材料的辐射特性取决于材料的温度和发射率。发射率是红外辐射材料的重要特征值。

影响材料反射、透射和辐射性能的有关因素必然会在其发射率的变化规律中反映出来。材料发出辐射是因其组成原子、分子或离子体系在不同能量状态间跃迁产生的。一般来说，这种发出的辐射，在短波段主要与其电子的跃迁有关，在长波段则与其晶格振动特性有关。因此，组成材料的元素、化学键形式、晶体结构以及存在缺陷等因素都将对材料的发射率产生影响。多数红外辐射材料，其发射红外线的性能，在短波段主要与电子在价带至导带间的跃迁有关，在长波段主要与晶格振动有关。晶格振动频率取决于晶体结构、组成晶体的元素的原子量及化学键特性。

一般来说，材料表面愈粗糙，其发射率值愈大（暖气片表面不光滑）。红外线在金属表面上的反射性能与红外线波长对表面不平整度的相对大小有关，与金属表面上的化学特征（如油脂玷污、附有金属氧化膜等）和物理特征（如气体吸附、晶格缺陷及机械加工引起的表面结构改变等）有关。

材料的体因素包括材料的厚度、填料的粒径和含量等。对某些材料，如红外线透明材料或半透明材料，其发射率值还与其体因素有关。这是红外线能量在传播过程中材料的吸收所致。随着玻璃厚度的增加，发射率增大。

在工作条件下，由于与环境介质发生相互作用或其他物理化学变化，从而引起成分及结构的变化，也将使材料的发射率改变。

常用发射率较高的红外辐射材料有碳、石墨、氧化物、碳化物、氮化物以及硅化物等。红外辐射搪瓷、红外辐射陶瓷以及红外辐射涂料等是一般红外辐射材料通常的使用形式。

红外辐射涂料通常涂敷在热物体表面构成红外辐射体。红外辐射涂料中一般都选用在工作温度范围内发射率高的材料。红外辐射涂料由辐射材料的粉末与黏接剂（无机）等按适当比例混合配制而成。

红外辐射材料的应用主要有红外伪装和诱饵等。红外伪装的最基本原理是降低和消除目标与背景的辐射差别，以降低目标被发现和识别的可能性。近红外伪装涂层要求目标与背景的光谱反射率尽可能接近；中、远红外伪装涂层则一般采用低发射率涂层材料，以弥补二者的温度差异。据称美国隐形战斗机的机身表面就涂有减少雷达波及红外线的伪装涂层。

红外诱饵器作为对付红外制导导弹的一种对抗手段，正受到重视。若采用固体热红外假目标（诱饵），在表面涂上高发射率涂层，则能提高诱饵的红外辐射强度，从而提高假目标的有效性。选择不同辐射频率的材料做成的红外诱饵器可以模拟各种武器装备的红外辐射特征，更好地发挥红外诱饵假目标的作用。

6.6.2　红外透光材料

1. 分类

红外透光材料指对红外线透过率高的材料。对这些材料的要求，首先是红外光谱透过率要高，短波限要低，透过频带要宽，一般红外波段是 $0.7\sim20~\mu m$。透过率定义与可见光透过率相同，一般要求在 50% 以上，同时要求透过率的频率范围要宽。对红外透光材料的发射率要求尽量低，以免增加红外系统的目标特征，特别是军用系统易暴露。这些材料还要求温度的稳定性要好，对水、气体稳定。

红外透光材料早期使用的是天然晶体，如岩盐、水晶等。后来随着红外技术的发展，要求有更高质量的红外透光材料，目前已有单晶、多晶、玻璃、陶瓷、塑料、金刚石和类金刚石等许多品种。常见的红外透光材料有透红外晶体材料、玻璃材料、热压多晶材料、红外透明陶瓷、透红外塑料、金刚石和类金刚石膜等。

1）透红外晶体材料

透红外晶体材料包括离子晶体和半导体晶体两种。离子晶体主要包括碱卤化合物晶体、碱土—卤族化合物晶体、某些氧化物晶体和无机盐晶体。半导体晶体主要包括Ⅳ族单元素晶体、Ⅲ—Ⅴ族化合物和Ⅱ—Ⅵ族化合物等。碱卤化合物晶体有 LiF、NaF、NaCl、KCl、KBr、KI、RbCl、RbBr、RbI、CsBr、CsI 等。一般来说，这类材料的熔点不高，比较容易培养成大单晶，其退火工艺也不十分复杂，同时也较容易实现光学均匀性。金属铊和卤族元素化合物的单晶，如 TlBr、TlCl 以及混合晶体 KRS - 5(TlBr - TlI) 与 KRS - 6(TlBr - TlCl)等也是一类常用的透红外材料。它们具有相当宽的透射波段，同时仅微溶于水。表 6 - 1 是几种常用氧化物晶体的主要物理与化学性质。

表 6 - 1　几种常用氧化物晶体的主要物理与化学性质

材料	透射波段 /μm	折射率 (4.3 μm 处)	硬度 (克氏硬度)	熔点 /℃	密度 /$g \cdot cm^{-3}$	弹性模量 /GPa	热膨胀系数 /$10^{-6}K^{-1}$	在水中的溶解度 /$10^{-2}g \cdot mL^{-1}$	备注
氧化铝	5.5	1.68	1370	2030	3.98	372	6.70 ∥ c 5.00 ⊥ c	0.00	双折射晶体，其折射率值是对寻常光线而言的
晶态石英	4.5	1.46 (寻常光线)	741	1470	2.65	C_{11}: 83 C_{44}: 56	7.10	0.00	
融溶石英	4.5	1.37	470	1667	2.20	64	0.55	0.00	
氧化镁	6.8	1.66	690	2800	3.59	255	13.00	0.00	
氧化钛	6.0	2.45	880	1825	4.26	C_{11}: 351 C_{44}: 123	9.00	0.00	

碱土—卤族化合物晶体主要包括 CaF_2、BaF_2、SrF_2 和 MgF_2。这类材料的近红外透过率一般都较高，折射率较低，反射损失小，不需镀抗反射膜。与碱卤化合物晶体相比，其硬

度要高得多，机械强度也好得多，几乎不溶于水（如 MgF_2）或微溶于水。

氧化物晶体是火箭、导弹、人造卫星、宇宙飞行器以及通信、遥测等红外装置中广泛使用的一类晶体。

用作透红外光学材料的半导体晶体主要有 Ce、Si、CdTe、CaAs 等，这类材料在红外波段大多具有较大的折射率，一般需用涂膜来减少反射损失。表 6-2 是可用作透红外光学材料的几种半导体的主要性质。

表 6-2 可用作透红外光学材料的几种半导体的主要性质

材料	透射波段 /μm	折射率 （4.3 μm 处）	硬度（克氏硬度）	熔点/℃	密度 /$g \cdot cm^{-3}$	弹性模量 /GPa	热膨胀系数 /$10^{-6}K^{-1}$	在水中的溶解度 /$10^{-2}g \cdot mL^{-1}$
锗	25	4.02	800	940	5.33	C_{11}：127 C_{44}：66	6.10	0.00
硅	15	3.42	1150	1420	2.33	C_{11}：163 C_{44}：78	4.20	0.00
金刚石	30	2.40	8820	>3500	3.51	C_{11}：932 C_{44}：510	0.87	0.00
锑化铟	16	3.99	223	523	5.78	C_{11}：64 C_{44}：30	4.90	0.00
砷化镓	18	3.34 （8 μm 处）	750	1238	5.31	C_{11}：12 C_{44}：5	5.74	0.00
锑化镓	2～4	3。70	448	705	5.62	C_{11}：87 C_{44}：42	6.90	0.00
硫化镉	16	2.26	121	1500 （100 大气压）	4.82	C_{11}：79 C_{44}：14	3.50 ∥ c 5.00⊥c	0.00013
硒化镉	25	2.40	71	1350	5.81	—		0.00
碲化镉	30	2.56	54	1045	5.85	C_{11}：53 C_{44}：20	4.50	0.00

Ge(锗)晶体红外材料主要用于透镜、导流罩、红外窗口、滤光片和棱镜，在中红外波段镀 ZnS 抗反射膜后，在 1.8～11.5 μm 波段内透过率可达 95% 以上，但由于 Ge 工作时随温度升高，透过率显著下降，抗机械冲击差，因此不宜在高温下使用。在潜艇望远镜和光电桅杆的红外窗口只能选用均匀性好、材质稳定、抗腐蚀性较好的单晶锗。美国是最早把锗晶体应用于 IR 系统且用锗量最大的国家。

金刚石的各项性能都很完美，单晶金刚石作为飞机耐高压红外窗口已经有 30 多年的历史了，但其价格昂贵，CVD 多晶金刚石的价格比单晶成本低，而且也可用作 UV 探测器、热成像系统、飞机红外窗口、红外头罩及透红外反射红外光学元件，既耐雨水颗粒冲击，又耐高温腐蚀，使用性能很好。它本来就可以在 700℃ 以下高温使用，有人又研究发现在其表面镀制 Au 膜使其使用温度可提高到 1000℃ 以上。Ⅱ－Ⅵ半导体晶体中 ZnSe 是很理想的远红外透光材料，可用于红外窗口、热成像仪、夜视仪及医用红外检测医疗设备光学系统。目前制备方法主要有熔体生长法、气相输运法和固相再结晶技术等，其中物理气相传输（PVT）和化学气相传输（CVT）是比较成熟的两种技术，已生长出直径达 50 mm 的单晶。但是 ZnSe 硬度不高，因此只能通过沉积表层耐磨膜来增加强度和耐磨性，目前还没有大量应用。

ZnS（硫化锌）晶体在可见与红外波段有较好的透光性能而成为一种红外吊舱、高速飞行器红外窗口和整流罩的红外材料，特别是近十年来，随着红外技术在军事领域的应用和发展，ZnS 晶体发挥着越来越重要的作用，成为国防上不可缺少的关键材料。在热成像系统上使用的 ZnS 分为标准等级和多光谱等级。标准等级的 ZnS 用气相沉积法获得，这种材料通常的使用波段为 $3\sim5~\mu m$ 和 $8\sim12~\mu m$，有较好的硬度和合适的价格。多光谱 ZnS 材料是通过热处理消除空穴、位错的 ZnS，使这种材料的透光性延伸到可见光波段。其缺点是较软、易破，耐热冲击性较差一些。

CdTe 和 GaAs 单晶大多都用作沉积碲镉汞薄膜的红外衬底材料，碲镉汞薄膜被广泛用作红外光学元件、半导体探测器和红外薄膜器件，性能很好。

氟化镁晶体可以用作红外窗口、头罩材料，也可以用作热成像系统光学零件。目前美国空－空导弹的红外型系列，如 AIM－9D、AIM－9E、AIM－9H、AIM－9L 等都用氟化镁多晶头罩。氟化镁红外窗口已经可以做到 7 cm 厚。

2）玻璃材料

与晶体类红外材料相比，玻璃类材料的最大优势是成型工艺简单，可利用精密模压成型工艺直接加工包括球面、非球面和非球面射棱镜在内的多种玻璃红外光学元件，使加工成本较晶体材料显著降低。目前研究的红外透光玻璃材料主要有氧化物红外玻璃、硫系玻璃和氟化物玻璃。表 6－3 是几种红外氧化玻璃的主要特性。

表 6－3　几种红外氧化玻璃的主要特性

材　　料	化学组分	透射波段 /μm	折射率	软化点 /℃	热膨胀系数 /$10^{-6}K^{-1}$	克氏硬度	弹性模量 /GPa
铝酸盐玻璃	$CaO - BaO - MgO - Al_2O_3$	0.3～5.5	1.6	～700	9.7	—	137
镓酸盐玻璃	$SrO - CaO - MgO - BaO - Ga_2O_3$	0.3～6.65	—	670	—	—	128
碲酸盐玻璃	$BaO - ZnO - TeO_3$	0.3～6.0	2.0	320	—	—	—
锗酸盐玻璃	$BaO - TiO_2 - GeO_2 - ZrO - La_2O_3$	0.3～6.0	—	～700	—	—	—

普通的氧化物玻璃包括铝酸盐玻璃、锑酸盐玻璃、碲酸盐玻璃、亚碲酸盐玻璃、镓酸盐玻璃和锗酸盐玻璃等。氧化物玻璃的透射波段为 $3\sim6~\mu m$，不能透过波长更长的红外辐射。

（1）氧化物红外玻璃。

GeO 和 $Ge_2O_3 - Sb_2O_3$ 玻璃是典型的氧化物玻璃，但其折射率和吸收损耗都很大，很难获得应用。红外熔石英也是一种综合物理化学性质和机械性能较优异的氧化物玻璃。它具有较高的软化温度、低的热膨胀系数、较高的机械强度和良好的化学稳定性，因而可在低马赫数的红外导弹上作为窗口和头罩材料，由于高温性能远不如其他晶体材料，而且氧化物玻璃存在金属氧化物键的振动会导致在 $3\sim6~\mu m$ 波段吸收中断,因而其应用受到了限制。以锗酸盐和碲酸盐玻璃为代表的重金属氧化物玻璃(HMO)是一种新型玻璃,这种玻璃以玻璃网络调整体 PbO 和 Bi_2O_3 为主体,参与玻璃网络结构,并加入少量玻璃网络中间体,如 Ga_2O_3、CdO_3、Fe_2O_3、Al_2O_3 等,以提高玻璃的形成能力和稳定性。这种玻璃的折射率高,非线性折射率大,成玻璃性能好,容易制成大块玻璃,具有优于其他任何氧化物玻璃的透红外性能。但是存在不足的是其在 $3\sim5~\mu m$ 波段的透过率受 OH 基振动频率的影响极大。

在国际上,美国和日本正在对重金属氧化物玻璃进行深入研究开发。重金属氧化物玻璃也可用作透红外光学零件材料,这种材料红外截止波长更长。例如,$PbO\text{-}Bi_2O_3\text{-}Ga_2O_3$ 玻璃的红外吸收截止限位于 $8~\mu m$ 附近,$Fe_2O_3\text{-}CdO\text{-}PbO\text{-}Bi_2O$ 玻璃的红外吸收截止限达 $9~\mu m$。由于氧化物玻璃研究还不够深入,现在还没有开始使用。

目前,关于硫系玻璃的研究颇多。硫系玻璃属于另一种新型红外光学透波材料,这种材料是以 S、Se、Te 为主要元素同时加入一定量的 Ge、As、Sb、Ga 等元素经高温熔化、快速冷却形成的非晶态物质。发展这种材料主要有几大优势:

① 其具有较弱的键强、特殊的电子组态、良好的近红外至中红外($2\sim15~\mu m$)透过性能和化学稳定性,可以有效地抵挡水和空气腐蚀;

② 对高纯度昂贵的 Ge 原料用量少;

③ 玻璃转变温度 T 大于 300%,很易于在低压下成型,直接模压成任意形状的光学元件,制备红外光学元件成本较单晶或多晶低很多。

硫系玻璃的不足之处在于:除去影响透过的氧和氢杂质官能团问题困难,并且容易析出亚微米晶粒。法国近年来在这方面进行了工业化生产过程尝试,开发了 GASIR1($Ge_{22}As_{20}Se_{58}$)和 GASIR2($Ge_{20}Sb_{15}Se_{65}$)系列的硫系玻璃,批量生产的玻璃性能稳定,如折射率($10\mu m$)重复性指标优于 1.5×10^{-4},在测试误差范围内,用其作为光学系统制造的探测器与同类锗单晶探测器性能相当。此外,接近应用阶段的硫系玻璃还有 GeS_2 和 $GeSe_2$、无定形态 Ge-S 玻璃、$As_2S_3\text{-}As_2Se_3$、$GeS_2\text{-}GeSe_2$、$As_2S_3\text{-}GeS_2$、$As_2Se_3\text{-}GeSe_2$、$As_2S_3\text{-}Sb_2S_3$、$As_2Se_3\text{-}Sb_2Se_3$ 和 $Te_2As_3Se_5$ 等。其中,$Te_2As_3Se_5$ 的透波范围为 $2\sim18~\mu m$,但玻璃转变温度只有 137%,还不能应用。

(2)非氧化物玻璃。

由于元素氧的化学键能引起强烈的吸收,通常氧化物玻璃不能透过长于 $7\mu m$ 的红外辐射。为了扩充玻璃的红外透过波段,用Ⅵ族中较重的元素 S、Se、Te 代替氧作为玻璃的基本组分,即形成所谓的非氧化物玻璃——硫属化合物玻璃。

硫属化合物玻璃包括三硫化二砷玻璃、锗硒镓玻璃、锗硒汞玻璃、硅砷碲锑玻璃、锗砷硒玻璃等。这类玻璃的特点是透射范围宽,可从可见光或近红外扩展到十几微米。

以氟化钍(ThF_4)为基础的重金属氟化物玻璃也属非氧化物玻璃。

3)热压多晶材料

热压陶瓷方法制备多晶透红外材料,就是消除由杂质和汽孔引起的散射和吸收,从而使多晶材料的光吸收特性仅取决于组成多晶本身的元素的吸收:用热压技术制备多晶材料就是在高温、高压作用下排除材料中的微气孔,消除它对材料红外透过性能的影响。高温和高压作用的效果,一方面使粉末态微晶粒子挤紧、压碎和再分布,另一方面使粉末态微晶粒子范性形变，从而挤掉所有微气孔，最终实现晶粒表面间的接触，得到稳定的高密度的热压多晶体。

采用热压技术已成功地制备多种热压多晶透红外材料，如氟化镁、硫化锌、氧化镁、氟化钙、硒化锌、硫化镉、氟化镧等。

4) 红外透明陶瓷

红外透明陶瓷是又一类耐高温透红外光学材料，它可由真空烧结、加压烧结、真空加压等工艺技术烧结而成。与热压技术相比，陶瓷工艺技术中消除微气孔的物理机制中不仅有范性流变效应的作用，而且更主要的有固相扩散效应的作用，从而最大程度地降低自由能，形成一个稳定的透明陶瓷体。

红外透明陶瓷的品种有氧化铝透明陶瓷、氧化镁透明陶瓷、氧化钇透明陶瓷、氧化钍透明陶瓷、氧化锆透明陶瓷、氟化钙透明陶瓷、砷化镓透明陶瓷等。

5) 透红外塑料

某些塑料在红外区(一般在近红外和远红外波段)有良好的透过率，因而称之为透红外塑料。透红外塑料的优点是价格低廉、不溶于水、耐酸碱腐蚀等。由于塑料是由链状分子构成的高分子聚合物，其复杂的分子结构和各种官能团必然导致非常多的晶格振动吸收带和旋转吸收带，这就降低了塑料的红外透过率，尤其是中红外波段，其透过率一般较差。另外，塑料的熔点较低，这就限制了它们只能在较低温度下使用。表 6-4 是部分透红外塑料的一般性质。常见的透红外塑料有甲基丙烯酸甲酯(有机玻璃)、聚乙烯、高密度聚丙烯、聚四氟乙烯和 TPX(聚异戊二烯)等。

表 6-4 部分透红外塑料的一般性质

材　　料	透射波段	使用温度/℃
聚甲基丙烯酸甲酯	可见光与近红外	较低
聚乙烯	远红外	～110
高密度聚乙烯	部分中红外	－30～150
聚四氟乙烯	远红外(薄层时)近红外、中红外	－260～＋260

6) 金刚石和类金刚石膜

金刚石是一种优良的透红外材料，不仅因为它的透射谱从紫外波段一直延伸到远红外波段，而且它具有极高的硬度、弹性模量、热导率和电导率。金刚石有很宽的禁带和极好的耐腐蚀性，它也是一种重要的半导体材料。表 6-5 是天然金刚石和 CVD 金刚膜的主要物理性能。由于天然金刚石资源很少，且开采困难，而人造金刚石制备技术复杂，工艺条件苛刻，须高温高压合成，更主要的是天然和人造金刚石为颗粒状，使其多数功能无法得到充分发挥，因此，自 20 世纪 60 年代以来，人们研制了人造金刚石膜，在低温低压下成功地制得了金刚石膜，随着制备技术的不断提高，所得金刚石膜的性能已接近或达到天然金刚石的水平。金刚石膜通常由多金刚石晶粒组成，但在晶粒间界上存在一些非金刚石相的多晶金刚石膜和全部由纯金刚石组成的单晶金刚石膜。金刚石膜中碳－碳减键型和天然金刚石相同，是 sp^3 型，而且拉曼(Raman)光谱峰位相符。

表 6-5　天然金刚石和 CVD 金刚膜的主要物理性能

物理性质	天然金刚石	CVD 金刚膜
硬度/10^{-1}MPa	10 000	9000~10000
体积模量/GPa	440~590	
杨氏模量/GPa	1200	接近天然金刚石
热导率/W·(cm·K)$^{-1}$(室温)	20	10~20
纵波声速/m·s^{-1}	18 000	
密度/g·cm^{-3}	3.6	2.8~3.5
折射系数(5900A)	2.41	2.40
禁带宽度/eV	5.5	5.5
透光性	225 nm 至远红外	接近天然金刚石
电阻率/Ω·cm	10^{16}	$>10^{12}$
介电强度/V·cm^{-1}	10^{17}	
电子迁移率/cm^2(V·s)	2200	
空穴迁移率/cm^2(V·s)	1600	
介电常数	5.5	5.5
饱和电子速度/cm·s^{-1}	2.7×10^{17}	

20 世纪 70 年代又研制成功一种硬碳膜,其主要物理性能均与金刚石膜类似,故称为类金刚石(Diamond-like Carbon,DLC)膜。与金刚石不同的是,它由无定形碳、石墨和金刚石构成,其碳—碳键型有 sp、sp^2 和 sp^3 三种构型,以 sp^2 和 sp^3 型为主。

类金刚石膜为非晶态,又称非晶碳膜,其膜中常含有氢,可简写为 α-C_iH,不含氢的类金刚石膜简写为 a-C。在类金刚石膜的成膜过程中,总有带能量的离子在其中起作用,故又称离子碳膜,简写为 i-C 膜。各种制备方法所用的碳源和轰击离子的能量不同,使类金刚石膜的结构有很大的差别。PECVD 法制备的类金刚石膜含氢的摩尔分数达 0.1~0.4,PVD 法可制备不含氢的类金刚石膜,蒸发和溅射类金刚石膜中 sp^2 键含量很高,离子束沉积法、真空电弧法和激光烧蚀法制备的类金刚石膜中 sp^3 键含量很高。类金刚石膜的制备技术比金刚石膜相对简单易行,因此是一种很有潜在用途的透红外材料。

2. 透红外材料的特征值

(1) 透过率。一般透过率要求在 50% 以上,同时要求透过率的频率范围要宽,透红外材料的透射短波限,对于纯晶体,取决于其电子从价带跃迁到导带的吸收,即其禁带宽度。透射长波限取决于其声子吸收,和其晶格结构及平均原子量有关。

(2) 折射率和色散。对用于窗口和整流罩的材料要求折射率低,以减少反射损失。对于透镜、棱镜、红外光学系统要求尽量宽的折射率。

(3) 发射率。发射率要求尽量低,以免增加红外系统的目标特征,特别是军用系统易暴露。

3. 红外材料的应用

透红外材料是用来制造红外光学仪器透镜、棱镜、滤光片、调制盘、窗口、整流罩等不可缺少的材料。表 6-6 是透红外材料的主要用途。

表 6-6　透红外材料的主要用途

透红外材料	用　途
碱卤化合物晶体	红外仪器和装置中的棱镜、窗口材料
金属铊和卤族元素化合物晶体	探测元件窗口材料和透镜材料
碱土-卤族化合物晶体	窗口、滤光片基板材料
氧化物晶体	窗口、整流罩、透镜材料
半导体晶体	窗口、透镜、整流罩
无机盐化合物晶体	探测器的前置透镜
透红外光学玻璃	红外火炮控制系统和红外航空摄影系统中的元件
红外透明陶瓷	高温红外光学装置、高温辐射源及其他高温装置
透红外塑料	近红外装置的窗口材料、激光装置的窗口材料
金刚石膜和类金刚石膜	窗口、红外增透膜、多宽带抗反射膜的保护膜

4. 透红外材料的两个重要研究课题

目前，透红外材料的两个重要研究课题分别是研制可以在 $1\sim2~\mu m$、$3\sim5~\mu m$ 和 $8\sim14~\mu m$ 波段内使用同时又能耐 $500℃$ 以上高温的透红外光学材料以及研制可供 $15\sim60~\mu m$ 波段使用同时具有较好物理化学性质的透红外光学材料。

对玻璃类红外材料，制备工艺简单，容易产业化，对我国红外技术发展有利，正好可以克服晶体红外材料的不足。玻璃材料中硫系玻璃目前被看做有可能代替单晶材料用于热成像系统或红外窗口的红外材料，在国内外把这种材料当作红外透波材料的研究都刚刚起步，目前还迫切需要研究 $1\sim14~\mu m$ 具有高透过率、软化点高、对环境要求低，而且镀膜产品直接能满足红外窗口、热成像仪所要求的硫系玻璃及相关技术。

5. 红外材料的镀膜技术

1) 镀膜的原因

电磁波在传播过程中无反射的状态称匹配。如果用波阻抗来表示媒质对在其中传输的波的阻抗能力，则有

$$z = \frac{E+}{H+} = -\frac{E-}{H-} \qquad (6-10)$$

对于平行平面波有

$$z = \sqrt{\frac{\mu}{\varepsilon}} \qquad (6-11)$$

当电磁波从波阻抗为 Z_{ci} 的媒质进入波阻抗为 Z_{cL} 的媒质时，如果阻抗 $Z_{ci} \neq Z_{cL}$，则在界面发生反射。

但如果在这两种媒质之间加入一层厚度为 $\lambda/4$ 或 $(2n+1)\lambda/4$ 的媒质，并使其波阻抗

$$Z_c = (Z_{ci}Z_{cL})^{1/2} \qquad (6-12)$$

则在输入媒质中无反射。这就是电磁波的 $\lambda/4$ 阻抗变换器，光学中称 $\lambda/4$ 涂层或减反射膜，

简称增透膜。

图 6-24 和图 6-25 是两种典型材料镀膜和未镀膜的透过率的对比。

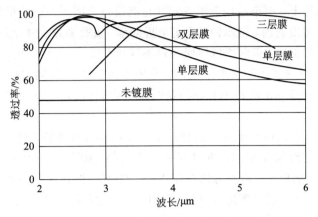

图 6-24　镀过和未镀增透膜锗片的 2～6 μm 的透过率

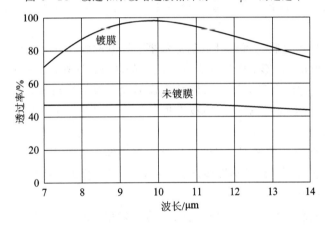

图 6-25　镀过和未镀增透膜锗片的 7～14 μm 的透过率

2）材料的镀膜

大多数优选光学材料的折射系数相当高，使大部分入射的辐射通量被表面反射而损失。为了完全消除在给定波长上的反射，可以用真空蒸发在表面镀上一层薄膜或敷层。这样可以在一个波带（如一个大气窗口）内，减少反射损失。

红外材料中，除了金刚石以外，其他红外材料都存在反射率大或强度低的某方面不足，因此，利用镀膜技术，既能提高红外透过率又能达到很好的保护效果就成了近年来的热门课题之一。目前常用的红外增透膜种类有金刚石膜、类金刚石膜（DLC）、碳化锗膜、ZnS 膜、磷化硼（BP）、磷化镓（GaP）、氟化镱（YbF）等。不同类材料一般镀膜工艺和种类也不大一样，SP Mc. Geoch 等研究认为 Ge、MgF、ZnS 用作远红外（8～12 μm）材料时使用DLC，BP 增透膜效果比较好。实验证明，双面镀 DLC 膜后锗片和 MgF 晶体在 3～5 μm 波段的峰值透过率高达 99% 和 95%；ZnS 多晶体在 3～12 μm 波段透过率达 95.8%。DLC 膜的缺点是吸收系数大，内应力高，厚度被限制在 2 μm 以下，5～7 μm 厚的 DLC 引起的长波红外吸收损失达 20%；优点是镀膜温度低，不会影响基体的透光性能。

金刚石膜的机械性能很好，但膨胀系数比大多数红外材料低得多，沉积后冷却时会爆裂。所以在镀金刚石前需要先涂敷一层诸如石英、二氧化铝、碳化硅之类的膨胀性相近的金刚石附膜层，防止金刚石脱落。这种膜使用了 ZnSe、ZnS 材料，其缺点是镀膜温度高，而且很难沉积到基体上，据报道用低温沉积获得高质量金刚石薄膜的最低温度为 400℃。

碳化锗是一种硬度适当，抗雨蚀性较好，折射率、吸收系数、内应力、硬度在较宽范围内都可调的红外防反射膜，折射率以镀膜条件不同可在 2～4 之间变化；缺点是机械性能不好，所以可与 DLC 膜组合成多层膜系使用。其镀膜方法有反应溅射法和等离子气相沉积法。ZnSe、ZnS 在 3～5 μm 和 8～14 μm 双波段同时增透时，可用等离子气相沉积碳化锗膜实现。

磷化硼膜是一种优良的耐雨水冲击和砂子磨损的长波红外膜，越厚力学性能越好，但是吸收比会随着厚度增加而增加，所以存在折中选择。磷化镓的力学性能较磷化硼差一些，但在长波红外区吸收小，镀膜方法选用 MOCVD 法，已证明这两种材料都能作为 Ge、ZnSe、ZnS 和 GaAs 材料的耐磨防反射膜。此外，ZnS 也可以作为增透膜使用，ZnS 薄膜对远红外材料发展很重要，适用于对 ZnSe 增透。单膜层目前已经不能满足要求，红外增透膜也向着多膜层发展，如 YbF/ZnS 多层增透膜能很好地提高 CaF 的红外透过率，使得样品最低吸收率达到 4.57×10^{-4}。

下面来研究红外增透膜与远红外低通滤波器。导电网膜在红外成像系统的窗口上应用非常广泛，它用于防霜、防雾，更具有衰减电磁波的功能。红外透波材料上镀有导电膜，势必影响红外透过率，进而会降低红外系统的成像质量。为了提高红外系统的成像质量，同时具有电磁波衰减功能，必须对这两项技术进行综合，即在一定的周期、线宽的网膜上加镀红外增透膜。

线宽为 $2a$，周期为 g 的栅网，对波长远远大于周期为 g 的电磁波有屏蔽作用。相互正交的栅网从结构上区分，一种是感性栅网，另一种是容性栅网，从成熟的网膜制备工艺考虑，经常选择感性网膜。

由电磁波屏蔽的理论可知，网膜对电磁波的反射率、透射率、吸收率是网膜周期、线宽和电磁波频率的函数，因此，红外增透膜与远红外低通滤波器的设计，必须根据所要求屏蔽的电磁波频率和衰减指标来优选。

根据微波传输线理论，在 $2a / g$ 很小，且 λ / g 的比值略大于 n_2（ $n_2 \geqslant n_1$，n_2 为网膜所附着的介质的折射率，n_1 为空气的折射率）的前提下，容易推导出电磁波在网膜上的透射率、反射率分别为

$$T = \frac{4 n_1 n_2 \left[\left(\dfrac{R_g}{Z_0} \right)^2 + \left(\dfrac{X_g}{Z_0} \right)^2 \right]}{\left[1 + (n_2 + n_1) \cdot \dfrac{R_g}{Z_0} \right]^2 + (n_2 + n_1)^2 \left(\dfrac{X_g}{Z_0} \right)^2} \tag{6-13}$$

$$R_{12} = \frac{\left[1 + (n_2 - n_1) \dfrac{R_g}{Z_0} \right]^2 + (n_2 - n_1)^2 \left(\dfrac{X_g}{Z_0} \right)^2}{\left[1 + (n_2 + n_1) \dfrac{R_g}{Z_0} \right]^2 (n_2 + n_1)^2 \left(\dfrac{X_g}{Z_0} \right)^2} \tag{6-14}$$

式(6-13)、式(6-14)中：T 为电磁波在网膜上的透射率；n_1 为空气的折射率；n_2 为网膜得以附着的介质折射率；Z_0 为电磁波在自由空间里的阻抗；R_g 为感生网膜的阻抗；X_g 为感性网膜的电抗；R_{12} 为从介质 n_1 向 n_2 入射的反射率。根据所需求的电磁波的衰减值反复进

行计算，求出最佳的 g 和 $2a$。

红外增透膜经过膜系优化设计，最后选取 $ZnSe(n_1=2.42)$ 与 $BaF_2(n_2=1.395)$ 作为增透膜料，膜系结构为 $n_0/n_1/n_2/n_g$，其中 n_0 表示空气的折射率，n_g 表示 ZnS 基底的折射率，取 n_1 的厚度 $d_1=0.2~\mu m$，n_2 的厚度 $d_2=2.1~\mu m$。对红外薄膜材料进行综合对比，可选择 CeO_2 作为保护膜，其厚度取 $5.3~\mu m$。

6.6.3　红外窗口

装有红外传感器的军用平台通常都在恶劣的环境中工作，气动冲击、热冲击、雨点、沙粒等的侵蚀破坏都会严重影响红外传感器的性能，因此需要高性能的外部窗口将其与外界环境隔离开来。窗口作为设备的重要组成部分，既要保护光电装置不受外界环境损伤，又要保证不降低光电传感器的光学性能。安装在高速飞机上的机载窗口应用条件更为复杂，在设计时要充分考虑材料的光学性能、化学性能、机械性能及热性能等，需要对其强度、外形及安装方式进行相关的分析。这就使机载光电设备的红外窗口在较为单一的红外材料研究的基础上，向具有多种作用的功能型窗口技术发展，将材料科学、空气动力学、光学、热力学等学科紧密地联系在一起，以提高红外窗口在各种工作环境中的适应能力。根据系统的工作环境和使用条件，用于高速飞行的红外窗口材料应具备以下特征：

（1）光学性能好。窗口材料折射率要均匀，以免发生散射，在使用波段内必须具有高透过率。

（2）热稳定性好。窗口材料应能经受气动加热和高度变化所引起的温度冲击，透射比和折射率不应随温度变化而显著变化。

（3）化学稳定性好。窗口材料暴露在空气中，应能防止大气中的盐溶液或腐蚀性气体的腐蚀，并且不易潮解。

（4）机械强度高。窗口材料应具有足够高的强度，以承受高速运动时的速压载荷。

目前，使用较多的材料是单晶体和多晶体。单晶体的投射长波限较长，折射率和色散的变化范围大，能满足多种使用要求；而采用热压法、CVD 法、PVD 法制备的多晶体，机械强度高、耐高温、耐热冲击、尺寸大，是一种有发展前途的窗口材料。

1. 中波红外窗口材料

适用于中波红外（$3\sim5~\mu m$）的窗口材料主要有蓝宝石（Sapphire）、尖晶石（Spinel）、氟化镁（MgF_2）、熔融石英（SiO_2）等。这些材料在 $3\sim5~\mu m$ 波段有较高的红外透射率，基本性能参数如表 6-7 所示。

表 6-7　中波红外材料的主要性能

物质	MgF_2	蓝宝石	尖晶石	晶体
成分	MgF_2	Al_2O_3	$MgAl_2O_4$	SiO_2
折射率（@ 4.3 μm）	1.43	1.7	1.69	1.37
密度/$g \cdot cm^{-3}$	3.18	3.98	3.58	2.2
硬度/$kg \cdot mm^{-2}$	576	1.520	1.350	470
柔性系数/GPa	11	38	35	7.2
吸收系数/$10^{-4} \cdot cm^{-1}$（@ 2.4 μm）	7.8	3	—	—

融熔石英的透光范围从紫外、可见到中波红外，透射比高，折射率低，即使不镀膜，反射损失也很小，但融熔石英在 $2.7\sim4.3~\mu m$ 有水吸收带。

MgF_2 是当前应用较为成熟的红外窗口材料。它不仅有很高的红外透过率，而且在毫米波波段有很高的透过性能。但是，它的硬度和抗热冲击性能较低，不能承受高速飞行环境中砂砾的碰撞和热冲击，只能用于飞行速度 2Ma 以下的导弹红外窗口和头罩。与 MgF_2 相比，尖晶石有很好的强度、硬度和抗热冲击性能。在室温下，蓝宝石的强度和硬度最大，其抗热冲击性能也是最高的，但在高温状态时，其机械强度、耐热冲击性及热传导性会显著下降：20～400℃，强度下降约84％；20～600℃，强度下降约97％。作为高速飞行器红外窗口的另一个重要性能是自身辐射率。Hopkins 大学报导了蓝宝石、尖晶石在高温下的吸收系数(见表 6-8)。吸收系数越小，发射率越小，在高温环境中对系统性能造成的损失越小。从述几种材料的性能分析中可以看出，蓝宝石、尖晶石的性能尤为突出，是中波红外窗口的最佳候选材料。

表 6-8　蓝宝石、尖晶石吸收系数随温度的变化情况

吸收系数		$10^{-4}\cdot cm^{-1}$	
物质	25℃	250℃	500℃
蓝宝石	0.4	0.7	1.3
尖晶石	0.8	1.3	2.1

2. 长波红外窗口材料

长波红外窗口材料的主要性能如表 6-9 所示。

表 6-9　长波红外窗口材料的主要性能

物质成分	Ge	ZnSc	ZnS
折射率(10 μm)	1	1.7	2.25
密度/$g\cdot cm^{-1}$	5.33	3.98	4.09
硬度/$kg\cdot mm^{-2}$	850	120	250
柔性系数/GPa	103.3	70.3	74.5
延展系数/$10^{-6}\cdot C^{-1}$	6	7.1	6.8
吸收系数/$10^{-1}\cdot cm^{-1}$(@10.6 μm)	0.03	0.5	0.3

Ge 是 $8\sim12~\mu m$ 波段红外系统最常用的材料，它的机械强度高，导热性好，热吸收系数低，折射率率和透射率都很高，但抗化学腐蚀性能差，没有保护膜，易被腐蚀而产生针孔状蚀点。另外，Ge 的断裂韧性较低，在窗口压力较大的情况厂容易断裂，且窗口温度超过 88.9℃时，开始吸收红外辐射，透过率逐渐降低。

虽然 ZnSe 光学性能优良，但硬度和断裂韧性较低，在窗口阻力较大时容易断裂，无法抵抗高速雨水、冰雪和风沙的侵蚀。同样，GaAs 虽然硬度高，但断裂韧性也较低，在 200℃以上均出现失透现象，且制备工艺复杂，成本高。

ZnS 材料不仅有较高的光谱透射比、较宽的透射波段(包括 $3\sim5~\mu m$ 和 $8\sim12~\mu m$ 的两个大气窗口)，而且有较好的机械性能、热性能和化学稳定件。它是目前唯一在红外窗口实现应用的长波红外窗口材料，现在制备的 CVD - ZnS 在 $7.5 \sim 10.5~\mu m$ 的透过率大于 72%，材料强度达到 100 MPa，这使其成为一种具有吸引力的窗口材料。ZnS 材料的机械性能和抗热冲击性能还不能完全满足高速飞行的要求，通过掺杂来改善 ZnS 机械强度的研究工作目前尚在进行中，还没有取得显著的进展。

3. 红外窗口的形式

不同的应用要求不同的红外窗口和结构。较为传统和常见的机载红外搜索和跟踪系统以及红外前视系统采用单个或多个小平面组成的窗口，也可采用球面结构或圆柱面窗口。

较为先进的是共形整流罩为尖拱形，可显著降低飞行器和导弹的飞行阻力，大大提高了光学系统的环境适应性，保留了导弹弹体的气动外形，突破了传统窗口和整流罩形状为平板或半球形，是新兴的共形光学发展的关键技术之一。典型的共形整流罩是由八块平面窗口构成的八棱锥整流罩，如图 6 - 26 所示。这种气动力学结构是红外窗口较好的减阻方法，棱锥各个面的温度远低于传统半球形头罩。

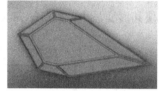

图 6 - 26 八棱锥整流罩

图 6 - 26 为一种适用于超音速飞行器的窗口结构形式。该窗口还具有隐身和与飞机表面共形的特点，适合现代高科技战争的环境要求。

4. 机载光电设备红外窗口的设计

1) 机械强度及尺寸计算

窗口材料的厚度对红外透过率是有影响的，通常透过率随厚度的增加而减小，因此，为了提高透过率，应尽量减小窗口的厚度。而窗口的厚度会影响窗口的机械强度，所以机载光电设备的窗口厚度应选取能承受高速飞行的速压载荷。

根据强度公式，矩形窗口的极限厚度为

$$d = 0.75\left[\frac{S_F L^2 \cdot l^2}{L^2 + l^2}\right]^{1/2}\left[\frac{\Delta P}{\delta f}\right]^{1/2} \tag{6-15}$$

圆形窗口的极限厚度为

$$d = \frac{D}{2} \times \sqrt{\frac{K S_F \Delta P}{\delta f}} \tag{6-16}$$

式(6-15)中，L 为矩形窗口的长，l 为矩形窗口的宽；式(6-16)中，D 为圆形窗口的直径，δf 为材料强度，K 为与板固定方式的系数，S_F 为安全系数；ΔP 为窗口所受压强。在式(6-15)和式(6-16)中，L、l、D、δf、K、S_F 由基底材料的尺寸和特性以及结构件的固定方式决定。因此，当光学系统、基底材料和固定方式确定后，这些参量即可确定。ΔP 是由窗口所受压力和受力面积决定的，而窗口所受压力又与飞行器的飞行速度和空气密度有关。

假设空气分子与窗口为完全弹性碰撞，窗口所受压力按单位时间内空气分子撞击到窗口的力计算，则根据动量守恒有：

$$Ft = 2mv \tag{6-17}$$

式中：m 为单位时间内撞击窗门的空气质量；v 为载机飞行速度；$m = \rho V$，其中 ρ 为空气密度，V 为单位时间内撞击到窗口上的空气的体积，$V = Stv$，S 为撞击到窗口上的空气的截面积。

将关系式 $m=\rho V$ 和 $V=Stv$ 代入式（6-17），有

$$F = \frac{2Stv^2}{t}\rho = 2Sv^2\rho \tag{6-18}$$

窗口所受压力确定，则根据窗口的尺寸和实际使用状态可确定 ΔP。

2）窗口结构设计与安装

窗口玻璃要通过一定的方式固定到安装座上，不仅要求固定可靠，且应具有密封性。因为窗口是无光焦度的光学元件，窗口的位置通常不影响系统的光学性能。在装配窗口时，容许倾斜和平移误差。但是，窗口的变形会引入光学像差，所以，安装窗口的结构设计必须使其形变最小。窗口的安装形式如图 6-27 所示。

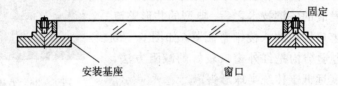

图 6-27　窗口安装形式

设计中，在窗口和安装座之间采用一种柔性黏结材料。柔性黏结材料的黏结面只限于窗口的边缘，使得窗口边缘和安装面不是机械接触。当温度变化时，窗口和安装座之间由于热膨胀系数失配引起的窗口热应力变形就会被黏结材料的弹性所补偿，与机械紧固方式相比，柔性结合使应力分布更均匀，避免窗口由于安装座的膨胀和收缩而断裂，在窗口周围要求的黏合剂厚度有十分严格的计算要求。

3）热辐射效应的影响

当飞行器在大气层中高速飞行时，其窗口表面受大气气流摩擦，使大量的动能转化为热能，窗口表面温度急剧升高，在窗口内形成温度梯度并产生变形和热应力，导致窗口材料折射率梯度变化，从而产生严重的气动光学效应，使得红外图像背景亮度增加，降低了系统对目标的检测和跟踪能力，严重时甚至造成红外探测器饱和，产生窗口热障问题。这些都是与地面窗口应用环境设计完全不同的地方。需要在设计时充分评估窗口的性能，并采取措施解决窗口的气动干扰问题。

气动加热会使窗面材料的红外特性发生变化，主要问题是温度上升时有透射损失，尤其在更长的波长范围。在高温状态下窗面材料的透射特性可参考有关光学材料文献。任何不透明或半透明的物体都随温度升高而增加辐射能，将对辐射探测器产生两种不同的影响。一个是由于强的温度梯度或当地"热点"，可能出现虚假目标。另一个是在红外探测器上如果有一个大的辐射，即使不均匀分布也能使探测器饱和以及灵敏度降低。对于由不均匀温度分布产生的虚假目标，特定的制导系统的灵敏度很大程度上取决于跟踪方法和辨识能力。

通常沿着近似半球的窗表面不会有大的温度梯度，但沿着锥形的窗表面会有一个非常高的温度梯度，尤其在中等高度飞行状态下。任何光学上的脉动，使辐射入射光畸变，在窗表面产生当地热点区域。通常，窗面的热传导会消散这些偏差，而且对光学系统也不会聚焦。窗面上的个别点也不会影响靶的真实图形。但是，在跟踪系统中会产生附加的噪声，

会降低其有效灵敏度。窗面的辐射使红外探测器产生饱和问题，甚至比靶失真的问题更严重，需要精确处理。

如果窗面是等热状态的，充满整个视场，且视场很小，那么辐射 L 可用以下公式表示：

$$L = \frac{1}{\pi} \int M_{\lambda BB} \cdot \varepsilon \, d\lambda \tag{6-19}$$

式中，M_λ 为辐射出射度（$W \cdot cm^{-2}$），下标 BB 代表黑体，ε 为光谱发射率。而入射到信号接收器（A_c）上的有效辐射功率（ϕ）为

$$\phi \approx L \cdot A_c \cdot \pi\theta^2 \tag{6-20}$$

式中，θ 为半视场角。忽略由于空间滤波器及折射光学组件等带来的辐射功率损失，假定落在探测器上的功率等于接收器上的功率，那么，在探测器上的辐照度（E_d）为

$$E_d = \frac{\phi}{A_d} = L\pi\theta^2 \cdot \frac{A_c}{A_d} \tag{6-21}$$

$$\frac{A_c}{A_d} = \frac{\frac{1}{4}\left(\frac{D}{f}\right)^2}{\theta^2} \tag{6-22}$$

式（6-32）中，A_c 为接收器的面积，A_d 为探测器的面积，f 为接收器的焦距，D 为接收器的孔径。探测器上的辐照度是窗面的辐射和接受器相对孔径的函数，有

$$E_d = L \cdot \frac{\pi}{4}\left(\frac{f}{D}\right)^{-2} \tag{6-23}$$

在一般空对空导弹上，窗面温度达到几百度，在垂直窗表面的方向上有温度梯度，需要进行窗辐射的校测试验。值得注意，在 $3\sim5\,\mu m$ 波段范围内，MgF_2 是很理想的窗用红外材料，因为在同样的温度范围，其他材料会产生更大的饱和影响。

4）降低热窗影响的方法

降低热窗影响的方法分别有光学系统参数的调整、延迟窗温上升、外冷方法、内冷方法等多种，下面逐一介绍。

（1）光学系统参数的调整。在光学系统参数设计上，考虑窗辐射对总体性能的影响，包括以下参数：

① 光谱灵敏度范围。根据窗辐射的光谱分布，要求最佳波长不同于靶探测器背景波长。

② 探测器类型。改进饱和特性以期产生更好的信噪比，若窗面有强辐射时，要求在工作光谱范围内的探测器有更好的探测能力。图 6-28 表示的窗口温度与探测器有效光谱辐射及其探测波长之间的关系，可作为选择探测器时的设计依据之一。

③ 视场。缩小视场是很重要的，因为在接收光电元件上可以减少窗辐射的影响，而且光电元件面积会减小。

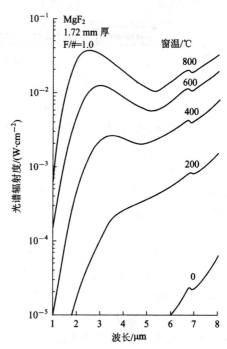

图 6-28　探测器上的有效光谱辐射

④ 窗的位置。对于不在头锥内安装的探测系统，可以仔细地选择在弹体上的几何位置，避开高热区（激波撞击、附面层再附着等），可以减少窗的辐射。

⑤ 窗的冷却。采用制冷结构的高导热窗，可减少辐射影响，但可能引入一些梯度变化。

（2）延迟窗温上升。在很多系统中，工作时间足够短或很快速地接受靶信号，在窗温升高之前已经完成探测。延迟窗温升高的方法有很多，最直接的方法是预冷窗面，在战术条件允许时（即在地面发射及飞行中，导弹有内部存储器控制），没有复杂的系统设计，在临界状态就能工作。假定窗面材料有最高值（$\rho_w \cdot C_{P_w}$），增加窗的厚度（b_w），就能延长时间常数。窗面材料的透射损失主要是由反射而不是吸收引起的。但是光学畸变和窗的重量使这种方法有局限性，不过这种方法能改进临界条件。

此外，也可设法降低传热系数来延迟窗温升高。飞行器在单边安装平板窗时，可以使窗面低于飞行器表面。这样虽然会使视场减少一些，但是窗面表面会分离附面层。

如果下凹深度是附面层厚度的同一尺度，那么附面层总是湍流。在凹腔上有以下两种分离流：

① 流动贴近凹腔底。在凹腔上游边开始分离，贴底流动，而在凹腔下游边前面重新压缩，如图 6-29(a) 所示。

② 流动掠过凹腔。在凹腔整个长度上使流动保持分离，如图 6-29(b) 所示。随凹腔长度与深度之比减少，从贴腔流动转变成开腔流动。

随着凹腔深度的增加，附面层厚度也增加，流动结构从靠近腔底到离开腔底的变化是逐渐过渡的，对长深比变化也不敏感。

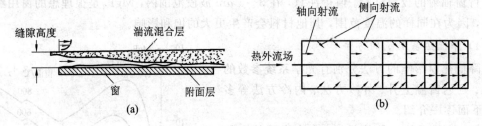

图 6-29 二元外冷流动模型示意图

（3）外冷方法。从窗口前缘及侧面喷射出一种低温流动，冷却液在边界层中形成液膜，蒸发后在窗口外形成气膜冷却层，达到冷却窗口的目的，从而保护窗口外表面。也可采用喷射起化学反应的气体或液体，产生化学分解反应吸收热量，达到冷却窗口的目的。总之要不影响目标红外光的透过。这种外冷方法可以使窗面致冷，减小窗口的温度梯度，应力应变小，但形成的附面层湍流会干扰目标红外光的传输。

（4）内冷方法。内冷方式属于主动冷却，是在窗口材料内部设计一组冷却剂通道，高压冷却剂流经通道，窗面的高温向冷却剂通道的四壁热传导，经过对流热交换，使制冷剂升温以及汽化，达到冷却窗面的目的。这种方式能减少由于外冷带来的湍流影响，冷却剂用量少，约为外冷的 1/10，减轻了头罩重量，但冷却剂的通道加工工艺复杂，对窗面的材料要求高，由于通道占用了空间，因此减少了窗面伪红外光通光面积（由众多小的子孔径组成总的通光孔径）。当然内冷通道的设计也是很复杂的，应从冷却效率出发，考虑换热面积、传热热阻、冷却剂与传热冷却通道的温度梯度等。

6.6.4　负折射材料

负折射材料是指物质的折射率为负数的特殊材料。目前，国内外都对这种材料进行了很多研究，并且取得了一定的成果。如微波负折射材料已经得到了一定的应用：可用作延迟线、耦合器、天线收发转换开关、固态天线、微型反向天线、平板聚焦透镜、带通滤波器等。光频段负折射材料近期才实现，离应用还有一定的距离，但是其前途十分光明：可以用来制作高分辨率光学透镜、大存储容量的光学系统、集成光路、特种光纤、分束器、开放腔等各种光学器件。下面对这一特殊的光学材料予以简单介绍。

1. 负折射率

运用麦克斯韦方程组时会遇到这样一个问题：

$$n = \pm \sqrt{\varepsilon_r \mu_r} \qquad (6-24)$$

式中：n 为介质折射率，ε_r 为相对介电常数，μ_r 为相对磁导率。在取正负时一般取正值，其原因在于自然界没有发现折射率为负的介质。但是 ε_r、μ_r 都取负值时并不违背麦克斯韦方程组。1968 年，前苏联物理学家 V. G. Veselago 提出左手化媒质（Left Handed Medium，LHM）的物理思想，指出该种材料的 ε_r、μ_r 可同时取负值，该理论认为微波穿过 LHM 时将发生异常传播的现象。后来，Smith 等将导电开口谐振环（Split Ring Resonator，SRR）和金属线按照一定图案周期性排列，第一次制得了负折射材料，该材料只在微波段（10 GHz 以下）呈现负折射率性。此后，国内外很多科学家都在该方法的基础上制备了负折射材料，其在延迟线耦合器、天线收发转换开关、固态或微型反向天线、平板聚焦透镜等方面有着广泛的应用。低损耗光波段负折射材料能广泛应用于光通信的各方面，这给研究者提出了新的挑战。光子晶体和手征介质的发展为低损耗光波段负折射材料的实现开启了新的篇章。

图 6-30(a)、(b)显示了光线在正、负介质中传播的差异。研究者对不同排列方式的导电开口谐振环和金属线按一定图案周期性排列的负折射材料进行测量，实验是在微波段进行的。实验中的探头是可以旋转的，结果探测折射波主要从法线左侧出来，如图 6-30(c)中的虚线所示；实线表示的是正常折射率材料的情况，入射波与折射波位于法线同侧，第一次验证了负折射材料的存在。

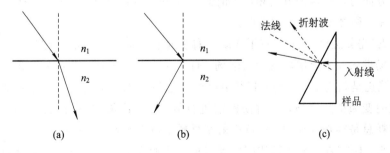

图 6-30　光线在正负介质中传播的差异

2. 负折射材料的特性

负折射材料具有以下特性：

(1) 可产生反常切伦科夫（Cerenkov）效应。带电粒子在介质中匀速运动时会在其周围产生引导电流，在其路径上形成一系列次波源，发出次波。如果粒子速度超过介质中的光速，次波就会相互干涉，辐射电磁波。在普通介质中，其能量辐射方向朝向波传播方向；在负折射介质中，其能量辐射方向背向传播方向，如图 6-31(a)、(b)所示。

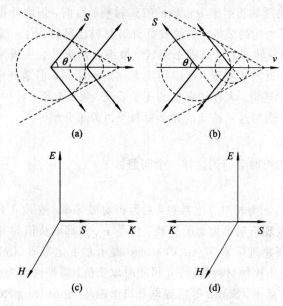

图 6-31 正、负折射率材料 Cerenkov 辐射和矢量方向示意图

（2）能流与波矢反向。波在负折射材料中传播时，其能流方向（玻印廷向量方向）S 与波传播方向 K 相反。

（3）折射光线与入射光线侧。电磁波从常规介质传播到负折射率介质时，在界面中同样满足麦克斯韦方程的边界条件，折射光依然满足 Snell 定律，即 $n_1 \sin\theta_1 = n_2 \sin\theta_2$，但不同的是 n_2 应该取负值，要使等式成立，θ_2 也应该取负值，亦即 θ_2 是负角度，因此折射光线和入射光线在法线的同一侧。

（4）能产生逆多普勒效应。波源频率一定，如果探测器背离波源运动，在常规介质中探测到的频率应该较波源频率小，即多普勒效应。但如果该波在负折射材料中传播，由于其能量传播方向与相位传播方向相反（如图 6-31(a)、(b)所示），就会使探测频率反而大于波源的频率，称之为逆多普勒效应。

（5）形成"完美透镜"。由于左手介质与右手介质的波矢方向恰好相反，因此在右手介质中的衰减场进入左手介质后变为增强场，右手介质中的增强场进入左手介质后变为衰减场。完美透镜正是利用了这一点，指数衰减的倏逝波进入完美透镜后由于波矢相反，所以在完美透镜内变为指数增强，即对倏逝波进行放大，使之能够参与成像，变成完美透镜。而实际上损耗总是客观存在的，在负折射率材料中也不例外，只是相对完美。

近几年来，研究者把纳米科技应用到双负介质的设计中，分别实现了光频段的磁共振和电共振，但始终很难实现光频段的负折射现象，直到双金属线的出现。但由于其大损耗的原因，很难应用于实践。有人采用电子束刻蚀技术，在玻璃基质上植入了周期排列的双金属线单元，结果得出该材料的折射率随入射光波波长的变化而变化，在 $1.5~\mu m$ 处得到负折射率绝对值的最大值 $n = -0.3$。

另外，利用光子晶体也能实现负折射。自 1987 年提出光子晶体的概念后，有关光子晶体的理论研究和实验制作立刻引起了广泛的兴趣。它是一种介质在空间分布上具有周期性结构的人工设计的晶体，在介电常数周期性变化的三维介质中，某些频段的电磁波强度因破坏性干涉呈指数衰减，无法在介质中传播，形成电磁波能隙。光子晶体实现负折射按其原理不同，可以分成两大类：第一类是通过对微元结构的周期性设计实现介电常数与磁导率均为负的"双负"结构，其典型的特点是波矢方向 K 与能流方向 S 相反；另外一类是通过对材料结构单元周期性结构及其基体材料的调制，改变其色散关系，产生类似于电子在晶体中的能带结构，其布洛赫散色产生类似负折射的效果。光子晶体实现负折射最大的优点在于它既不需要激发磁共振也不需要激发电共振，即可不依靠金属的自由电子气直接实现负折射，因此其损耗极低，甚至可以忽略。

目前制约负折射材料应用及产业化的主要原因有：① 还不能采取很好的办法减少材料的损耗；② 材料的负折射频段还不能得到有效控制；③ 微加工技术是制约负折射应用的瓶颈；④ 制作成本太高，阻碍了产业化的进程。实现负折射主要的三种方法（双负介质实现负折射、左手材料实现负折射和光子晶体折射）已被实验证明了其可行性。双负介质负折射材料目前已实现光频段，但损耗较大；手征材料负折射不需要激发磁共振，相对而言损耗较小；光子晶体既不需要磁共振也不需要电共振即可实现负折射，且其损耗很小，甚至可以忽略，理论上可以实现各个频段的负折射，但由于受到微加工的限制，实验上还有一定的困难。综上所述，目前负折射工作的重心应放在完善手征介质对负折射的实现、改进和发展新的技术以继续缩小光子晶体结构单元上。相信随着科技的发展，特别是纳米技术在负折射材料中的应用，负折射材料将会广泛地应用于各个领域。

习　题

1. 为什么要使用聚焦透镜，画图并用公式说明。

2. 什么是瑞利判据？编程计算 $D=10$ cm 的透镜所有红外、可见光波段的最小分辨角，并以波长为横轴、分辨角为纵轴作图（波长以 100 nm 为步长）。

3. 红外光学系统的参数有哪些？红外光学系统的分类有哪些？

4. 简述目标测量的投影角原理。

5. 调制盘径向分格的意义是什么？

6. 在旭日型调制盘系统或 L 形系统中，绘图说明在视场中出现两个目标时的调制波形和定位结果。

7. 红外对空导弹改装成对地面目标进行攻击时，导引头应该做哪些改进设计？

8. 各种调制形式的主要特征是什么？

9. 调制盘可否用于对面辐射源的探测？为什么？

10. 各种类型的调制盘有何共性？有什么不同的特点？

11. 基准信号产生器为什么一定要同调制转动机构或扫描机连在一起？不连在一起行不行？为什么要将目标信号与基准信号比较以后才能取出误差信息？

12. 高速飞行的航行器其红外探测窗口的设计有哪些注意事项？降低热窗影响的方法有哪些？

第7章

红外成像跟踪

◇◆◆

能够把景物因温度和发射率不同而产生的红外辐射空间分布转换成视频图像的技术，统称为红外成像技术。成像跟踪系统是把图像处理、自动控制、信息科学有机地结合起来，形成一种能从图像信号中实时自动识别目标，提取目标位置信息，自动跟踪目标运动的技术。图像跟踪的实时性很强，它的发展是和现代高速计算机的发展紧密相连的。

成像跟踪系统利用了目标图像的形状和图像亮度分布状况等作为跟踪信息，信息量较之只利用目标辐射强度的非成像跟踪系统来说要丰富、优越得多，可对各种目标和背景进行鉴别及选择跟踪，跟踪精度很容易达到角秒量级，无论可见光电视制导导弹，还是热成像制导导弹，都能够击中目标上指定的部位，可以说"要打眼睛不会碰到鼻子"。此外，成像跟踪系统工作时不向外辐射无线电波，不会被敌方的电子侦察装置发现。它也不会受到敌方的电子干扰装置的干扰的影响。由于从监视器上能直接看到目标图像，因而能可靠地辨认目标、识别敌我。可见，隐蔽性、直观性、抗电子干扰性是成像跟踪系统的突出优点，这在军事应用中是极其宝贵的。

由于上述重要优点，在现代武器控制系统中越来越多地使用成像跟踪器，如成像制导导弹，再如与雷达性能的互补，许多高射炮火控雷达上也安装了成像跟踪器。雷达具有作用距离远、搜索能力强和全天候作战的优点，但容易暴露自己、易受电子干扰，如果采用雷达－光电成像相结合的体制，就可应付多种复杂情况，发挥各自的优点。可以预见，这种互补型的体制将会成为火控系统的主流，其产品形式包括热像仪、前视红外系统、红外行扫描仪、红外扫描成像辐射仪和光谱扫描仪、红外成像侦察告警仪和红外电视。

7.1 红外热成像系统

7.1.1 基本概念

红外成像系统通常由光学系统、扫描机构、红外探测器（制冷器）、信号处理系统、输出显示器及同步机构等构成，如图 7-1 所示。其中，把空间图像转化为按时序变化的电信号的过程就称为扫描。

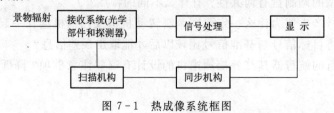

图 7-1 热成像系统框图

图 7-2 是一个单元探测器红外热成像系统的工作原理示意图。扫描机构位于会聚光学系统和探测器之间，其中扫描机构包括水平扫描器（行扫）和垂直扫描器（场扫）。当扫描器转动时，从景物到达探测器的光束随之移动，在物空间扫出像电视一样的光栅。探测器将强弱不等的辐射信号转换成相应的电信号，经过放大再加上同步信号，形成一维的时序视频信号，送到视频显示器上显示。

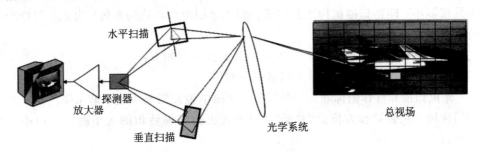

图 7-2　单元探测器的红外热成像系统工作原理图

对于线阵列红外探测器，可省掉其中的一维扫描器。例如，在遥感红外成像系统中，通常用大线阵探测器承担其中的一维扫描（行扫），而借助飞行器的飞行方向做另一维扫描（场扫），共同完成对地面景物二维红外辐射强度分布的扫描；对于面阵红外焦平面（FPA）探测器，则可以完全省掉光机扫描结构，称为凝视型的红外成像系统。

因此，按照工作模式的不同，红外成像系统分为光学机械扫描热像仪和焦平面热像仪，而焦平面热像仪又可以分为电子扫描和固体自扫描两种形式；按是否制冷，可将红外成像系统分为制冷型热像仪和非制冷型热像仪，目前非制冷型热像仪均采用焦平面工作模式。

下面分别介绍各类红外成像系统的工作原理。

7.1.2　光学机械扫描成像系统

当探测器采用单元或线阵形式时，由于探测器灵敏单元的尺寸通常为几十微米大小，瞬时视场只有 0.1 mrad 左右，为了获得大的视场，必须采用光机扫描方式。目前，使用、在研制的热象仪绝大多数均属于光机扫描类型，如"小牛"（幼畜）、Maverick、AGM-65D 导弹等都采用光机扫描。

光机扫描摄像头是光机扫描热像仪的关键部分，它由光学系统和扫描机构两大部分组成。其中扫描部件的种类有多种，有摆动平面反射镜、旋转多面反射镜（镜鼓，见图 7-3）、旋转折射棱镜、旋转光楔、摆动透镜等。

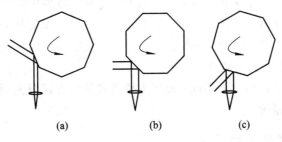

图 7-3　旋转多面反射镜（镜鼓）

扫描方式根据探测器和系统功能的不同，可分为以下两种：

（1）物方扫描：将扫描机构置于光学系统之前，直接对景物进行扫描。因来自景物的辐射是平行光，故也称为平行光扫描。

（2）像方扫描：也称为伪物扫描，是扫描机构置于光学系统与探测器之间，对像方光束进行扫描。因像方光束是会聚光，故也称为会聚光束扫描。像方扫描的优点主要是光束口径小及仪器小，即物扫描机构之前加了一套望远镜组合而成的系统，也就是景物经过光学系统成像之后再对其进行扫描。

光机扫描热成像的原理如图 7-4 所示，其工作过程如下：

（1）单元探测器与景物空间单元区域——对应。

（2）光机扫描部件作俯仰和方位的偏转，即图中镜面摆动反射，单元探测器所对应的景物空间区域也在俯仰和方位上"移动"，可见光机扫描偏转角的大小决定了扫描空间范围——观察范围。

（3）探测器经过每一个像素点时，完成光电转换、形成潜像，同时电荷积累，经放大后输出与该点辐射度成比例的电流。

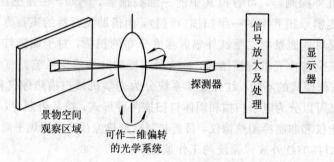

图 7-4　光机扫描热成像的原理图

可见，光机扫描成像系统的特点为：探测器相对总视场只有较小的接收范围，而由光学部件做机械运动来实现对景物空间的分解。

为提高信噪比，常将多个探测器并联或串联起来使用，形成了"并扫"或"串扫"两种基本模式。在"并扫"中，多元线列探测器同时探测相应景物像素的热辐射，其主要优点是降低帧速、减小信号处理电子学的带宽。在"串扫"中，多元线列探测器是分别顺序探测同一景物像素的热辐射，之后将所有探测元的信号进行延时积分处理，其主要优点是图像的均匀性好。采用 n 元"并扫"或"串扫"，都可使系统信噪比提高 $n^{1/2}$ 倍。

红外搜索跟踪系统大都采用列阵式红外探测器，也可以采用焦平面探测器。

前面介绍了对于面阵红外焦平面（FPA）探测器，可以完全省掉光机扫描结构，成为凝视型的红外成像系统。现在讨论这种成像系统是如何把空间图像转化为按时序变化的电信号，也就是它采用何种扫描方式成像的。

根据使用探测器工作原理的不同，面阵焦平面成像的方式分为两种：电子扫描成像系统和固体自扫描成像系统。

7.1.3　电子扫描成像系统

对于各种电子摄像管类的探测器，如光导摄像管、热释电摄像管等均采用电子扫描成像系统。这主要是由于电子摄像管的结构和电子束信号提取原理决定的。典型的电视摄像管结构如图 7-5 所示，它由光学系统、光敏靶面、电子光学系统、阴极电子枪及视频输出电路构成。灯丝用来加热阴极；电子从阴极表面发射；控制极用来调节电子束电流的大小；加速极对电子束产生加速电场，并与控制极形成电子透镜，对电子束初步聚焦；聚焦极使电子束进一步聚焦，通常将电子束聚为直径 0.01 mm 左右的细束；筛网电位高于聚焦极一二十伏，产生均匀电场，使电子束垂直上靶；偏转线圈使电子束作光栅扫描；窗口一般用锗或三硫化砷等材料制造，以透过 2 μm 以上的红外辐射；靶环作为信号的引出线；靶面是用光电导或热释电材料制成的单晶片，一般厚度在 16~18 mm；在靶的前表面蒸涂上金黑层作为信号电极和红外辐射吸收层。

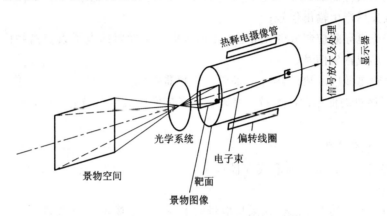

图 7-5　热释电摄像管成像装置

可见，电子束摄像管的扫描装置是由电子枪产生的细电子束和按一定规律变化的电场或磁场构成的，通过扫描电子束同靶面的相互作用来产生视频信号。

热释电摄像管成像也是一类电子束扫描成像装置。热释电探测器的原理已经在第 3 章中作过介绍，这里介绍使用热释电探测器制作的靶面进行成像（如图 7-5 所示），其工作工程如下：

（1）景物空间的整个观察区域全部成像在像管的靶面上。

（2）图像信号通过电子束检出，只有电子束触及的那一小单元区域才有信号输出。

（3）偏转线圈控制电子束在靶面上扫描，这样便能依次摄取整个观察区域的图像信号。

可见，电子扫描成像系统的接收系统虽然能全部观察到整个景物图像，但要通过电子束扫描去分割景物，所以称为电子束扫描成像。

电子束摄像管在原理上能实时输出随像素的亮度变化而变化的图像信号，但是由于扫描电子束在每一个像素上停留的时间极短，致使摄像器件对光的利用率很低，以至于在实际上不能得到有实用价值的电信号。为了提高摄像器件对光的利用率，即提高摄像管的灵敏度，必须在每个与像素对应的光电变换元件上设置一个存储器，把每一像素在没有扫描的时间内，由于光照而在光电元件上产生的光电流以电荷的形式存储起来，而在受到电子束扫描的极短时间内把所存储的电量全部输送出去。以热释电摄像管的热释电靶面为例，热释电靶面可看做一系列小单元电路的并联，每个单元对应于靶面上的一个小面元（像素）。其中，V_s 是热释电晶体随辐射温度变化所产生的极化电荷的等效电压量；电容为小面元的等效电容,起着电荷存储器的作用。电子束对靶面的扫描可等效为具有非线性电阻 R 的转换开关,依次使各个小单元电路的电容与负载电阻 R_L 接通而放电,于是在负载电阻 R_L 上便得到与靶面温度变化成比例的电信号。对每个小单元的接通时间为 Δt,相邻两次接通的间隔时间为 T_f。

利用电子束摄像器件成像一般应包括以下三部分:

1) 光电变换部分

光学图像投射到器件光敏面,独立光敏单元(像素)分别完成光电转换,在光敏面上形成电量的潜像。根据光电转换的原理不同可以分为以下三类:

(1) 外光电效应制成的析像管:由靶面发射的光电子在电子光学及倍增系统的作用下,由阳极收集后产生输出信号;

(2) 根据光电导效应制成的光导管:由阴极电子枪发射的电子束扫描并检出光导靶面上的光电流,形成输出信号;

(3) 根据热电效应制成的热释电像管:探测器件以热探测器为主,工作时不需制冷,这样便省去了昂贵的低温制冷系统,突破了历来热像仪成本高昂的障碍,使传感器领域发生了变革。

2) 光电信号存储部分

该部分将光电流以电荷的形式存储起来,并转变为与像素光通量或温度变化对应的电位。

扫描装置串行、逐点(像素)地采集电量的潜像,每个像素在扫描周期内应不间断地对转换后的电量进行积累,并转变为与像素光通量或温度变化对应的电位。

3) 扫描输出部分

当系统按一定时间顺序和轨迹依次读出存储器上的电位起伏变化信息时,便可获得与被测目标的光学参数成比例的一维时序电信号。

7.1.4 固体自扫描成像系统

固体自扫描将光电变换、光电信号存储和扫描输出三个组成部分集成于一个半导体器件内,该半导体器件就称为固体自扫描成像器件。

目前已实现固体自扫描成像的器件主要有自扫描光电二极管阵列(SSPD)(又称为MOS 型成像器件)、电荷耦合器件(CCD)和电荷注入器件(CID),其中前两种应用较为广泛。

自扫描光电二极管阵列(SSPD)是将 N 个光电二极管、N 个 CMOS 场效应管和 N 位MOS 动态移位寄存器用半导体集成电路技术集成于一个硅片上,如图 7 - 6 所示。电荷耦合器件(CCD)也是在 MOS 集成电路技术基础上发展起来的新型半导体器件,具有集成度高、功耗小的特点,因此在个体图像传感、信息存储和处理等方面得到了广泛的应用。

下面以电荷耦合器件(CCD)为例,围绕光电变换及电荷存储、电荷传输和电荷信号读取输出三方面阐述其自扫描成像原理及工作过程。

如图 7 - 6 所示,CCD 的基本结构是在硅衬底上生成一层绝缘层,然后借助光刻技术,在绝缘层上淀积多个相距很近的金属电极,形成 MOS 阵列。

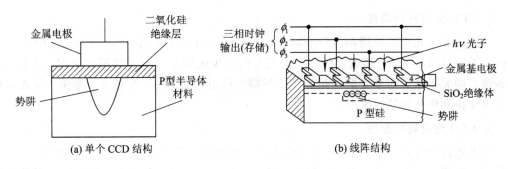

图 7-6　CCD 的基本结构

1. CCD 单元光电变换及电荷存储原理

对于 P 型衬底,当在金属电极上加正偏压时,由此形成的电场穿过氧化物薄层,排斥界面附近的多子空穴,留下带负电的固定不动的少子(空间电荷),形成耗尽层(无载流子是本征层)。与此同时,氧化层与半导体界面处的电势(表面势)发生相应变化,因电子在界面处的静电势很低,当金属电极上所加的正偏压超过阈值电压后,界面处就可存储电子。形象地说,界面处形成了电子势阱。

由于界面上势阱的存在,当有自由电子充入势阱时,耗尽层的深度和表面势将随电荷的增加而减小(电子的屏蔽作用)。在电子逐渐填充势阱的过程中,势阱中能容纳多少电子,取决于势阱的"深浅",即表面势的大小,而表面势又依栅电压的大小而定。

如果没有外来的信号电荷(电注入或光注入),那么势阱将被热生少数载流子逐渐填满,而热生多数载流子将通过衬底跑掉。我们称此时的 MOS 结构达到了稳定状态(热平衡态),热生少数载流子形成的电流叫"暗电流"。在稳定状态下,不能再向势阱注入信号电荷。这种情况对探测光信号是没有用的。对于光电探测,所关心的是非稳态情况,而稳态只是非稳态的极限。

以 P 型半导体为例,先讨论在不同偏压下 MOS 结构处的变化。

(1) 对栅极加负偏压,电场排斥界面处的电子而吸收空穴,电子在界面处能量加大、能带上弯、空穴浓度增加,形成多数载流子堆积层。这种情况称为表面积累。

(2) 对栅极加一小的正偏压,则界面处电子能量降低、能带下弯,空穴被电场驱向体内,在界面处留下带负电的少数载流子(电子),以保持电中性。这种多数载流子被驱使殆尽的情况称为"耗尽"。

(3) 逐渐增加栅极电压,能带在界面处下弯更为严重,表面耗尽层宽度亦随电压增加而加宽,但当能带弯曲到费米能级 E_F 并超过禁带中线 E_i 时,耗尽层及表面的"复合—产生"过程提供电子,使界面处的电子浓度急剧增加并超过空穴浓度,形成一极薄的 N 型反型层。此时耗尽层宽度基本上不再随外加电压(栅压)的增加而增加,称此时的状态为"强反型"。出现"强反型"时的栅极电压称为 MOS 结构的"阈值电压 V_{th}"。

如果不是逐渐增加栅压,而是在栅极上加阶梯电压 $V_G > V_{th}$,则由于 V_G 足够大,界面处能带下弯到进入反型层,栅极感应负电荷的弛豫时间约为 10^{-12} s,半导体内"复合—产生"过程的少数载流子(电子)跟不上这个变化,而多数载流子(空穴)能跟上,因此多数载流子(空穴)由表面流向体内。此时,表面虽是反型层,但电子尚未产生,实质上是空的电子势阱,MOS 结构处于"非平衡状态"。

2. CCD 光电转换原理

如果外界有光线照射到 MOS 结构的底部，就会在耗尽区产生光生少数载流子(电子)，并存储于耗尽区。存储电荷数量的多少由光子的多少也就是入射光的强度决定。于是，景物各像点的光子数分布就变成了相应像元势阱中的电子数分布，并被存储起来，从而起到了光电变换和电荷存储的作用。

3. CCD 电荷转移原理

从上述讨论可知，外加在 MOS 结构上的电压越高，产生的势阱越深；外加电压一定，势阱深度随势阱中电荷量的增加而线性下降。利用这一特性，只要 MOS 结构排列得足够紧密(间隙小于 3 μm，目前可以做到 0.2 μm)，就可通过控制相邻 MOS 结构栅极电压的高低来调节势阱深度，使相邻 MOS 结构的势阱相互沟通，即相互耦合，使信号电荷由浅的势阱流向深的势阱，实现信号电荷的转移。

为了保证信号电荷按规定的方向和确定的路线转移，在 MOS 电容阵列上所加的各路电压脉冲(时钟脉冲)是严格满足相位要求的。这样在任何时刻设计的变化总朝着严格方向。此外，根据同样栅压下衬底杂质浓度越高，表面势越低的道理，工艺上采取在电荷转移通道以外的地方掺以更高的杂质浓度，以形成限定沟道的部分(沟阻)，从而确定沟道的范围，保证转移路线。

下面以三相电极结构为例，介绍各像元势阱下存储的电荷的转移过程。三相电极结构如图 7-7(a)所示，由每三个栅为一组的间隔紧密的 MOS 结构组成的阵列。每相隔两个栅的栅电极连接到同一驱动信号上，亦称时钟脉冲，分别为 ϕ_1、ϕ_2、ϕ_3。三相时钟脉冲的波形如图 7-7(b)所示。

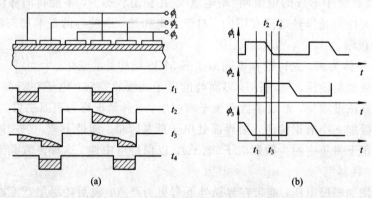

图 7-7 CCD 结构及其三相移位脉冲

CCD 的电荷转移转移过程如下(见图 7-7(a))：

在 t_1 时刻，ϕ_3 为高电位，ϕ_2、ϕ_1 为低电位。此时 ϕ_3 电极下的表面势最大，势阱最深。假设此时已有信号电荷注入，电荷就被存储在 ϕ_3 电极下的势阱中。在 t_2 时刻，ϕ_3、ϕ_2 为高电位，ϕ_1 为低电位，则 ϕ_3、ϕ_2 下的两个势阱的深度相同，但因 ϕ_3 下面存储有电荷，则 ϕ_3 下的电荷向 ϕ_2 下转移，直到两个势阱中具有同样多的电荷。在 t_3 时刻，ϕ_2 仍为高电位，ϕ_1 为低电位，而 ϕ_3 由高到低转变。此时 ϕ_3 下的势阱逐渐变浅，使 ϕ_3 下的剩余电荷继续向 ϕ_2 下的势阱中转移。在 t_4 时刻，ϕ_1 为高电位，ϕ_3、ϕ_2 为低电位，ϕ_1 下面的势阱最深，信号电荷都被转移到 ϕ_1 下面的势阱中，这与 t_1 相似，而且电荷包向右移动了一个电极的位置。

为提高电荷信号的读出速度和效率，CCD 图像传感器通常采用面阵列结构读取电荷信号并产生视频信号。目前，面阵列结构的 CCD 芯片工作方式分为两种：帧传输方式和行间传输方式。

帧传输方式的 CCD 芯片，其光敏区域存储区是分开的。在积分周期结束时，利用时钟脉冲将整帧的信号转移到读出存储区，然后整个帧的信号再往下移动，进入水平读出移位寄存器而串行输出。这种结构需要一个与光敏区同数量的存储区，芯片尺寸大是其缺点，但其结构简单，容易实现多像元化，还允许采用背面光照来增加灵敏度。

行间传输方式的光敏阵列与存储阵列交错排列。光敏阵列采用透明电极，以便接受光子照射。垂直的存储移位寄存器和水平的读出寄存器为光屏蔽结构。这种方式下芯片尺寸小，电荷转移距离比帧传输方式短，故具有较高的工作频率，但其结构复杂，且只能以正面透射图像，背面照射会产生串扰而无法工作。

7.2 成像系统的基本技术参数

1. 通光口径

通光口径定义为 D/f，D 是光学透镜直径，f 是焦距，此处焦距指光学系统的焦距，而不是单个透镜的焦距。

2. 瞬时视场角与观察视场角

瞬时视场指探测器尺寸对系统的物空间的张角，它由探测器的形状和尺寸以及光学系统的焦距决定。对于矩形探测器尺寸 $a \times b$，焦距 f，

$$\alpha = \frac{a}{f}, \quad \beta = \frac{b}{f} \tag{7-1}$$

观察视场角（总视场角，TFOV）指光学系统所能观察到物空间的二维视场角（空间立体角）。

3. 帧时与帧速（频）

系统扫过一幅完整画面所需的时间称为帧周期或帧时，记为 T_f，单位为 s。

4. 扫描效率

热成像系统对景物扫描时，由于同步扫描、回扫、直流恢复等要占时间，这个时间内不产生视频信号，称为空载时间，用 T_f' 表示。帧周期与空载时间之差（$T_f - T_f'$）称为有效扫描时间。

有效扫描时间与帧周期之比就是系统的扫描效率，即

$$\eta_{sc} = \frac{(T_f - T_f')(T_f - T_f')}{T_f} \tag{7-2}$$

5. 滞留时间

滞留时间是光机扫描热成像系统的一个重要参数，热成像系统所观察的景物可以看成若干个发射辐射的几何点的集合。在成像过程中，探测器相对于这些几何点源是运动的；在与探测器前沿相交的瞬间到与探测器后沿脱离的瞬间，所经历的时间就是探测器的驻留时间。换言之，探测器驻留时间是扫过一个探测器张角所需的时间。当扫描速度为常数，

系统的空载时间为零时，单元探测器的驻留时间为

$$\tau_{a1} = \frac{T_f}{m} = \frac{\alpha\beta T_f}{W_\alpha W_\beta} \tag{7-3}$$

7.3 成像系统的性能

红外热成像系统目前主要应用在 $3\sim5~\mu m$ 中红外波段和 $8\sim14~\mu m$ 远红外波段的大气窗口中，目前在军事上已广为应用，民用也在大力发展中。

7.3.1 红外热成像系统的静态特性

热成像系统的静态特性或系统综合特性主要是指噪声等效温差 NETD、调制传递函数 MTF、最小可分辨温差 MRTD 和最小可探测温差 MDTD。

1. 噪声等效温差(NETD)

噪声等效温差是指热成像系统的基准电子滤波器的输出信号等于系统均方根噪声时，产生信号的两黑体目标间的温差。

当探测器或使用的光谱范围为 $\lambda_1\sim\lambda_2$ 时，NETD 的基本表达式为

$$\text{NETD} = \frac{\pi V_n}{\alpha\beta A_0 \int_{\lambda_1}^{\lambda_2} \tau_{a\lambda}\tau_{0\lambda}\mathscr{R}_\lambda \dfrac{\partial M_{\lambda,T}}{\partial T}\mathrm{d}\lambda} \tag{7-4}$$

式中：V_n 为系统输出的均方根噪声电压；α 为探测器水平瞬时视场；β 为探测器垂直瞬时视场；A_0 为物镜系统的入瞳面积，$A_0 = \pi D_0^2/4$；$\tau_{a\lambda}$ 为大气的光谱透射比；$\tau_{0\lambda}$ 为物镜系统的光谱透射比；$\mathscr{R}_\lambda$ 为探测器的光谱响应度；$M_{\lambda,T}$ 为目标的辐射出射度。

讨论静态特性时，以热像系统本身的特性为主，大气的影响放到视距估算中再予以考虑，使 $\tau_{a\lambda}=1$。热像系统大多工作在某一大气窗口中，也就是一个不太宽的波段中，因此可以认为，$\tau_{a\lambda}=\tau_0$，即物镜的透射比与波长无关。用 D_λ^* 代替 $\mathscr{R}_\lambda$，即将 $\mathscr{R}_\lambda = D_\lambda^* V_n/(A_a,\Delta f)^{\frac{1}{2}}$ 代入上式，则有

$$\text{NETD} = \frac{4(\Delta f)^{\frac{1}{2}} F^2}{\tau_0 A_d^2 \int_{\lambda_1}^{\lambda_2} D_\lambda^* \dfrac{\partial M_{\lambda,T}}{\partial T}\mathrm{d}\lambda} \tag{7-5}$$

将普朗克公式对 T 作偏微分：

$$\frac{\partial M_{\lambda,T}}{\partial T} = M_\lambda \frac{c_2 \mathrm{e}^{c_2/kT}}{\lambda T^2 (\mathrm{e}^{\tau_2/\lambda T}-1)} \tag{7-6}$$

式中，$c_2 = 1.4388\times10^4 (\mu m\cdot K)$。例如，对地面景物 $T=300~K$，$\lambda_p=10~\mu m$ 的情况下，$\mathrm{e}^{c_2/\lambda T}\gg1$，有

$$\frac{\partial M_{\lambda,T}}{\partial T} = M_\lambda \frac{c_2}{\lambda T_B^2} \tag{7-7}$$

对于光子探测器的光谱特性可以近似化为以下表达式：

$$D_\lambda^* = \begin{cases} \dfrac{\lambda D^*(\lambda_p)}{\lambda_p}, & \lambda \leqslant \lambda_p \\ 0, & \lambda > \lambda_p \end{cases} \tag{7-8}$$

把以上两个关系式代入式(7-5)，如果探测器为 n_s 元串联，则有

$$\text{NETD} = \frac{4(\Delta f)^{\frac{1}{2}} F^2 T_B^2 \lambda_p}{n_s A_d^{1/2} \tau_0 c_2 D^*(\lambda_p) \int_{\lambda_1}^{\lambda_2} M_\lambda(T_B) \mathrm{d}\lambda} \tag{7-9}$$

或

$$\text{NETD} = \frac{\pi(A_d \Delta f)^{\frac{1}{2}} \lambda_p T_p^2}{n_s \alpha\beta A_0 \tau_0 c_2 D^*(\lambda_p) \int_{\lambda_1}^{\lambda_2} M_\lambda(T_B) \mathrm{d}\lambda} \tag{7-10}$$

其中：

$$\Delta f = \frac{\pi}{2}\frac{1}{2\tau_d}, \quad \tau_d = \frac{\alpha\beta\eta_{sc}\eta_p}{A \cdot BF_f \cdot O_s}$$

式中：τ_d 为驻留时间；A 为热成像系统水平总视场；B 为热成像系统垂直总视场；η_{sc} 为扫描效率，即每帧中有效扫描时间与帧周期之比；η_p 为并联探测器的元数；F_f 为帧频；O_s 为过扫比，即由扫描重叠等因素造成的重复率。

由于可采用多种形式的探测器，如单元、串联、并联、串并联和 Sprite 探测器等，而且它们可工作在不同噪声限和低频景物(均匀大目标)的条件下，因此 NETD 有很多种变化的形式，都可由式(7-4)导出。

2. 调制传递函数(MTF)

热成像系统是由一系列具有一定空间或时间频率特性的分系统组合而成的。根据线性不变的理论，逐个求出各个分系统的频率特性或传递函数，它们之乘积就是整个热成像系统的传递函数。各分系统主要有光学系统、探测器、电子线路、显示器及人眼等。下面讨论最简单的情况。

光学系统的调制传递函数 MTF 由衍射限的 MTF_{opt} 和非衍射限(几何像差引起)的 MTF_{geo} 组成，它们分别表示为

$$\text{MTF}_{opt} = \frac{2}{\pi}\left\{ \arccos\left(\frac{f}{f_c}\right) - \left(\frac{f}{f_c}\right)\left[1 - \left(\frac{f}{f_c}\right)^2\right]^{\frac{1}{2}}\right\} \cdot \left(\frac{f}{f_c} \leqslant 1\right) \tag{7-11}$$

式中：f_c 为非相干光学系统的空间截止频率，$f_c = D_0/\lambda$ (cyc/mrad)；D_0 为光学系统的入瞳直径(mm)；λ 为非相干光的波长(μm)；f 为空间频率(cyc/mrad)。

$$\text{MTF}_{geo} = \exp(-2\pi^2\sigma^2 f^2) \tag{7-12}$$

式中，σ 像差引起弥散圆能量分布的标准偏差(mrad)。

单元探测器水平空间滤波的 MTF_{dsx} 为

$$\text{MTF}_{dsx} = \frac{\sin(\pi a f_x)}{\pi a f_x} = \text{sinc}(\pi a f_x) \tag{7-13}$$

式中，f_x 为水平方向的空间频率(cyc/mrad)。

在垂直方向上实质是通过离散采样获得信号，只有在采样频率大于奈奎斯特(Nyquist)频率时，近似满足空间不变的性质，可用调制传制函数来描述。探测器垂直空间滤波的 MTF_{dsy} 建议用下式计算：

$$\text{MTF}_{dsy} = \text{sinc}(\pi\beta f_y)\text{sinc}\left(\frac{\pi f_y}{f_{Ny}}\right) \tag{7-14}$$

式中：f_y 为垂直方向的空间频率（cyc/mrad）；f_{Ny} 为奈奎斯特频率，$f_{Ny} = O_s/\beta$（cyc/mrad）。

探测器时间滤波的 MTF_{dt} 为

$$\text{MTF}_{dt} = \left[1 + \left(\frac{f}{f_0} \right)^2 \right]^{-\frac{1}{2}} \tag{7-15}$$

当探测器载流子寿命为 τ 时，对应的时间特征频率 $f_{t0} = 1/(2\pi\tau)$，转换为空间域，对应的空间特征频率 $f_0 = f_{t0}\tau_d/a$，τ_d 为扫描驻留时间。

电子线路的 MTF_e 由所采用的电路不同而组成不同，下面只列出常用的低通电路的 MTF_{e1} 和高频的 MTF_{e2}：

$$\text{MTF}_{e1} = \frac{1}{\left[1 + \left(\frac{f_t}{f_{t0}} \right)^2 \right]^{\frac{1}{2}}} \tag{7-16}$$

式中，f_t 为电频率（Hz），f_{t0} 为低通滤波器的特征频率。

$$\text{MTF}_{e2} = 1 + \frac{K-1}{2} \left[1 - \cos\left(\frac{\pi f_t}{f_{tmax}} \right) \right] \tag{7-17}$$

式中：K 为提举幅度，常取 2；f_{tmax} 为对应最大提举空间频率的时间频率。

以上两式均在时间域中，在组合计算时应归化到空间域中。

显示器（CRT）的 MTF_m 为

$$\begin{cases} \text{MTF}_{mx} = \exp(-2\pi^2 \sigma_x^2 f_x^2) \\ \text{MTF}_{my} = \exp(-2\pi^2 \sigma_y^2 f_y^2) \end{cases} \tag{7-18}$$

式中，σ_x 和 σ_y 分别是显示器光点亮度分布在 x 和 y 方向上的标准偏差。

人眼的调制传递函数 MTF_{eye} 可表示为

$$\text{MTF}_{eye}(f) = \exp\left(-\frac{Kf}{\Gamma} \right) \tag{7-19}$$

式中，K 为由显示屏亮度 L 所确定的人眼响应特征系数，Γ 为全系统角放大率。

热成像系统的调制传递函数 MTF_s 应是各分系统调制传递函数 MTF_i 的乘积：

$$\text{MTF}_s = \prod_{i=1}^{n} \text{MTF}_i \tag{7-20}$$

3. 最小可分辨温差 MRTD

在热成像系统中，MRTD 是综合评价系统温度分辨率和空间分辨率的主要参数，它不仅包括了系统的特性，也包括了观察者的主观因素。其定义为：对具有某一空间频率的四个条带（每一条带长宽比为 7：1）标准图案目标，通过热成像系统，由观察者在显示屏上作无限长时间的观察，当目标与背景（条带与衬底）间温差从零逐渐增大到观察者以 50% 概率分辨时，这时的温差叫做该空间频率的最小可分辨温差。当目标图案的空间频率 f 变化时，构成最小可分辨温度的函数关系记为 MRTD(f)，理想积分模型的 MRTD 可表示为

$$\text{MRTD} = \text{SNR}_{DT} \left(\frac{\alpha_0}{2\varepsilon t_e} \right)^{\frac{1}{2}} \frac{Bf\beta^{\frac{1}{2}}(f)\text{NETD}}{R_{sf}(f)(\Delta f_{vr})^{\frac{1}{2}}} \tag{7-21}$$

式中：SNR_{DT} 为阈值显示信噪比；α_0 为图像的纵横比，$\alpha_0 = 3/4$；ε 为条带长宽比，$\varepsilon = 7/1$；Δf_{vr} 为基准视频带宽，$\Delta f_{vr} = \eta_p \cdot \Delta f$；$B$ 为由"电视线/幅高"变换为"线对/毫弧"的空间频

率转换系数；$\beta(f)$ 为噪声滤波函数，$\beta(f) = \left[1 + (f/N_{ef})^2\right]^{-\frac{1}{2}}$，$N_{ef} = \int_0^\infty R_{0f}^2(f)\mathrm{d}f$ 为位于探测器与前置放大器间的噪声插入点后的噪声等效带宽，R_{0f} 为噪声插入点后的调制传递函数；$R_{sf}(f)$ 为方波通量响应，$R_{sf}(f) = \dfrac{8}{\pi^2}\sum_{k=1}^\infty \dfrac{R_{0s}\left[(2K-1)f\right]}{(2K-1)^2}$，$R_{0s}$ 为系统调制传递函数。

典型的 MRTD 曲线如图 7-8 所示，曲线表示了热成像系统在空间分辨率和温度分辨率方面的极限性能。对系统观察各类目标的视距估算，就依靠了这个基本综合极限特性。最小可分辨温差曲线可以按上述表达式计算获得，也可以按定义通过实验得到。

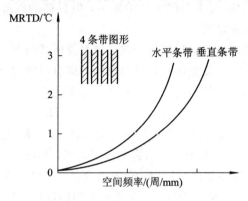

图 7-8　热像仪典型的 MRTD 曲线

4. 最小可探测温差 MDTD

热成像系统的 MDTD 反映了系统的空间分辨力和温度分辨力的特性，是系统重要的基本参量之一。与 MRTD 不同之处主要在于目标图形的差异，常把 MRTD 表示为空间频率的函数，而把 MDTD 表示为目标尺寸的函数。

MDTD 定义为：观察者时间不限，在显示屏上恰能分辨出一块一定尺寸的方形或圆形目标及其所处的位置时，目标与背景间的温差叫做最小可探测温差。

MDTD 的理想积分器模型表达式为

$$\text{MDTD} = \text{SNR}_{\text{DT}}\left(\frac{\alpha}{2\varepsilon T_e}\right)^{\frac{1}{2}} \cdot Bf\left[\Gamma(f)\xi(f)\right]\frac{\text{NETD}}{(\Delta f_{ur})^{\frac{1}{2}}} \tag{7-22}$$

式中：$\xi(f)$ 为噪声增量函数，$\xi(f) = \left[1 + (f/N_{es})^2\right]^{-\frac{1}{2}}$，$N_{es} = \int_0^\infty R_{0s}^2(f)\mathrm{d}f \approx \sum_{n=1}^\infty R_{0sn}^2 \Delta f$ 是整个系统的噪声等效带宽；$\Gamma(f)$ 为噪声滤波函数，表达式为

$$\Gamma(f) = \frac{\left[1 + \left(\dfrac{f}{N_{eN}}\right)^2 + \left(\dfrac{f}{N_{ef}}\right)^2\right]^{\frac{1}{2}}}{\left[1 + \left(\dfrac{f}{N_{eN}}\right)^2 + 2\left(\dfrac{f}{N_{ef}}\right)^2\right]^{\frac{1}{2}}} \tag{7-23}$$

$$N_{eN} = \int_0^\infty R_{0N}^2(f)\mathrm{d}f \approx \sum_{n=1}^\infty R_{0Nn}^2 \Delta f \tag{7-24}$$

N_{eN} 是噪声插入点前的噪声等效带宽，R_{0N} 是插入点前的调制传递函数。对方形或圆形目标观察时的视距估算，可利用 MDTD 这个基本综合极限特性进行。

MDTD 特性可按上述表达式计算获得，也可以通过实验获得。为对热成像系统的静态

性能进行分析或预计,常采用上述模型计算来获得 MRTD 和 MDTD;对实际系统则采用实验方法来鉴定其性能的优劣。

7.3.2 视距估算中应考虑的主要因素

MRTD 和 MDTD 都是在标准条件下获得的,与实际情况间的差异则需修正,视距估算中大气的影响等因素也需考虑。

1. 大气传输衰减

在讨论 NETD 时曾说明暂不考虑大气的影响,但目标的红外图像信息总是要经过一定的大气传输,从而不能忽略其影响。

对于小温差目标图像的探测,近似认为热成像系统所接收到目标与背景辐射通量之差(信号)与其温度之差成正比。设黑体目标与背景间的固有温差为 ΔT_0,经 R 距离大气传输后到达热像系统时,目标与背景间的表观温差 ΔT 可表示为

$$\Delta T = \Delta T_0 \mathrm{e}^{-\sigma R} = \Delta T_0 \cdot \tau(R) \tag{7-25}$$

式中,σ 为工作波段内 R 距离行程上大气的平均衰减系数,$\tau(R)$ 为对应的平均大气透射比。

实际上大气衰减对热成像系统视距的影响是很大的,不同大气条件产生衰减的差别也很大。因此,在估算热成像系统的视距时,必须明确大气条件,如大气压力、温度、相对湿度、能见距离、传输路径、光谱范围等。通常采用专门的计算软件进行计算。

2. 观察等级的确定

通过热成像系统对目标的观察等级也可用约翰逊准则表示,详细内容见第 9 章。在这里一般不用线对数,而用所谓空间频率的半周期数即所需的条带数 N_e 来表示。该数相当于线对数的 2 倍。

通常随机噪声限制发现性能,系统放大率限制定向性能,调制传递函数限制识别性能,扫描光栅限制认清性能。

上述观察等级所需条带数 N_e 均是在 50% 的概率下得到的,当要求其他观察概率时,对应条带数应修正为 N,其修正关系如图 7-9 所示。

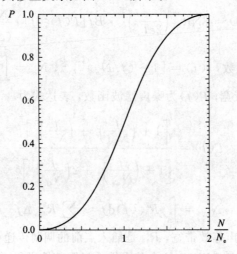

图 7-9 观察概率 P 与目标条带数 N 的关系

3. 目标形状的影响

在讨论 MRTD 时所采用的测试图案的长宽比为 7∶1，实际目标的等效条带一般不满足上述条件。因此在视距估算时，应按实际情况修正 MRTD。

设目标高度为 h，目标方向因子 α_m 定义为高宽比，当观察等级要求的等效条带数为 N_e 时，则目标等效条件的方向因子 ε 为

$$\varepsilon = \begin{cases} N_e\alpha_m & x \text{ 方向} \\ \dfrac{N_e}{\alpha_m} & y \text{ 方向} \end{cases} \tag{7-26}$$

考虑到实际目标长宽比的变化，线条越长积累越大的关系，MRTD 应修正为 $\mathrm{MRTD_e}$：

$$\mathrm{MRTD_e} = \left(\frac{7}{\varepsilon}\right)^{\frac{1}{2}} \mathrm{MRTD} \tag{7-27}$$

4. 实际信噪比 SNR 对视角的修正

人眼通过光电成像系统对景物目标观察时，不仅与目标对系统的张角 α 有关，而且与人眼接收到图像的信噪比 SNR 有关。也就是说，对图像观察的灵敏阈可能受分辨率的限制，也可能受量子噪声的限制。当大气条件很好，视频图像信噪比也很高时，视距主要受系统传递（极限分辨力）的限制；当大气条件很差时，视距主要受信噪比的限制。通过实验发现，在最佳观察距离处，极限信噪比 $\mathrm{SNR_{DT}}$ 在较大的空间频率范围内基本保持为一常数，因此常取该常数为极限信噪比的值，即 $\mathrm{SNR_{DT}} = 2.8$。

实际所获得的信噪比不一定就等于 $\mathrm{SNR_{DT}}$ 之值，因此对其影响极限空间频率的视角进行必要的修正，以体现不同信噪比对视距的影响。

图 7-10 所示为以一个舰船轮廓作目标，通过实验得到 SNR 与视觉探测所需角分辨率 θ 和张角 α 所对应角分辨率 θ_0 之比的修正关系。该曲线可作为视角修正的参考或近似依据。具体修正是：计算出 θ_0，由 SNR 的实际值，按图中曲线找到 θ 值，并以 θ 作为估算视距的依据。

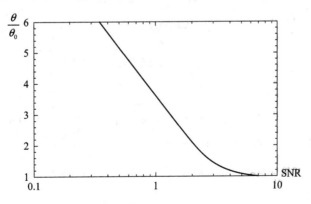

图 7-10 SNR 与实际所需角分辨率间的关系

5. 其他修正

热成像系统由于使用环境条件、目标位置及目标性质有很大的差别，因此在进行视距估算时，必须按实际情况，对不符合实验室假设的因素进行修正，以保证视距估算的可靠性。

当目标和背景不是黑体时，需将比辐射率引入计算；当目标和背景的温差很大时，需将辐射与温差间的非线性关系引入计算；当热成像系统与目标不在一个水平面时，需引入大气斜程的计算。

7.3.3 热成像系统的视距估算

热成像系统的视距估算实质上就是利用系统的综合极限特性 MRTD 和 MDTD（以观察目标情况确定其中一个）为依据，综合考虑目标、大气的实际情况和观察要求，通过计算在它们匹配的条件下获得估算的视距。下面以 MRTD 为例进行说明。

MRTD 的估算流程如图 7-11 所示。该过程可简要叙述如下：按照目标温度 T_0、比辐射率 ε_0 和背景温度 T_b 及比辐射率 ε_b，计算出等效的固有温差 ΔT_0；预置系统视距 R_i，引入大气条件计算出相应的透射比 $\tau(R_i)$，得到热成像系统的表观温差 ΔT；从要求对目标的观察等级，按约翰逊准则，找到对应的条带数 N，再按观察概率 P 的要求将条带数修正为 N_e；用 N_e 结合目标的极限宽度，计算出目标的方向因子 ε，并以此修正系统的 MRTD 为 $\mathrm{MRTD}_e(f)$；再令表观温度 ΔT 等于 $\mathrm{MRTD}_e(f)$ 时，由曲线可找到对应的空间频率 f_0，并可换算成空间分辨率 θ；按实际的表观温差 ΔT 与系统的等效噪声温差 METD 之比，可计算出相应的信噪比 SNR，并用 SNR 的实际值去修正 θ_0 而获得系统实际的空间分辨率 θ；由 θ 可计算出每条带所对应的宽度 Δ'，与要求的条带数 N_e 相乘，则可得到这时对应的像宽 Δ；利用目标的极限宽度、像宽 Δ 和物镜焦距，按成像关系公式可计算出可以观察的距离 R_{i+1}；设定估算视距允许的剛、误差为 ΔR，当估算视距 R_{i+1} 与预置视距 R_i 之差的绝对值大于 ΔR 时，说明估算精度没有达到要求，令 $R_i = R_{i+1}$，重复上述过程，直到 $|R_{i+1} - R_i| < \Delta R$ 时，认为精度已满足估算要求，则令 $R = R_{i+1}$ 作为估算视距的结果。

其他需在视距估算中进行修正的因素，可在相应的环节中引入。

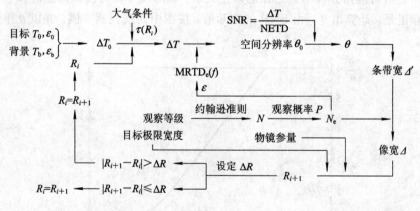

图 7-11 热成像系统视距估算流程示意图

7.4 成像跟踪系统

7.4.1 成像跟踪系统的组成结构

成像跟踪系统的基本组成如图 7-12 所示，它由成像设备、跟踪机构、成像跟踪信息处理器、控制系统、监视器等部分构成。

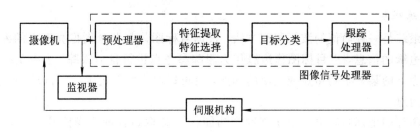

图 7-12　成像跟踪系统

通常成像设备安装在跟踪机构上，或随跟踪机构运动；成像设备输出的视频信号送到成像跟踪信息处理器，成像跟踪信息处理器能从视频信号中识别、提取出目标图像信号并解算出目标位置数据（相对于成像系统瞄准线的误差角）送到控制器；控制器输出控制信号加到跟踪机构的控制电机或稳定陀螺上，使跟踪机构带动成像设备自动跟踪目标运动。

如果把成像设备安装到导弹上，把成像跟踪信息处理器的输出加到控制导弹舵机的控制器上，就成了成像制导导弹。

为了观察和操作控制，成像跟踪信息处理器还把混有电十字线、电子窗口等标志信号的视频信号送到监视器，进行显示。

可以看出，在成像跟踪系统的组成部件中，成像跟踪信息处理器是核心部件，也是成像跟踪系统与其他控制系统相区别、特有的部件。

7.4.2　成像跟踪系统的工作原理

可以从不同的侧重点出发对成像跟踪系统进行分类。例如，从使用场合可分为火力控制、制导、港口管理系统等，从安装地点可分为陆基、车载、舰载、弹上系统等，从电路类型可分为数字式、模拟式、数模混合式系统等，但最常用的是依成像跟踪信息处理器的工作原理进行分类。

依成像跟踪信息处理器工作原理的不同，可把成像跟踪系统分为两大类：对比度跟踪系统和图像相关跟踪系统。对比度跟踪系统利用目标与背景景物在对比度上的差别来识别和提取目标信号，实现对目标的自动跟踪。依工作参考点的不同，又可分为边缘跟踪、形心跟踪、矩心（重心、质心）跟踪、峰值（点）跟踪等。图像相关跟踪系统是把一个预先存储的目标图像样板作为识别和测定目标位置的依据，用目标样板与视频图像的各个子区域图像进行比较（算出相关函数值），找出和目标样板最相似的一个子图像位置，就认为是当前目标的位置，这种方法也叫做"图像匹配"。

对比度跟踪对目标图像变化（尺寸大小和姿态变化）的适应性强，解算比较简单，容易实现高速运动目标的跟踪，但其识别能力较差，一般只适用于跟踪简单背景中的目标。因此，对比度跟踪法基本上只用于跟踪空中或水面目标，从运动载体上跟踪地面固定目标（机载、车载、舰载、弹载的跟踪系统）。

图像相关跟踪具有很好的识别能力，可以跟踪复杂背景中的目标，但它对目标姿态变化的适应能力较差，解算器的运算量大，一般用于跟踪低速运动的目标。

下面分别对成像跟踪信息处理器的两种不同工作原理进行分析。

1. 对比度跟踪

1）边缘跟踪

边缘跟踪是一种简便的波门跟踪方法，根据目标图像与背景图像亮度上的差异，抽取目标图像边缘的信息，以目标图像边缘作为跟踪参考点进行自动跟踪。边缘跟踪的跟踪点可以是边缘上的某一个拐角点或突出的端点，也可以取为两个边缘（左右边缘或上下边缘）之间的中间点。

边缘跟踪的坐标解算电路要实现四个功能：① 提取目标的边缘信号；② 在一场内锁存目标边缘左上角的边缘点坐标；③ 在一场内锁存目标边缘右下角的边缘点坐标；④ 目标坐标的计算与场同步。

边缘跟踪的坐标解算工作过程如下：

（1）通过微分电路获得目标的边缘信号脉冲，每一行的两个边缘分别为负脉冲和正脉冲。

（2）每场开始时，由场同步脉冲把触发器清零，输出端为高电平"1"，加在与门上。

（3）目标信号的第一行视频信号的前沿微分脉冲经过倒相成为正脉冲，通过与门后开启锁存器使它们把目标轮廓左上角的坐标锁存下来；同时此微分脉冲也把触发器置"1"，从而关闭与门，阻止以后的微分脉冲通过，保证本场内锁存器内容不再刷新。

（4）目标信号的后沿（目标轮廓右边缘）微分信号脉冲不断地使另一个锁存器的内容刷新，直到目标图像的最后一行过后才停止刷新，即在一场结束时，另一个锁存器中锁存的是目标轮廓右下角的坐标。

（5）在一场结束时，由 CPU 经数据总线把锁存器的内容取出，计算目标的中心坐标。

通过以上分析可以看出，边缘跟踪电路原理简单，容易实现，但易受噪声干扰。虽然通过电路改进可以减少噪声干扰，但边缘跟踪从实践上讲不是很好的跟踪方法，因为它要求目标轮廓比较明显、稳定，而且目标图像不要有孔洞、裂隙，否则就会引起跟踪点的跳动，以上因素均可引入噪声干扰脉冲。

为了提高跟踪精度，增强抗干扰能力，下面介绍另一种对比度跟踪方法——形心跟踪。

2）形心跟踪

把目标图像看成是一块密度均匀的薄板，这样求出的重心叫做目标图像的形心。形心的位置是目标图形上的一个确定的点，当目标姿态变化时，这个点的位置变动较小，所以用形心跟踪时跟踪比较平稳，而且抗杂波干扰的能力强，它是图像跟踪系统中用得最多的一种方法。

形心跟踪导引系统的典型结构如图 7-13 所示。

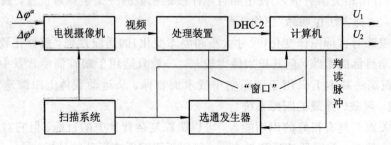

图 7-13 形心跟踪导引系统典型结构

导引头的工作分两个阶段，即目标指示阶段和独立跟踪阶段。

（1）目标指示阶段。

导引头是根据目标的特征来记忆目标的，而作为操纵手（或称领航员），在显示器上发现目标后，通过操纵杆上的模球，选择目标（小十字线）压住目标。相应地，在两个小十字线接近、重合的过程中，导引头处于动态过程中。因此，操纵手须稳住模球 2～3 s，使两个十字稳定重合。当两个十字重合后，操纵手须按"输入"按钮，产生一个判读脉冲，这样导引头就开始记忆目标亮度，完成目标指示。（按完"输入"按钮后，操纵手应该通过大焦距/小焦距电门，使摄像机的视场角减小，这样显示器上的目标图像变大，使得操纵手对目标的定位更加准确；如果原来未完全对准，此时可重新操纵模球，再按"输入"按钮，导引头再次对目标的亮度进行记忆，然后导引头可以独立跟踪目标。对模球的操纵，按"输入"按钮等动作，可重复多次，但在实际使用中要防止敌方防空武器的攻击。）

（2）独立跟踪阶段。

独立跟踪阶段的目的是使导引头光轴对准目标，即消除 $\Delta\varphi^a$、$\Delta\varphi^\beta$，如图 7-14 所示。

$$\Delta\psi^a = \arctan\frac{y_M}{f}, \qquad \Delta\varphi^\beta = \arctan\frac{z_M}{f} \qquad (7-28)$$

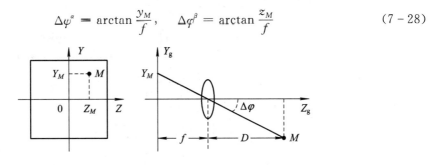

图 7-14　光轴与目标的空间关系

知道角度值，可以很方便地消除。但实际上目标不是一个点，而是一个设施、一个图像或一个面积，如何确定？这由导引头的定位仪来完成。定位仪中的电视摄像机用来把光信号转换成电信号；处理装置按给定的电平要求，提取目标信号；选通发生器用来产生跟踪窗口信号，这样我们可以只处理窗口内的信号；判读脉冲确定目标中心点的位置；扫描系统从上到下、从左至右扫描 625 线/50 Hz；计算机对信号进行综合处理计算、输出误差信号（失调信号）并送到陀螺稳定器上，驱动导引头跟踪目标。

形心的定义为

$$\bar{x} = \left(\frac{1}{M}\right)\iint\Omega x \ \mathrm{d}x \ \mathrm{d}y \qquad (7-29(a))$$

$$\bar{y} = \left(\frac{1}{M}\right)\iint\Omega y \ \mathrm{d}x \ \mathrm{d}y \qquad (7-29(b))$$

$$M = \iint\Omega \ \mathrm{d}x \ \mathrm{d}y \qquad (7-29(c))$$

其中，$\bar{x}$、$\bar{y}$ 是目标形心坐标，积分区域 Ω 为整个图像区。

图 7-15 表示一个经二值化处理后的目标图像，它已被框在跟踪窗内。所谓二值化处理，是指图像检测时根据背景噪声电平规定一个门限电平值（范围），凡是超过该门限电平（范围）的各像素的信号电平置为"1"，不在规定范围内的像素的信号电平置为"0"，如图 7-16 所示。

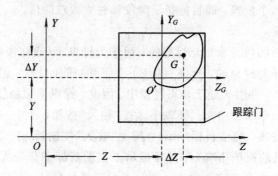

图 7 - 15　形心作为跟踪点的确定

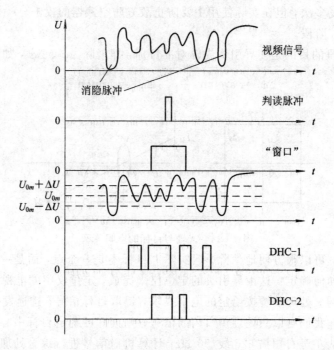

图 7 - 16　跟踪信号形成过程

二值化的结果就是目标图像 Ω 以内的信号幅度为"1"，目标图像 Ω 以外的信号幅度为"0"，这样，形心解算式改写为

$$\bar{x} = \left(\frac{1}{M}\right)\int_c^d\int_a^b V(x,\ y)x\ \mathrm{d}x\ \mathrm{d}y \tag{7-30(a)}$$

$$\bar{y} = \left(\frac{1}{M}\right)\int_c^d\int_a^b V(x,\ y)y\ \mathrm{d}x\ \mathrm{d}y \tag{7-30(b)}$$

$$M = \int_c^d\int_a^b V(x,\ y)\mathrm{d}x\ \mathrm{d}y \tag{7-30(c)}$$

其中，当 $(x,\ y)$ 属于 Ω 区内时 $V(x,\ y)=1$，当 $(x,\ y)$ 不属于 Ω 区内时 $V(x,\ y)=0$；

在数字化处理器中，坐标 x、y 都被量化，x、y 只取整数，这样，又可把式(7-30)写为离散形式：

$$\bar{x} = \left(\frac{1}{M}\right) \sum_{y=c}^{d} \sum_{x=a}^{b} V(x, y)x = \left(\frac{1}{M}\right)Q_x \qquad (7-31(a))$$

$$\bar{y} = \left(\frac{1}{M}\right) \sum_{y=c}^{d} \sum_{x=a}^{b} V(x, y)y = \left(\frac{1}{M}\right)Q_y \qquad (7-31(b))$$

$$M = \sum_{y=c}^{d} \sum_{x=a}^{b} V(x, y) \qquad (7-31(c))$$

$$Q_x = \sum_{y=c}^{d} \sum_{x=a}^{b} V(x, y)x \qquad (7-31(d))$$

$$Q_y = \sum_{y=c}^{d} \sum_{x=a}^{b} V(x, y)y \qquad (7-31(e))$$

式(7-31)的涵义如下:

(1) 求和是在跟踪窗口内进行的, 属于目标上的点, 令 $V(x, y)=1$, 即参加求和; 不属于目标上的点, 令 $V(x, y)=0$, 即不参加求和。

(2) Q_x 就是把目标图形上个像素点的 x 值累加得到的和。

(3) Q_y 就是把目标图形上个像素点的 y 值累加得到的和。

(4) M 就是目标图形上包含的像素点的总数, 这样, 先求得 Q_x、Q_y、M 之后, 就容易按公式(7-31(a)、(b))算出形心坐标 $\bar{x}$, $\bar{y}$。

3) 矩心跟踪

矩心也叫做重心、质心, 即物体对某轴的静力矩作用中心。为说明矩心的定义, 设目标图像面积为 A, 位于坐标点 (x, y) 处的像素微面积 $\mathrm{d}A = \mathrm{d}x\,\mathrm{d}y$, 在该像素内的光能量密度为 $\delta(x, y)$, 那么在该像素微面内的光能应为 $\delta(x, y)\mathrm{d}x\,\mathrm{d}y = \delta(x, y)\mathrm{d}A$, 在目标图像区 A 内的总能量为

$$M = \int_A \delta(x, y)\mathrm{d}A \qquad (7-32)$$

于是相对于 x 轴的能量矩 M_x 为

$$M_x = \int_A y\delta(x, y)\mathrm{d}A \qquad (7-33)$$

相对于 y 轴的能量矩 M_y 为

$$M_y = \int_A x\delta(x, y)\mathrm{d}A \qquad (7-34)$$

因此矩心的坐标 $\bar{x}$, $\bar{y}$ 分别为

$$\bar{x} = \frac{M_y}{M} = \frac{\int_A x\delta(x, y)\mathrm{d}A}{\int_A \delta(x, y)\mathrm{d}A} \qquad (7-35)$$

$$\bar{y} = \frac{M_x}{M} = \frac{\int_A y\delta(x, y)\mathrm{d}A}{\int_A \delta(x, y)\mathrm{d}A} \qquad (7-36)$$

矩心跟踪系统误差信号可以用模拟方法, 也可以用数字计算方法来获得。

2. 图像相关跟踪

图像跟踪的功能是自动跟踪指定的目标, 这是通过跟踪所指定目标的图像来实现的。

然而，由于目标运动，目标周围背景及光照条件发生改变，目标姿态也会改变，这些不确定因素使目标图像发生变化，给图像跟踪带来了很大困难。对于攻击地面目标的武器系统，这种困难更为突出。即使对于跟踪空中目标的系统，在某些情况下，例如目标区域有友军活动，也不允许跟踪错误。所以，仅仅依靠对比度跟踪是不能完成任务的。为了提高图像跟踪系统识别目标的能力，人们设计出了以图像匹配为基础的图像跟踪方法，习惯上称之为图像相关跟踪，或简称相关跟踪。

通过求得基准图像与实时图像之间的相关矩阵，来求得两副图像之间的失配距离，以产生误差信号，驱动伺服机构，使摄像系统的光轴向基准图像中心靠拢，实现配准跟踪，这就是相关跟踪的过程。

相关跟踪的操作过程为：操纵员先用目标选择标志即"跟踪窗"套住目标，按下跟踪按钮，这时处理电路就把这一小块电视图像存储下来作为目标样板，在此后的跟踪过程中，电视处理电路就在电视图像（信号）中不断地查寻出与目标样板最相似的一块子图像的位置，以它作为目标的当前位置进行跟踪。目标样板也称模板，可以用上述方法设定，也可以是预先装订好的。

相关跟踪的制导是靠计算相关函数来获得目标位置误差信号的，相关函数的计算公式如下：

$$C(x, y) = \sum \sum s(u, v) r(u+x, v+y) \tag{7-37}$$

其中，$s(u, v)$、$r(u, v)$ 可以分别表示两幅图像即实时图像和目标模板的矩阵。

当计算出相关函数之后，需要做的就是如何利用相关函数求得目标的误差信息。根据数学知识，一个函数的导数等于零处，对应的点就是该函数在该点处的极值位置。如果对相关函数 $C(x, y)$ 在 x 和 y 方向上求偏导数 $\dfrac{\partial C(x, y)}{\partial x}$、$\dfrac{\partial C(x, y)}{\partial y}$，则可以确定相关函数在这两个方向上的峰值，也就是两个图像（实时图像和目标模板）的配准点。再令 $\dfrac{\partial C(x, y)}{\partial x} = 0$、$\dfrac{\partial C(x, y)}{\partial y} = 0$，求出的 x、y 值就是偏差量。

在实际设备的实现当中，导引头中的相关跟踪器先计算出实时图像和目标模板两个图像的互相关函数 $C(x, y)$，然后按照下列关系式求出目标位置误差信号，经过功率放大之后，送给伺服机构驱动舵机，改变导弹的飞行路线，直到目标。

$$\varepsilon_{tx} = KC_x(0, 0), \; \varepsilon_{ty} = KC_y(0, 0) \tag{7-38}$$

式中：$C_x(0, 0)$、$C_y(0, 0)$ 是互相关函数 $C(x, y)$ 在 x、y 方向上的偏倒数于 $x=0$、$y=0$ 处的值，K 是一个比例系数，而 ε_{tx}、ε_{ty} 就是目标的误差信号。

值得注意的是，由于弹在飞向目标的过程当中，包括目标在内的实时图像会越来越大，因此，作为参考的目标模板在整个运算过程之中也应做相应的处理，比如应按一定的规律和比例进行放大之后，再作为模板与新的实时图像进行相关运算。如果投放时间为几十秒、投放距离为 10 km 左右，则这个模板放大、重置过程大约要重复 8~9 次。电视制导炸弹常采用相关跟踪法进行制导，是因为制导炸弹的机动量要求不是特别高，前、后帧的目标变动量不是特别大，图像的相关计算量相对较小，计算时间比较短，容易达到实时计算。

7.5　量　子　成　像

7.5.1　经典成像分辨率极限

德国物理学家阿贝（Abbe）的成像理论认为，由光的衍射理论可知，物体的成像结果是经过物体衍射光波的成像。从傅立叶分解理论理解，物体可以看做一系列周期不同的光栅的叠加。因此，只需研究特定周期光栅的衍射成像规律，就可以理解复杂物体的成像过程。光栅的零级衍射光，即直接透过光栅的光，其成像仅是一个均匀的亮斑。只有衍射高级次的光，才携带光栅的周期信息。

以图 7-17(a)所示的简单情形考虑，平行光沿透镜光轴照明光栅。光经过光栅后发生衍射，不同的衍射级次对应不同的衍射角。不同方向的衍射光经过透镜后，在后焦面上聚焦成不同的斑点，形成一个衍射图样，这对应图像的傅立叶变换。中间亮斑为衍射零级，零级亮斑附近的亮斑为衍射一级，依次类推。如图 7-17(b)所示，如果滤除其他级次衍射，只留下零级亮斑，则像面上获得的图像为均匀光强；如果只保留一级亮斑，则图像为周期变化的条纹，变化周期与光栅周期相等。更高级次的图像周期虽然不等于光栅周期，但是如果把前四阶级次图像叠加，就可以获得与光栅更为相似的图像，所以叠加更高的级次可以获得更准确的图像。

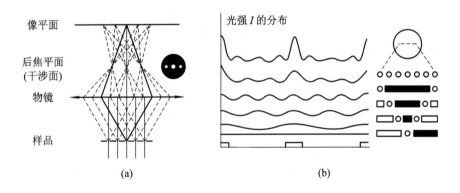

(a)　　　　　　　　　　　　(b)

图 7-17　光栅衍射成像过程

7.5.2　横向分辨率

按照 7.5.1 节所述的原理，阿贝认为形成一幅图像物镜至少需要收集两级衍射光（零级和一级）。物镜收集光衍射级次越多，最后成像的细节就越清晰。假设光栅周期为 d，物镜与光栅之间填充物质的折射率为 n^*。如果使用平行光照明，由衍射关系

$$d \cdot n \cdot \sin\theta = m\lambda$$

成像要求衍射级次 m 最小为 1，因此成像的最小光栅周期即分辨率为

$$d_{\min} = \frac{\lambda}{n \cdot \sin\theta_{\max}} = \frac{\lambda}{NA} \tag{7-39}$$

其中，$\theta_{\max}$ 表示可以被物镜收集的光的最大偏角，为物镜的数值孔径。

注意，式(7-39)只适用于平行光照明的情况。然而实际照明使用汇聚光，如图 7-18 所示，假设聚光透镜数值孔 $NA_{condenser} = n_1 \sin\alpha_{\max}$，此时，光栅样品上的衍射关系为

$$d(n_2 \sin\gamma + n_2 \sin\beta) = m\lambda \tag{7-40}$$

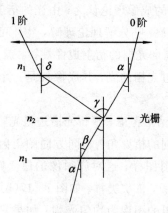

图 7-18 照明光对光栅成像的影响

由折射定律可以得出 $n_2 \sin\beta = n_1 \sin\alpha$。为了保证零级光(透射光)和一级光($m=1$ 衍射光)都被物镜收集，需要同时满足条件：

$$\begin{cases} n_2 \sin\gamma \leqslant NA_{objective} \\ n_2 \sin\beta \leqslant NA_{objective} \end{cases} \tag{7-41}$$

因此，可以得到分辨率极限：

$$d_{\min} = \frac{\lambda}{n_2 \sin\gamma_{\max} + n_2 \sin\beta_{\max}}$$

$$= \begin{cases} \dfrac{\lambda}{NA_{objective} + NA_{condenser}}, & NA_{condenser} < NA_{objective} \\ \dfrac{\lambda}{2NA_{objective}}, & NA_{condenser} \geqslant NA_{objective} \end{cases} \tag{7-42}$$

非相干光条件下，分辨率极限可以用点扩散函数方法表示。光学系统的点扩散函数(Point Spread Function，PSF)可以看做一个无限小物点通过光学系统在像平面处的光强分布函数。在一个线性不变的光学系统中，PSF 不随物点位置的变化而改变，且像的光强与物的光强满足线性关系。一般的光学成像系统都可近似为线性不变系统，如果认为物是无限小的点的集合，那么光学系统的成像过程就是物函数与 PSF 的卷积。考虑物镜数值孔径有限，夫琅禾费衍射决定了光学分辨率，单点的成像对应一个爱里斑。非相干条件下，两个相邻的爱里斑无干涉，光强满足线性叠加关系，所以爱里斑是成像过程的 PSF。此时，分辨率极限可以使用瑞利判据：当一个爱里斑的中心恰好落在另一个爱里斑第一极小值处时，爱里斑对应的两点刚好可以分辨。由此可以得出：

$$d = \frac{0.61\lambda}{NA_{\text{objective}}} \qquad (7-43)$$

该公式与相干光情况式（7-42）类似。根据经验，可以粗略地认为横向分辨率极限是 $\lambda/2NA$。

7.5.3 纵向分辨率

按照同样的方法进行推导，可以获得光学系统的纵向分辨率为

$$d_z = \frac{2\lambda}{NA^2} \qquad (7-44)$$

传统的成像方式的照明，激发或者荧光探测过程都是经典的，因此实现超分辨成像的方案也就局限在光强测量上。量子信息和量子光学发展已经提供了成熟的非经典光源和探测技术。如果在成像过程中引入非经典的量子过程，如照明光源使用非经典光源，探测利用多光子干涉，则可实现新的成像方式，这种成像方式称为量子成像。

量子成像探测过程不只探测物体本身的光强，还可以附加其他物理量的测量，因此从本质上来说可以获得更多的图像信息。量子成像获得的更多的图像信息，一方面可以增加成像的灵活性，另一方面也可以利用这些信息提高图像的分辨率，实现超分辨成像。

量子成像还有另外几个重要特点：① 成像分辨率可以超越经典成像的衍射极限；② 量子成像不受光路扰动影响，如折射率起伏或相位扰动；③ 可利用非相干源进行相干成像；④ 在采样率低于奈奎斯特采样率的情况下仍能达到扫描成像效果。

经典成像方法有几个难以克服的自身缺陷：① 成像分辨率受制于系统衍射极限；② 无面探测器无法记录图像信息；③ 相干成像必须要用相干光源；④ 成像系统抗干扰能力差。

经典成像光学系统的分辨率不能超越瑞利衍射分辨极限。提高瑞利衍射分辨极限的经典方法一般有两种：一是改善成像系统的光学性能；二是采用较短波长的光源。但是这两方面的改善已在某种程度上不能满足需求，而量子成像可以从原理上突破瑞利衍射分辨极限，达到超分辨的目的。这一特点的典型应用就是所谓的量子刻录。量子成像无需用面探测器面对物体进行成像，而只需一个点探测器，即所谓的单像素成像。所以量子成像可以作为经典成像手段的补充，在不适合或者不能采用体积较大的面探测器的时候用量子成像达到目的。这在医疗、军事等方面有着重要的应用前景。

习　题

1. 光电成像系统是怎样分类的？描述光电成像系统的主要参数有哪些？

2. 扫描成像方式有哪些？简述扫描成像原理。

3. 凝视成像系统与扫描成像方式有哪些区别？凝视成像方式适合什么场合使用？影响光电成像系统发展的因素有哪些？

4. 简述 NETD 的定义及其局限性。

5. 论述相对孔径在红外成像光学系统中的意义。

6. 图 7-19 描述了视场光轴与目标之间的关系，说明导弹获得、修正目标误差的原理和过程。

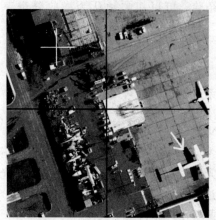 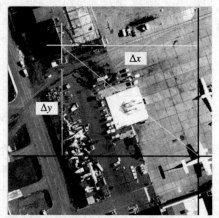

(a) 瞄准十字线、视场中心与目标之间的关系　　(b) 瞄准十字线与主光轴之间的相位位置变化

图 7-19　视场中的目标及瞄准

7. 以三相 CCD 为例，简述电荷转移的基本原理。

8. 根据热像仪的工作原理，设计实验室内对某热像仪作用距离进行测量的系统，并说明其功能。

9. 简述矩心跟踪和形心跟踪的原理与区别。

10. 列举几个图像处理中能使用统计方法的例子。

11. 摄取景物图像时为什么必须进行扫描？用面阵器件和热释电靶摄影为什么也要扫描？

12. 用矩阵的方法计算两幅图像（其中一幅是目标的模板）的相关性。

13. 图像制导的导弹或炸弹在飞向目标的过程中，由于相对位置的改变和目标的机动，目标在视场中的大小和倾斜程度会发生变化，此时用矩心跟踪或形心跟踪的方法如何解决目标模板变化的问题？

第 8 章

方位探测与搜索系统

◇◆◆

8.1　概　　述

随着经济、科学研究以及军事等的发展，对红外探测技术与系统提出了越来越高的要求。如在军事探测和光学遥感等方面，为了提高光电探测系统的效费比，要尽可能提高系统的作用距离、响应速度、视场等。另外，军事上光电对抗技术的发展以及目标的多种信息提取的需求，传统的单一强度、单一波长信息的光电探测技术和方法已经远远不能满足现代军事上的搜索、跟踪、制导等的需求，需要发展多波长(双色和多色)、相位和频率信息的红外探测技术与系统。

8.1.1　方位探测系统与搜索跟踪系统间的关系

目标方位探测系统是实现对目标搜索、跟踪、瞄准的基础，在军用光电系统中占据重要的地位。对于目标搜索、跟踪系统，只需要在方位探测系统的基础上设置相应的控制机构和伺服机构。跟踪系统根据方位探测系统输出的方位误差信号，控制伺服机构(执行机构)工作，使系统的目标瞄准线(光轴)始终指向目标；搜索系统则根据搜索信号产生器发出搜索指令，经放大器放大后，送到伺服机构(执行机构)，伺服机构带动方位探测系统进行扫描，其中测角元件也是一种伺服机构，其输出是与执行机构转角成比例的信号，该信号与搜索指令相比较，比较后差值经放大后去控制执行机构运动，确保执行机构的运动规律跟随着搜索指令的变化规律。可见，目标方位探测系统是实现红外搜索跟踪系统的基础。

8.1.2　方位探测系统的分类

实现目标方位探测的形式很多，根据红外装置对目标方位信息的获取方式不同，大致可以分为三类：调制盘方位探测系统、多元探测器方位探测系统和扫描方位探测系统。

1. 调制盘方位探测系统

调制盘方位探测系统通过调制盘对目标的红外辐射进行调制，将目标的方位信息加载到调制的波形中，通过信息处理，解调出目标的空间方位。其结构原理图如图 8-1 所示。

来自目标的红外辐射，经光学系统聚焦在调制盘平面上，调制盘由电机带动相对于像点扫描，像点的能量被调制，由调制盘出射的红外辐射通量中包含了目标的位置信息。由调制盘出射的红外辐射经探测器转换成电信号，该电信号经放大器放大后，送到方位信号处理电路。方位信号处理电路的作用是把包含目标方位信息的电信号进一步变换处理，取出目标的方位信号，最后系统输出的是反映目标方位的误差信号。

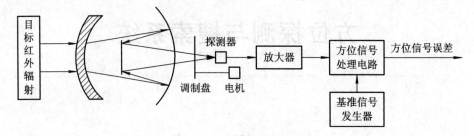

图 8-1　调制盘方位探测系统结构原理图

　　这种方位探测系统各部分的结构形式都与调制盘的类型有关。调制盘可采用调幅、调频和脉冲编码等形式。光学系统通常采用折反式或透射式两种形式。当采用圆锥扫描的调幅或调频调制盘时，由于光学系统中有运动部件，故多采用折反式光学系统、次反射镜偏轴旋转的工作方式。当采用圆周平移扫描或脉冲编码式调制盘时，像质要求较高，故多采用透射式光学系统。有些探测系统中的光学系统可同时采用透射式和折反式两种形式，例如用于一种反坦克导弹中的红外测角仪，其光学系统有两种视场，大视场采用透射式光学系统，小视场采用折反式光学系统，两个形式一样的调制盘分别位于两个光学系统的焦平面上，如图 8-2 所示。近距离上，为捕获目标采用大视场，远距离上为降低背景噪声干扰采用小视场，当导弹接近目标到一定距离上时，两种视场自动切换。

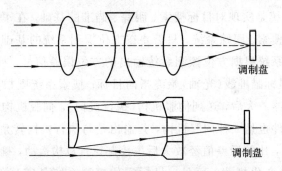

图 8-2　某红外测角仪光学系统基本结构原理图

　　采用的调制方式不同，则方位信号处理电路的具体形式也不同。调幅调制盘系统的方位信号处理电路的基本结构如图 8-3 所示。调频调制盘系统的信号处理电路基本结构如图 8-4 所示。采用脉冲编码调制盘的系统，其信号处理电路结构形式又与调幅、调频系统不同。

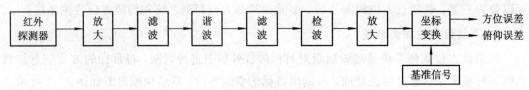

图 8-3　调幅系统信号处理电路方框图

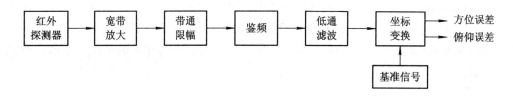

图 8-4 调频系统信号处理电路方框图

2. 多元探测器方位探测系统

多元探测器方位探测系统通过多元探测器在空间的不同排列方式，实现了目标像点空间方位对探测器位置的时间脉冲调制，以此调制脉冲确定被探测目标的空间方位。图 8-5 所示为 L 形和十字叉形探测器，其中 L 形是二元探测器，十字叉形是四元探测器。

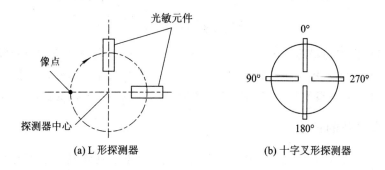

(a) L 形探测器 (b) 十字叉形探测器

图 8-5 多元探测器示意图

多元探测器方位探测系统是本章重点研究的方位探测系统。

3. 扫描方位探测系统

扫描方位探测系统通过光机扫描、电子扫描或固体自扫描对空间景物进行分割，将二维空间的图像转化为一维时序信号，即视频信号，进而确定目标的空间坐标和景物的图像。这部分内容将在红外成像部分进行详细分析。

无论哪种方位探测系统，均包括以下环节：目标方位信息的产生、基准信号的产生及方位信息的提取。下面以 L 形方位探测系统为例，详述各环节的工作原理及过程。

8.2 L 形方位探测系统的工作原理

L 形方位探测系统是一种由二元探测器构成的方位探测系统，该系统的显著特点是将两个探测器排成 L 形状，通过与光学系统的配合实现对目标方位信号的提取。其工作原理完全不同于调制盘的方位探测系统。这是一种先进的方位探测技术，常用于红外导引头中对目标方位的探测与跟踪。

8.2.1 光点扫描圆

L 形方位探测系统由光学系统、探测器和信号处理电路三部分组成。光学系统如图 8-6 所示，可以是折反式或折射式。在折反式光学系统（见图 8-6(a)）中，使次反射镜相

对光轴倾斜 φ 角，并绕光轴以一定角频率旋转，当光学系统工作时，平面倾斜反射镜光轴扫过的是一个圆锥角，经聚焦透镜聚焦后的目标像点在焦平面上的运动轨迹是一个圆；在透射式光学系统（见图 8-6(b)）中，加入一个绕光轴旋转的光楔，也可在焦平面上得到一个扫描圆。

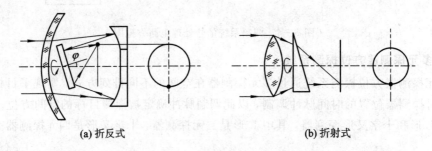

(a) 折反式　　　　　　　　　　　**(b) 折射式**

图 8-6　L 形方位探测系统的光学系统形式

设这个目标像点扫描圆的圆心为 O'，半径为 R。半径 R 与倾斜反射镜的倾斜角 φ 成比例，即 $R = f(\varphi)$。而 φ 角是固定不变的，所以不管什么情况下，目标像点扫描圆的半径 R 是一定的。同理，若改变次反射镜倾角或光楔倾角（或位置）就可改变扫描圆的大小。

8.2.2　基准信号的产生

要获取目标的方位角信息，需要与基准信号进行比较。通常基准信号的产生方法主要有光电法、磁电法和电路法。

1. 光电法

光电法产生基准信号的原理如图 8-7(a)所示，光电法基准信号产生器由四个在空间互成 90° 的光敏电阻（GR_2、GR_3、GR_4 和 GR_5）、四个与光敏电阻相对应的小灯泡和置于两者之间的略大于 180° 的斩光器组成。斩光器如图 8-7(b)所示，与次反射镜同轴转动，若在焦平面（探测器阵列或调制盘）旋转的系统中，则与焦平面同轴转动。斩光器旋转时，四个光敏电阻依次受到周期性光照，其电阻值变化的波形如图 8-8 所示，这就是基准信号波形。经各自的偏置电路及处理之后，就可得到与图中类似的基准信号电压。

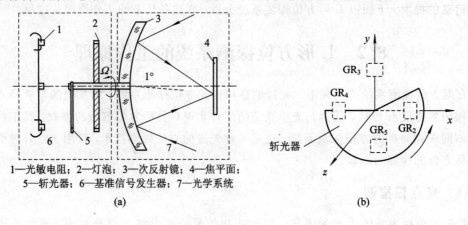

1—光敏电阻；2—灯泡；3—次反射镜；4—焦平面；
5—斩光器；6—基准信号发生器；7—光学系统

(a)　　　　　　　　　　　　　　(b)

图 8-7　光电法基准信号产生器原理图

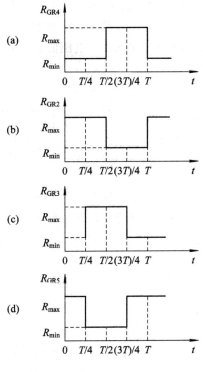

图 8-8　光敏电阻阻值变化图

2. 磁电法

磁电法利用在固定的线圈中通入周期性变化的磁通，线圈产生的周期性感应电势就是基准信号电压。如用一块永磁铁与焦平面器件或次镜同轴旋转，在其周围互成 90° 放置四个基准线圈，相对两个连成一组，在这两对线圈中产生的感应电势就是基准信号电压，可表示为

$$\begin{cases} U_{AZ} = U_0 \sin(2\pi F t) \\ U_{EL} = U_0 \cos(2\pi F t) \end{cases} \tag{8-1}$$

式中：U_{AZ} 为方位基准电压信号；U_{EL} 为俯仰基准电压信号；F 为基准信号频率，与光点扫描频率严格同步。

3. 电路法

电路法利用晶体管开关特性制成标准波形发生器，在调制盘或扫描机构基准位置处，利用光电或磁电传感器产生触发脉冲，作为标准波形发生器的时间基准，产生的标准波形就是基准电压信号。

电路法常用于扫描系统，而光电法和磁电法常用于调制盘系统及多元探测器系统中。

8.2.3　目标方位信息的产生

1. 探测器的光电变换

目标像点在扫过光敏元件时，完成了光电转换。光敏元件输出一个电脉冲信号，电脉冲信号的产生过程如图 8-9 所示。目标像点在扫过光敏元件的过程中，在像点进入光敏元件时,随着像点压住光敏元件的面积增大,电压逐渐增大,直到整个像点全部压在光敏元件上,电压值达到最大。当像点离开光敏元件时,随着像点压住光敏元件的面积减小,电压逐渐减小,直到整个像点全部离开光敏元件,电压值减小到零。这样便输出了一个电脉冲信号,送往光敏元件信号加工组合。

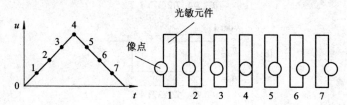

图 8-9　电脉冲信号的形成

如图 8-10 所示,由于光敏元件受光照射而产生的电流(载流子)极其微弱,为提高探测灵敏度,需要外加偏压馈电(类似集电极开路的接法),以提高光电变换产生的电信号的强度。电信号的产生原理是光敏元件在受到光照后,产生载流子,使其等效电阻值减小,通过偏压而在电路中产生电压脉冲。

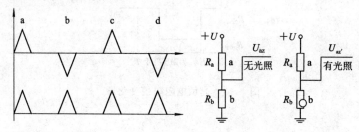

图 8-10　偏压馈电

2. 目标方位与光轴的关系

如图 8-11(a)所示,当目标位于光轴上时,失调角 $\Delta q = 0$(即不匹配角 $\theta = 0$),目标像点扫描圆的圆心 O' 与二元探测器中心 O 相重合,方位和俯仰通道信号脉冲间隔相同,各通道不产生误差信号,探测器无信号输出。

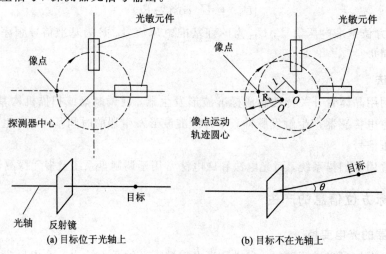

(a) 目标位于光轴上　　　　　　　(b) 目标不在光轴上

图 8-11　L 型方位探测系统中目标位置与光轴的关系

如图 8-11(b)所示,当目标不在光轴上时,存在一个失调角 Δq(即不匹配角 $\theta\neq0$),目标像点扫描圆心 O' 与二元探测器的中心 O 不重合,目标偏离光学系统的光轴距离 l 由 OO' 大小反映,l 越大,目标偏离的距离越大;反之则偏离较小。这时像点扫过方位和俯仰通道各元件所产生的信号脉冲不等间隔出现。

可见,随着目标偏离光轴的大小和方向不同,信号脉冲出现的时间先后及脉冲间隔都不相同,所以十字叉形和 L 形探测系统的目标位置信号为脉冲位置调制信号,简称脉位调制信号。

3. 目标方位信号的形式

如第 6 章图 6-16 目标投影角原理所示,目标的方位信息通常以极坐标形式(ρ、θ)或(Δq、θ)来表示,其中 ρ、θ 和 Δq 分别表示目标的偏离量、方位角和失调角。

L 形方位探测系统采用脉位调制信号,对(ρ、θ)或(Δq、θ)进行调制,探测器输出信号可以表示为

$$u(t) = k_d \cdot \Delta q \sin(\omega t - \theta) \tag{8-2}$$

式中:$u(t)$ 为调制信号;ω 为调制信号的角频率;Δq 为失调角,$\Delta q = f(\rho)$;k_d 为比例系数。式(8-2)为目标方位信号的基本表达式。

8.2.4 方位信号的提取

1. 信号处理电路

L 形探测器信号处理电路方框图如图 8-12 所示,它由脉冲放大器、脉冲转换形成电路、相位解调器和滤波器组成。信号处理通道有两个:通道 1 完成对探测器的俯仰误差信号的处理;通道 2 完成对探测器的方位误差信号的处理。

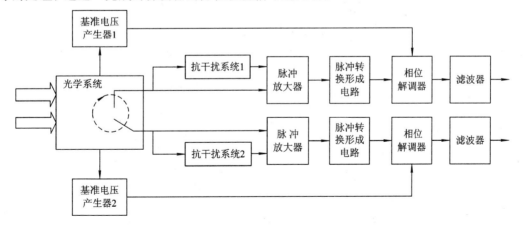

图 8-12 L 形探测器信号处理电路方框图

光敏元件输出的电脉冲信号首先送到脉冲放大器进行必要的放大,以免因为电脉冲信号微弱而出现丢失目标的现象。经放大后的电脉冲信号进入脉冲转换形成电路,形成一个宽度为 1/2 基准电压信号周期(T)的矩形转换脉冲,基准电压脉冲信号是由基准信号发生器产生的。信号处理电路各点波形如图 8-13 所示,在设计约定中,信号满足如下时序关系:① 基准信号为正弦波,周期为 T,两个通道相位差 90°;② 转换矩形脉冲长度为 $T/2$,触发条件是目标脉冲出现的时刻;③ 在矩形脉冲持续时间内对基准信号进行采样。

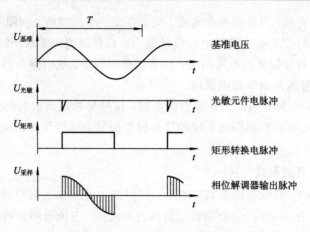

图 8-13 信号处理电路各点波形

2. 工作原理

1) 目标位于光轴上

目标处在方位探测光学系统的光轴上时，目标像点的扫描圆的圆心 O' 与探测器中心 O 是重合的，距离 $l=0$。当目标像点运动到光敏元件上时，光敏元件便产生一个电脉冲信号。电脉冲信号经脉冲放大器、脉冲形成电路后形成矩形转换脉冲，输入到相位解调器，在相位解调器里矩形转换脉冲和基准电压信号进行比较。两信号相比较的结果如图 8-14 所示，

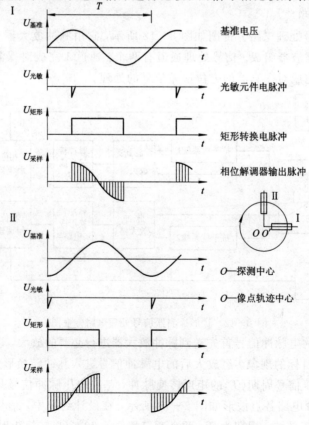

图 8-14 目标位于光轴上时方位与俯仰通道的输出信号

得到一个对称的信号，即信号波形是奇对称的(奇函数)，正半周幅值与负半周幅值绝对值相等。这一信号的变化规律与基准电压信号波形一致，在相位解调器的输出端输出为零。俯仰通道2无误差信号输出。

2) 目标偏离光轴

当目标偏离光轴时，目标像点的运动轨迹仍然是一个扫描圆，但扫描圆的圆心 O' 与探测器中心 O 不重合，存在着距离 $l \neq 0$，如图 8-15 所示。注意对比目标在光轴上与偏离光轴时，扫描圆在I、II之间的弧长的变化，正是因为这个弧长的变化导致电脉冲位置的变化。

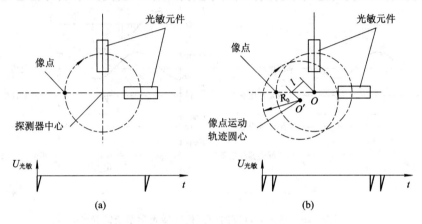

图 8-15 目标位于光轴与偏离光轴的脉冲对比图

此时，光敏元件输出的电脉冲信号输入到信号处理器，经放大器放大和转换脉冲形成电路形成矩形转换脉冲后进入相位解调器。矩形转换脉冲在相位解调器中与基准电压信号进行比较，比较的结果与基准电压信号的最大值、最小值可能都不相符合，相位解调器便有误差信号输出。误差信号的产生主要体现在：① 脉冲位置变化——脉位调制；② 相位解调器输出变化；③ 滤波器输出直流电压变化——表示目标方位信息。

3) 目标偏离位标器光学系统的光轴($\theta \neq 0°$)

在这种情况下，目标像点的运动轨迹仍然是一个扫描圆，但扫描圆的圆心 O' 与探测器中心 O 不重合，存在着距离 $l \neq 0$，如图 8-15(b)所示。此时，光敏元件输出的电脉冲信号输入到光敏元件信号处理通道，经放大器放大和转换脉冲形成电路形成矩形转换脉冲后进入相位解调器。矩形转换脉冲在相位解调器中与基准电压信号进行比较，比较的结果与基准电压信号的最大值、最小值可能都不相符合，相位解调器输出误差信号。相位解调器输出误差信号的幅值大小与不匹配角 θ 成比例。信号符号的正、负即误差信号的极性，取决于目标相对于导弹的方位，即不匹配的方向。

(1) 当目标在位标器光轴正左方时，目标像点的扫描圆的圆心在光敏元件 I 的轴线上，但向左方偏离光敏元件 II 的轴线。两路光敏元件产生的电脉冲信号分别经光敏元件信号处理通道处理。处理通道 I 输出为 0，表明目标在俯仰方向没有偏离；处理通道 II 输出正信号，表明目标在方位方向存在着向左的偏离，如图 8-16(a)所示。

(2) 当目标在位标器光轴正右方时，光敏元件产生的电脉冲信号分别经光敏元件信号处理通道加工处理后输出，处理通道 I 输出为 0，表明目标在俯仰方向没有偏离。处理通道 II 输出负信号，表明目标在方位方向存在着向右方的偏离，如图 8-16(b)所示。

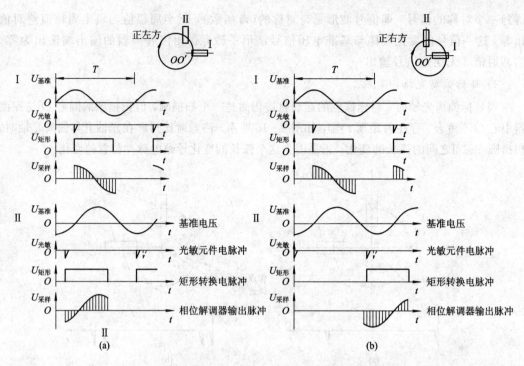

图 8-16 目标方位方向偏离位标器光学系统的光轴

（3）当目标在位标器光轴正上方时，目标像点的扫描圆的圆心在光敏元件Ⅱ的轴线上，但向上方偏离光敏元件Ⅰ的轴线。处理通道Ⅰ输出负信号，表明目标在俯仰方向存在着向上方的偏离；处理通道Ⅱ输出为0，表明目标在偏航方向没有偏离，如图 8-17(a)所示。

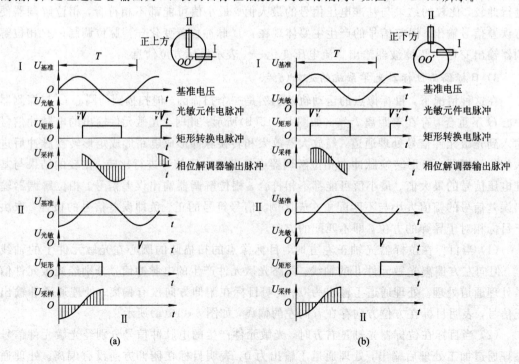

图 8-17 目标俯仰方向偏离位标器光学系统的光轴

（4）当目标在位标器光轴正下方时，处理通道Ⅰ输出正信号，表明目标在俯仰方向存在着向下方的偏离；处理通道Ⅱ输出为 0，表明目标在方位方向没有偏离，如图 8 - 17(b) 所示。

现在说明目标偏离位标器光学系统的光轴失调信号的形成。

$$U_{O1} = kU_{Imax} \sin\Delta_1, \quad U_{02} = kU_{IImax} \cos\Delta_2 \qquad (8-3)$$

此时，Δ_1、Δ_2 不再使相位解调器输出电压 U_{O1}、$U_{O2} = 0$。

令

$$\sin\Delta_1 = \frac{\varepsilon_1}{\varepsilon_{max}} = K_1, \quad \cos\Delta_2 = \frac{\varepsilon_2}{\varepsilon_{max}} = K_2 \qquad (8-4)$$

则

$$U_{O1} = kU_{Imax}K_1, \quad U_{O2} = kU_{IImax}K_2 \qquad (8-5)$$

且有 $U_{Imax} = U_{IImax}$。U_{O1}、U_{O2} 的大小表示偏离量，正负表示方向。

上面分析了四种典型的目标偏离方位及其误差信号产生的情况。如果目标处于任一偏离方向，则误差信号产生的情况与四种典型情况相似。

3. 抗干扰设计

信号处理电路中抗干扰系统的设计主要包括以下几方面：

（1）选通电路。依靠改变视场大小，来避免红外干扰或减小红外干扰的作用范围。

（2）运算存储电路。通过对目标像点的记录存储方法来区分鉴别真假目标，提高方位探测系统的抗干扰能力。

（3）幅度选择器。能够对方位探测系统接收到的目标信号幅度进行选择，实现抗干扰的作用。幅度选择器具有将位标器旋转后一圈记录的信号幅度与前一圈记录的目标信号幅度进行比较和判别的能力。比较的结果有两种情况：当后一圈记录的信号幅度与前一圈记录的目标信号幅度相符时，判明后一圈的信号为目标信号；当前、后两圈所记录的信号幅度不相符合时，则判明后一圈信号为干扰信号，导引头电子组件将此信号滤除。

（4）弹道选择。可以根据方位探测系统接收的红外信号进行速度分析，来判别接收的信号是目标信号还是红外干扰信号。

（5）背景干扰。对于背景的自然干扰，采用了将目标与背景自然干扰相比较的方法进行鉴别。背景的自然干扰通常红外辐射强度小些，但面积很大，如云团、热空气团、大片沙漠。而飞机目标的红外辐射强度大些，但面积很小。因此，目标辐射可以通过光学系统聚焦成比较小的光点，形成扫描圆，而面积较大的背景则不能聚焦形成扫描圆。方位探测系统的光学系统和电子线路可以鉴别并排除掉这些背景干扰。

8.3 扫描搜索系统

8.3.1 搜索系统的功用

搜索系统是以确定的规律对一定空域进行扫描，以探测目标、确定目标坐标的系统。有一类搜索系统经常与跟踪系统组合在一起而成为搜索跟踪系统，它一般装于导弹或飞机前方，即红外导引头或目标方位仪。其中的搜索系统使位标器瞬时扫描导弹或飞机前方一定的空域，搜索过程中发现目标以后，给出一定形式的信号，由搜索状态转换成跟踪状态，这一状态转换过程又称为截获。

另一类搜索系统，它的方位扫描范围达 360°、俯仰扫描范围几十度不等，称为红外全方位警戒系统。

上述两类搜索系统，它们在结构组成、扫描图形的产生以及信号形式上有较大的差异，为此以下将分别讲述这两类搜索系统的有关问题。我们把第一类与跟踪系统组合，且只扫描飞机或导弹前方有限空域的搜索系统称为红外搜索系统；把第二类称为红外全方位警戒系统。

8.3.2　对搜索系统的基本要求

根据搜索系统的任务，对其有以下三方面的主要性能要求：

(1) 搜索视场。搜索视场是指在搜索一帧的时间内，光学系统视场所能覆盖的空域范围。这个范围通常用方位和俯仰的角度（或弧度）来表示。搜索视场通常由仪器使用的总体要求给定。

搜索视场等于光轴的扫描范围与光学系统瞬时视场之和：

$$搜索视场 = 光轴扫描范围 + 瞬时视场$$

图 8-18 中的圆表示的是瞬时视场，"S"形或"凹"字形曲线表示的是光轴扫描范围。

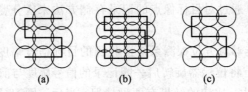

$$(a) \qquad (b) \qquad (c)$$

图 8　18　扫描范围（搜索视场）的确定

(2) 重叠系数。为防止在搜索视场内出现漏扫的空域，确保在搜索视场内能有效地探测目标，相邻两行瞬时视场要有适当的重叠，如图 8-19 所示，用符号 K 表示瞬时视场重叠部分与瞬时视场之比。当瞬时视场为圆形时，有

$$k = \frac{\delta}{2r} \tag{8-6}$$

式中，r 为圆半径，δ 为重叠尺度。

对于长方形，瞬时视场：

$$k = \frac{\alpha}{\beta} \tag{8-7}$$

式中，α、β 如图 8-19(b)所示。

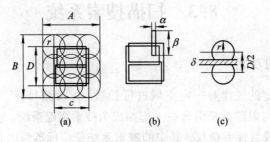

$$(a) \qquad (b) \qquad (c)$$

图 8-19　重叠系数的确定

（3）搜索角速度。搜索角速度是指在搜索过程中，光轴在方位方向上每秒转过的角度。其计算公式如下：

$$\omega_{\mathrm{S}} = \frac{C}{T_{\mathrm{f}}/N} \tag{8-8}$$

式中，C 为光轴水平扫描范围，T_{f} 为帧时间；N 为扫描图形的行数，ω_{S} 为搜索角速度。

8.3.3 红外搜索系统的组成

图 8-20 所示为一般红外搜索跟踪装置的组成方框图，其中虚线方框内为搜索系统，它由搜索信号产生器、状态转换机构、放大器、测角机构、执行机构等组成。

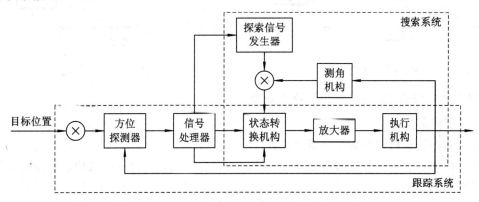

图 8-20 红外搜索跟踪装置的组成方框图

8.3.4 红外搜索系统的信号形式和工作原理

1. 信号形式（原理）

搜索信号产生器用来产生搜索信号。搜索信号的形式取决于光轴扫描图形的形式。

（1）描行数的确定：光学系统瞬时视场加上一定的重叠系数（见图 8-18）。

（2）扫描图案：扫描的行数确定以后，就可以进一步确定采用什么样的图形。

（3）几种常见的扫描图案和信号形式：

· 连续 N 行扫描：类似于电视机和显示器的扫描方式，信号形式和几何图形如图 8-21 所示。

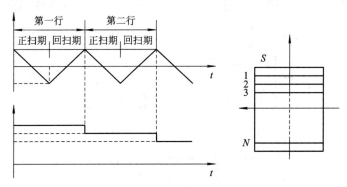

图 8-21 连续 N 行扫描

· 8 字扫描图形：正扫、回扫共四行为一完整的帧，信号形式和几何图形如图 8-22 所示。

· 凹字扫描：正扫、回扫共四行为一完整的帧，信号形式和几何图形如图 8-23 所示。

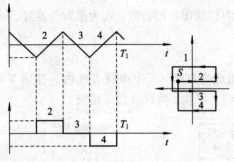

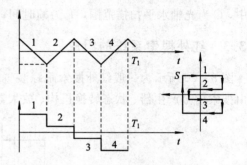

图 8-22　8 字扫描　　　　　　　　图 8-23　凹字扫描

以上所有扫描图形的起始点都位于 S 点。

2. 工作过程

（1）状态转换机构最初处于搜索状态。

（2）搜索信号产生器发出搜索指令，经放大器放大后，送到执行机构，执行机构带动方位探测系统进行扫描。

（3）测角元件输出与执行机构转角成比例的信号，该信号与搜索指令相比较，比较后差值经放大后去控制执行机构运动。

（4）执行机构跟随搜索指令的变化规律而运动。

习　　题

1. 画图说明 L 形系统中，目标偏离光轴时方位和俯仰通道信号是如何反映目标的偏差的。分析、绘制 L 形跟踪系统中，当目标偏离在光轴左下方时的系统工作情况。

2. 某型飞机的光电雷达扫描方式分为两种形式：第一种扫描为光轴做四行"凹"字扫描，如图 8-24(a)所示，画出其相应的行、场方向上的驱动信号波形；另外一种扫描的行、场方向上的驱动信号波形如图 8-24(b)所示，试画出这种扫描方式的光轴运行图形。

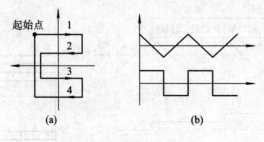

图 8-24　光电雷达扫描方式

第 9 章

红外系统的作用距离与红外隐身

◇◆◆

　　红外系统的实际使用效果与它接收的目标红外辐射能量密切相关。在其他条件确定的情况下，目标越远，则进入红外系统的目标能量越少。假定在某一距离上，红外系统所接收的目标红外辐射刚好能产生预期的使用效果，则这个距离常被称为红外系统的作用距离，是红外系统一个极重要的综合性能参数。它与目标辐射功率、大气条件、红外光学系统性能、探测器特性、电路带宽和使用所要求的极限信噪比等因素密切相关，还受目标所处背景条件的影响。

9.1　点目标探测系统作用距离

　　当目标对红外系统入瞳中心的张角小于系统的瞬时视场角时，目标即可视为"点"源。对这种目标的探测常称为"点"源探测。另外，通常的成像探测系统在被使用时，往往也不是等到实际目标形成了足够大小的清晰图像时才进行探测，而是在目标所成的"像"还只占据一个像元时（只要信号足够大）就予以探测了。从这个意义来讲，讨论"点"源探测的情况也具有实际价值。

9.1.1　方位探测系统的作用距离

1. 不考虑背景辐射时的作用距离

先不考虑背景辐射的影响，这时，红外系统的噪声只来源于红外探测器。

　　设目标辐射亮度为 L，辐射面积为 A_t，红外光学系统入瞳面积为 A_0，目标离入瞳距离为 R，则入瞳对目标中心所张立体角为

$$\omega' = \frac{A_0}{R^2} \tag{9-1}$$

目标在 ω' 内辐射的单色辐射功率为

$$P_\lambda = L_\lambda A_t \omega' = \frac{L_\lambda A_t A_0}{R^2} \tag{9-2}$$

　　若大气在此距离上的透过率为 τ_a，光学系统透过率为 τ_0，则系统在 $d\lambda$ 波段内接收的辐射功率为

$$dP = P_\lambda \tau_a \tau_0 d\lambda \tag{9-3}$$

探测器在接收 dP 后，产生的信躁比与单色辐射探测率的关系为

$$D^*(\lambda) = \frac{\left(\dfrac{V_S}{V_N}\right)(A_d \cdot \Delta f)^{\frac{1}{2}}}{H(\lambda) A_d d\lambda} \tag{9-4}$$

式(9-4)中，V_S/V_N 为信噪比，A_d 为探测器面积，Δf 为测量电路带宽，$H(\lambda)$ 为单色辐射在探测器上的辐照度。这里的 V_S/V_N 实际上是与 dP 相应的增量，即

$$\mathrm{d}\left(\frac{V_S}{V_N}\right) = D^*(\lambda)(A_d \cdot \Delta f)^{-\frac{1}{2}}\left[H(\lambda)A_d \mathrm{d}\lambda\right] \qquad (9-5)$$

式中，$H(\lambda)A_d \mathrm{d}\lambda$ 就是探测器接收的辐射功率 dP，于是有

$$\mathrm{d}\left(\frac{V_S}{V_N}\right) = D^*(\lambda)(A_d \cdot \Delta f)^{-\frac{1}{2}} P_\lambda \tau_a \tau_0 \mathrm{d}\lambda \qquad (9-6)$$

设

$$d^*(\lambda) = \frac{D^*(\lambda)}{D^*_{max}} \qquad (9-7)$$

$$p(\lambda) = \frac{P_\lambda(\lambda)}{P_{\lambda,\,max}} \qquad (9-8)$$

式中，D^*_{max} 为 $D^*(\lambda)$ 中的最大值，$P_{\lambda,\,max}$ 为 $P_\lambda(\lambda)$ 中的最大值，则由式(9-6)有

$$\mathrm{d}\left(\frac{V_S}{V_N}\right) = D^*_{max}P_{\lambda,\,max}(A_d \cdot \Delta f)^{-\frac{1}{2}} d^*(\lambda)p_\lambda(\lambda)\tau_a \tau_0 \mathrm{d}\lambda \qquad (9-9)$$

积分得

$$\frac{V_S}{V_N} = D^*_{max}P_{\lambda,\,max}(A_d \cdot \Delta f)^{-\frac{1}{2}} \int_{\lambda_1}^{\lambda_2} d^*(\lambda)p_\lambda(\lambda)\tau_a \tau_0 \,\mathrm{d}\lambda \qquad (9-10)$$

设

$$P_e = P_{\lambda,\,max} \cdot \int_{\lambda_1}^{\lambda_2} d^*(\lambda)p_\lambda(\lambda)\tau_a \tau_0 \,\mathrm{d}\lambda \qquad (9-11)$$

称 P_e 为目标的有效辐射功率。

由式(9-10)和式(9-11)有

$$\frac{V_S}{V_N} = \frac{D^*_{max}P_e}{(A_d \cdot \Delta f)^{\frac{1}{2}}} \qquad (9-12)$$

这就是说，若探测器的探测率为 D^*_{max}，当其接收的辐射功率为 P_e 时，则它输出的信噪比与真实信噪比相同。由此也就看出了 P_e 的物理意义。

在目标和探测器确定的情况下，$P_{\lambda,\,max}$、D^*_{max} 均已确定，此时式(9-11)中的积分项 $\int_{\lambda_1}^{\lambda_2} d^*(\lambda)p_\lambda(\lambda)\tau_a \tau_0 \mathrm{d}\lambda$ 就决定了探测器输出的信噪比。因此，该积分项对选择红外系统的工作波段有重要意义。它表明，工作波段的选择要综合考虑目标的光谱辐射分布、探测器的 $D^*(\lambda)$ 曲线、大气及光学系统的光谱透过率等因素，使这个积分项达到最大值，而不能只顾及在目标辐射峰值附近的波段。可以认为，在不考虑背景辐射时，对已知的目标和探测器，使此积分达到峰值是选择工作波段的一个准则。

图9-1中的阴影区表示了上述积分。另一方面，在工作波段确定时，上述积分也为探测器的选择提供了依据。

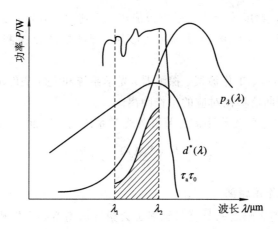

图 9-1 有效辐射积分的几何意义

由式(9-9)和式(9-11)可知

$$P_e = \frac{\int_{\lambda_1}^{\lambda_2} p_\lambda(\lambda) d^*(\lambda) \tau_a \tau_0 \, d\lambda}{\int_{\lambda_1}^{\lambda_2} p_\lambda(\lambda) \, d\lambda} \cdot \int_{\lambda_1}^{\lambda_2} p_\lambda(\lambda) \, d\lambda \tag{9-13}$$

令

$$k = \frac{\int_{\lambda_1}^{\lambda_2} p_\lambda(\lambda) d^*(\lambda) \tau_a \tau_0 \, d\lambda}{\int_{\lambda_1}^{\lambda_2} p_\lambda(\lambda) \, d\lambda}$$

则

$$P_e = kP$$

式中，k 称为红外系统对目标辐射功率的利用系数。式中 P 是目标向立体角 ω'（红外光学系统入瞳面积 A_0 对目标中心所张的立体角）内辐射的波长为 $\lambda_1 \sim \lambda_2$ 的功率，即式(9-12)中的分母项，亦即

$$P = \frac{LA_t A_0}{R^2} \tag{9-14}$$

式中，L 是光谱辐射亮度 L_λ 在 $\lambda_1 \sim \lambda_2$ 波段内的积分值。

由式(9-14)～式(9-16)可知

$$\frac{V_S}{V_N} = \frac{D_{max}^*}{(A_d \Delta f)^{\frac{1}{2}}} \cdot \frac{LA_t A_0}{R^2} \cdot k \tag{9-15}$$

$$R = \sqrt{\frac{D_{max}^* LA_t A_0 k}{(A_d \cdot \Delta f)^{\frac{1}{2}} \left(\dfrac{V_s}{V_n}\right)}} \tag{9-16}$$

这就是不计背景辐射时的作用距离表达式。

显然，这时红外系统的作用距离 R 及与其入瞳直径成正比（与入瞳面积的平方根成正比）。式中，$(A_d \cdot \Delta f)^{\frac{1}{2}} \propto \mathrm{NEP}$，故 R 与探测器的 NEP（噪声等效功率）的平方根成反比，与要求的极限信噪比之平方根成反比。同时，R 还与 D_{max}^*、目标辐射强度（LA_t）及系统对目标辐射功率的利用系数尾等量值的平方根成正比。其中，系数 k 又包含了目标的光谱辐射功率特性、大气及光学系统的透过率曲线形状、探测器的比探测率光谱特性等因素的影响。

由上述可知，在目标、工作波段、探测器、光学系统和大气条件确定的情况下，利用式(9-16)即可计算与预期信噪比对应的工作距离。

另一方面，若由指定的工作距离计算红外光学系统的入瞳面积 A_0，则

$$A_0 = \frac{R^2 (A_d \Delta f)^{\frac{1}{2}}}{D_{max}^* L A_t k} \cdot \left(\frac{V_S}{V_N}\right) \tag{9-17}$$

2. 均匀背景下的作用距离

背景对红外探测的影响之一是背景辐射也会激发探测器而产生相应的载流子，从而使探测器的 NEP 增加，且留给目标辐射激发的载流子数相对会减少，这都不利于探测。背景的另一影响表现在：有背景辐射时，红外系统要揭示目标与背景的差异。只有这种差异达到足够的量值，系统才能探测出目标。

设均匀背景的辐射强度为 I_b，亮度为 L_b，红外系统入瞳面积 A_0 对背景中心所张的立体角为 ω，背景面积为 A_b，则背景射至红外系统的辐射功率为

$$P_b = I_b \omega' = \frac{L_b A_b A_0}{R^2} \tag{9-18}$$

如图 9-2 所示，在系统视场角 ω 不太大时，$\omega = \frac{A_b}{R^2}$，于是

$$P_b = L_b \omega A_0 \tag{9-19}$$

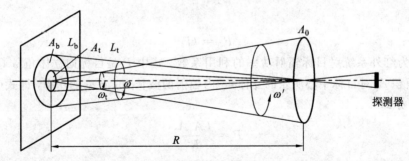

图 9-2 背景与目标共存时的辐射几何意义

引用前面"有效辐射功率"的概念，可得

$$P_{e,b} = P_b k_b = L_b \omega A_0 k_b \tag{9-20}$$

式中，$P_{e,b}$ 为背景的有效辐射功率，k_b 是红外系统对背景辐射功率的利用系数。

当目标在背景中央时，由于它的遮挡，背景的实际有效辐射功率为

$$P'_{e,b} = L_b A_0 (\omega - \omega_t) k_b \tag{9-21}$$

此时系统接收的总有效辐射功率是目标的有效辐射功率 $P_{e,t}$ 与 $P'_{e,b}$ 之和，即

$$P_e = P_{e,t} + P'_{e,b} = P_t k + L_b A_0 (\omega - \omega_t) k_b \tag{9-22}$$

式中，P_t 是目标射入系统的功率，ω_t 是目标对系统入瞳中心所张的立体角。

此时，红外系统探测目标是借助于差值，即

$$\Delta P_e = P_e - P_{e,b} = P_t k + L_b A_0 \omega k_b - L_b A_0 \omega_t k_b - L_b \omega A_0 k_b$$

因为

$$P_{\mathrm{t}} = \frac{L_{\mathrm{t}} A_{\mathrm{t}} A_0}{R^2}, \quad \omega_{\mathrm{t}} = \frac{A_{\mathrm{t}}}{R^2}$$

所以

$$\Delta P_{\mathrm{e}} = \frac{A_{\mathrm{t}} A_0 (L_{\mathrm{t}} k - L_{\mathrm{b}} k_{\mathrm{b}})}{R^2} \qquad (9-23)$$

于是

$$\frac{V_{\mathrm{S}}}{V_{\mathrm{N}}} = \frac{D_{\max}^* A_{\mathrm{t}} A_0 (L_{\mathrm{t}} k - L_{\mathrm{b}} k_{\mathrm{b}})}{(A_{\mathrm{d}} \cdot \Delta f)^{\frac{1}{2}} R^2} \qquad (9-24)$$

所以

$$R = \sqrt{\frac{D_{\max}^* A_{\mathrm{t}} A_0 (L_{\mathrm{t}} k - L_{\mathrm{b}} k_{\mathrm{b}})}{(A_{\mathrm{d}} \cdot \Delta f)^{\frac{1}{2}} \left(\dfrac{V_{\mathrm{S}}}{V_{\mathrm{N}}}\right)}} \qquad (9-25)$$

相应地，有

$$A_0 = \frac{R^2 (A_{\mathrm{d}} \cdot \Delta f)^{\frac{1}{2}}}{D_{\max}^* A_{\mathrm{t}} (L_{\mathrm{t}} k - L_{\mathrm{b}} k_{\mathrm{b}})} \cdot \frac{V_{\mathrm{S}}}{V_{\mathrm{N}}} \qquad (9-26)$$

式(9-25)就是存在均匀背景时红外系统作用距离表达式；式(9-26)是由作用距离计算红外系统入瞳口径的公式。

9.1.2　搜索侦察系统的作用距离

式(9-26)所表示的作用距离适用于"点"源探测系统在不计背景辐射时的情况。它针对搜索侦察系统做少许修改，即可用来讨论搜索侦察系统在不考虑背景噪声时的理想作用距离问题。

对于使用单个探测器或小阵列器件借助光机扫描来覆盖全视场的搜索侦察系统，瞬时视场每扫过目标一次就产生一个脉冲。对这种脉冲系统，实践中必须考虑在信号处理中的信号损失因素。例如，大多数脉冲系统的脉冲波形接近于矩形，故占有很宽的频谱，而信号处理系统的实际带宽非常有限，必造成部分信号被衰减。其被衰减的程度可用"信号过程因子"δ 来描述。

$$\delta = \frac{V_{\mathrm{P}}}{V_{\mathrm{P}_0}} \qquad (9-27)$$

式中，V_{P} 是信号峰值，V_{P_0} 是假定信号处理系统中脉冲不受衰减时的峰值。

考虑到这一因素，把式(9-26)修改为

$$R = \left[\frac{D_{\max}^* L A_{\mathrm{t}} A_0 k \delta}{(A_{\mathrm{d}} \cdot \Delta f)^{\frac{1}{2}} \left(\dfrac{V_{\mathrm{S}}}{V_{\mathrm{N}}}\right)}\right]^{\frac{1}{2}} \qquad (9-28)$$

这就是在不考虑背景辐射时，搜索侦察系统作用距离的表达式。

9.1.3　跟踪系统的作用距离

1. 带调制盘的跟踪系统作用距离

对于带调制盘的系统，讨论其作用距离时必须考虑调制盘的透过率 τ_{m}，即

$$R = \left[\frac{D^*_{\max} L A_t A_0 \tau_m k\delta}{(A_d \cdot \Delta f)^{\frac{1}{2}} \left(\frac{V_s}{V_N} \right)} \right]^{\frac{1}{2}} \tag{9-29}$$

对调频系统，$\tau_m = 0.25$；对调幅系统，其平均透过率为 0.5，但有时为了产生调制，常有一半的附带损失，此时 $\tau_m = 0.25$。

式(9-29)适用于圆形探测器的情况。若探测器为矩形，则它与圆形视场光阑相外切，探测器实际面积大于视场光阑，于是其噪声要大些，这会使作用距离减小。若在探测器前引入场镜，则在其他条件不变的情况下，探测器尺寸可以减小，于是其噪声也相应减小，减小的比例等于红外物镜的 F 数与场镜 F 数之比，从而使作用距离增大。

2. 不用调制盘的跟踪系统作用距离

采用十字形和 L 形阵列探测器的跟踪系统产生脉冲位置调制。由于不用调制盘，故有

$$R = \left[\frac{D^*_{\max} L A_t A_0 k\delta}{(A_d \cdot \Delta f)^{\frac{1}{2}} \left(\frac{V_s}{V_N} \right)} \right]^{\frac{1}{2}} \tag{9-30}$$

此类系统带宽大，也不能使用前置场镜缩小探测器尺寸，故通常有较大的探测器噪声，这就部分抵消了由于不用调制盘带来的有较高透过率之收益。

9.1.4 热像仪对点目标的视距

若目标对热像仪的张角小于热像仪的瞬时视场角，则目标相对于热像仪而言就是"点"目标。讨论这种情况下的视距问题，可借助于热像仪的 NETD 概念。

由于目标的实际张角 $\alpha' \times \beta'$ 小于热像仪的瞬时视场角 $\alpha \times \beta$，而目标只在 $\alpha' \times \beta'$ 范围有辐射贡献，故此时应把热像仪的 NETD 修正为

$$\text{NETD}' = \frac{\alpha\beta}{\alpha'\beta'} \cdot \text{NETD} \tag{9-31}$$

若目标在观察方向的正交截面内投影面积为 S，离热像仪距离为 R，与背景有温差 ΔT_0，则

$$\alpha'\beta' = \frac{S}{R^2} \tag{9-32}$$

温差 ΔT_0 经大气衰减后成为 ΔT，近似有

$$\Delta T = \Delta T_0 e^{-\sigma R} \tag{9-33}$$

欲以阈值信噪比 V_s/V_N 探测到目标，必须使

$$\Delta T = \left(\frac{V_s}{V_N} \right) \cdot \text{NETD}' \tag{9-34}$$

所以

$$\Delta T_0 e^{-\sigma R} = \frac{\left(\frac{V_s}{V_N} \right) \cdot \alpha\beta \cdot \text{NETD} \cdot R^2}{S} \tag{9-35}$$

$$\sigma R + 2\ln R = \ln \left[\frac{S \cdot \Delta T_0}{\alpha\beta \cdot \text{NETD} \cdot (V_s/V_N)} \right] \tag{9-36}$$

式中：σ 是大气消光系数；S 是目标投影面积；ΔT_0 是目标与背景的实际温差；$\alpha\beta$ 是热像仪在水平、垂直方向瞬时视场角的乘积；NETD 是热像仪噪声等效温差；V_s/V_n 是要求的极

限信噪比，即为热像仪的视距。可见，S、ΔT_0 的增大以及 $\alpha\beta$、NETD 的减小均有助于提高视距。但由于式(9-36)右端要做自然对数运算，使这些量的变化对视距的影响不太显著。另外，消光系数 σ 的减小对提高视距有利。但要注意，σ 值也是波长 λ 和视距 R 的函数。表 9-1 列出了标准气象条件(气温 20℃，相对湿度 20%，大气压 98 kPa，能见距离 20 km)下，不同波段、不同距离上的大气消光系数 $\sigma(R)$。

表 9-1　不同距离上的大气平均消光系数

R/km	5	6	7	8	9	10	11	12
$3\sim 5\ \mu m$	0.191	0.170	0.154	0.141	0.131	0.122	0.115	0.109
$8\sim 12\ \mu m$	0.219	0.210	0.204	0.198	0.193	0.189	0.186	0.182

9.2　面源探测红外系统的作用距离

当热像仪所观察到的目标不满足上述"点"目标的条件时，目标叫扩展源目标。一般在利用图像来讨论对坦克、军舰、飞机、巡航导弹等军事目标的"发现"、"识别"和"认清"时，实际就已把这些目标当作"扩展源"。此时，对目标图像的感知就不仅取决于目标辐射能的大小，还受目标形状、尺寸与背景的辐射特性差异、大气条件以及要求的观察等级等多种因素的影响。

人眼从热像仪感知目标图像的条件是：若目标的等效条带图案之空间频率为 μ，其与背景的实际等效温差 ΔT_e 在经过大气衰减达到热像仪时，仍不小于热像仪在频率 μ 上的最小可分辨温差 $\mathrm{MRTD}(\mu)$，且目标最小投影尺寸对热像仪入瞳的张角不小于观察等级所对应的最小视角 $\Delta\theta$。以公式描述，即

$$\begin{cases} \Delta T_e \tau_a(R) \geqslant \mathrm{MRTD}(\mu) \\ \dfrac{H}{Rn_e} \geqslant \Delta\theta = \dfrac{1}{2\mu} \end{cases} \tag{9-37}$$

式中，$\tau_a(R)$ 是距离 R 上的大气平均透射率，H 为目标最小投影尺寸，n_e 是目标等效条带数(即半周期数)。满足式(9-37)的最大距离 $R_{\max}$ 即热像仪的扩展源视距。实践中是在考虑主要影响因素后用逐次逼近方法求解的。这里应用的等效条带图案如图 9-3 所示。

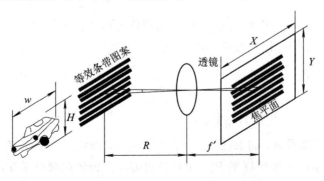

图 9-3　扩展源目标的视距

9.3 虚警概率与探测概率

在作用距离公式中，除了给定目标、红外系统及背景的情况外，还要给定信噪比，才能计算作用距离。从式(9-16)或式(9-25)可见，最小的信噪比对应最大的作用距离。然而最小信噪比应根据哪些条件确定呢？显然，最小的信噪比应使仪器能从噪声中检测出信号。然而这还不够，还需要根据实际装备的战术技术条件对红外系统提出的虚警概率和检测概率来确定。

图9-4是典型的噪声随时间的变化曲线，这是一种随机过程。所谓虚警时间 T_{fa}，是指噪声电压超过门限电平 T 时，出现一次虚警的平均时间间隔。其计算公式为

$$T_{fa} = \lim_{N \to \infty} \frac{1}{N} \sum_{K=1}^{N} T_K \tag{9-38}$$

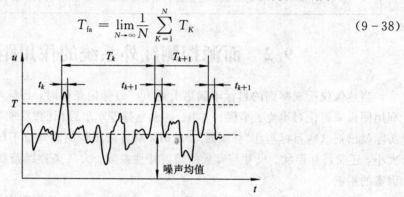

图 9-4　噪声随时间变化曲线

虚警概率可定义为

$$P_{fa} = \frac{\sum_{K=1}^{N} t_K}{\sum_{K=1}^{N} T_K} = \frac{\frac{1}{N} \sum_{K=1}^{N} t_K}{\frac{1}{N} \sum_{K=1}^{N} T_K} = \frac{t_{K,av}}{T_{K,av}} \tag{9-39}$$

式中，t_K 为为噪声脉冲超过门限电平的宽度。

噪声的概率分布函数属于瑞利分布，即

$$p(v) = \frac{v}{\sigma^2} \exp\left[-\frac{1}{2}\left(\frac{v}{\sigma}\right)^2\right] \tag{9-40}$$

式中，v 为检波器输出的噪声电压的幅值，σ 为噪声电压均方限偏差。

噪声电压超过门限电平 T 的概率（即虚警概率）为

$$P_{fa} = P(T < v < \infty) = \int_T^\infty \frac{v}{\sigma^2} \exp\left[-\frac{1}{2}\left(\frac{v}{\sigma}\right)^2\right] dv$$

$$= \exp\left[-\frac{1}{2}\left(\frac{v}{\sigma}\right)^2\right] \tag{9-41}$$

从式(9-41)可以看出，如果已知噪声的均方差 σ，确定了门限电平 T，就可算出虚警概率。相反，如果给出了虚警概率 P_{fa}，也可算出需要设置的门限电平 T，此时的 T/σ 值即为由虚警概率确定的最小信噪比，因为有用信号（即目标信号）只有大于门限值才能通过，才能被检测到。

在式(9-39)中的噪声平均持续时间 $t_{K,\,\mathrm{av}}$ 可近似地看做是导引头电路带宽 Δf 的倒数，即

$$\Delta f = \frac{1}{t_{K,\,\mathrm{av}}} \tag{9-42}$$

于是

$$P_{\mathrm{fa}} = \frac{1}{T_{fa}\Delta f} \tag{9-43}$$

$$T_{\mathrm{fa}} = \frac{1}{\Delta f}\exp\left[\frac{1}{2}\left(\frac{T}{\sigma}\right)^2\right] \tag{9-44}$$

由式(9-44)可见，若事先设置好了门限值，那么就可以根据式(9-44)算出虚警时间 T_{fa}。反之，给出了要求的虚警时间，根据式(9-44)也可算出门限值。

在有信号和噪声同时进入系统的情况下，在信噪比较大的条件下，它的概率分布接近于高斯分布，即

$$p(\rho_x) = \frac{1}{\sigma\sqrt{2\pi}}\exp\left[-\frac{(\rho_x-a)^2}{2\sigma^2}\right] \tag{9-45}$$

式中，ρ_x 为信号加噪声的幅值，a 为信号幅值。

将式(9-45)从门限电平 T 积分至无穷，就可得出超过门限电平的信号加噪声的概率值，即探测概率 P_{d}：

$$\begin{aligned}
P_{\mathrm{d}} &= \int_T^\infty p(\rho_x)\mathrm{d}\rho_x = \int_T^\infty \frac{1}{\sigma\sqrt{2\pi}}\exp\left[-\frac{(\rho_x-a)^2}{2\sigma^2}\right]\mathrm{d}\rho_x \\
&= 1 - \int_{-\infty}^T -\frac{1}{\sigma\sqrt{2\pi}}\exp\left[-\frac{(\rho_x-a)^2}{2\sigma}\right]\mathrm{d}\rho_x
\end{aligned}$$

令 $t = \rho_x - a/\sigma$，则上式变为

$$P_{\mathrm{d}} = 1 - \int_{-\infty}^{\frac{T-a}{\sigma}} \frac{1}{\sqrt{2\pi}}e^{-\frac{t^2}{2}}\mathrm{d}t = 1 - \phi\left(\frac{T-a}{\sigma}\right) \tag{9-46}$$

式(9-46)中的 $\phi(x)$ 是标准正态分布函数，可查到函数 $\varphi(x)$ 值。但通常情况下门限电平要比信号幅值 a 小，所以 $T-a$ 是负值面标准正态分布函数 $\phi(x)$ 只能查到为正值的函数值，所以要变换一下 $\phi[(t-a)/\sigma]$：

$$\phi\left(\frac{T-a}{\sigma}\right) = 1 - \phi\left(\frac{a-T}{\sigma}\right) \tag{9-47}$$

带入式(9-46)可得：

$$P_{\mathrm{d}} = \phi\left(\frac{a-T}{\sigma}\right) \tag{9-48}$$

由式(9-48)可见，若已知 $(a-T)/\sigma$ 值，就可以根据正态分布函数表查得探测概率 P_{d} 值。相反，若给出了探测概率 P_{d} 值，就可以相应地从 $\phi(x)$ 函数表中查得 x 的值。而 $x=(a-T)/\sigma$，从表查得 x 后，在 a、T、σ 三个参量中只要知道两个，就可求得第三个。例如，已知噪声的均方差 σ、门限电平 T，就可求出保证所需探测概率的信号幅值 P_{d}，或者说也就可以确定信噪比 a/σ 了。

从探测概率求信噪比也可以从现成的曲线来确定，图 9-5 是探测概率 P_{d}、信噪比及虚警概率 P_{fa} 之间的关系曲线。由式(9-41)可知，若给定了门限——噪声比 (T/σ)，可求出

虚警概率 P_{fa}。再如上面式(9-48)描述的,给定 P_d 对应的 T、σ 值,就可求出信噪比 $(a-T)/\sigma$ 值。所以 P_{fa}、P_d、a/σ 之间有确定的关系,如图9-5所示。

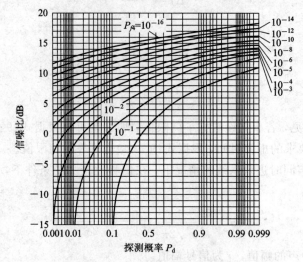

图9-5 探测概率、虚警概率及信噪比之间的关系

噪声的概率密度 $p(N)$ 分布曲线和信号加噪声的概率密度 $p(S+N)$ 分布曲线如图9-6所示。若设置的门限电平为 T,图中在 T 右边的噪声概率密度曲线下面包围的面积就是虚警概率 P_{fa},在 T 右边信号加噪声概率密度曲线下面包围的面积是探测概率 P_d,门限电平 T 左边的则是漏警概率。有漏警就要承担风险,显然,门限电平的不同探测概率、虚警概率、漏警概率都将不同。

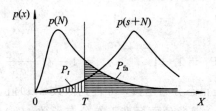

图9-6 虚警概率、漏警概率和探测概率之间的关系

怎样恰当地选择门限电平,有许多可供选择的准则。其中一个著名的准则是奈曼-皮尔逊准则。它是在允许一定的虚警概率下,使探测概率达到最大值。相关内容可参看有关书籍,此处不再赘述。

在一定的虚警概率下提高探测概率可用信号积累方法。当积累 n 个信号脉冲时,积分后信号幅值将增加 n 倍,但噪声是随机的,对一个函数受 n 个随机量影响时,其综合影响将是各个随机量的方法相加,即

$$\sigma^2 = \sigma_1^2 + \sigma^2 + \cdots + \sigma_n^2$$
$$\sigma = \sqrt{\sigma_1^2 + \sigma^2 + \cdots + \sigma_n^2}$$

如果 $\sigma_1 = \sigma_2 = \cdots = \sigma_n$,则

$$\sigma = \sqrt{n\sigma_i^2} = \sqrt{n}\sigma_i \tag{9-49}$$

所以,噪声在积累 n 个脉冲后的均方差只增加了 $n^{1/2}$ 倍,因而信噪比就可增加 $n^{1/2}$ 倍。信噪

比增加后，探测概率就可相应地增加了。

提高探测概率还可以设置多个门限，实行多次积累，例如二次、三次等，这样也可大大提高探测概率。

9.4　红外隐身

红外隐身是指减弱目标的红外辐射强度以降低红外探测装置的发现概率和红外寻的导弹的跟踪精度，从而提高目标的生存概率。

红外隐身技术是通过降低或改变目标的红外辐射特征，实现对目标的低可探测性的技术。目前，红外隐身技术的主要技术措施有：

（1）改变红外辐射特征，通过改变红外辐射波段，调节红外辐射的传输过程（改变红外的辐射方向和特征，可使对方红外探测器失效。

（2）降低红外辐射强度，主要是通过降低辐射体的温度和采用有效的涂料来降低目标的辐射功率，使红外探测设备难以探测到目标。

飞行器红外隐身可以采用散发热量最少的高涵道比的涡轮风扇发动机，减少或取消加力；表面涂敷红外隐身涂料；改进发动机喷管的设计；强化热排气与冷气流的混合；采用闭合回路冷却系统；采用红外干扰措施，发射红外干扰信号，投放红外诱饵、烟幕剂。通过采用上述各项技术措施，可把飞行器的红外辐射抑制 90%，使敌方红外探测器从飞行器尾部探测飞行器的距离缩短为原来的 30%，甚至更小。

9.4.1　红外隐身技术

1. 红外遮蔽技术

红外遮蔽技术就是把目标屏蔽起来，使敌传感器接收不到目标的辐射信息，或使接收到的信息大为减少。遮蔽可以利用地形地物等天然屏障，也可利用人工遮障进行遮蔽。由于飞机目标大，将飞机整体用遮障遮蔽起来比较困难，因此对飞机可采取全遮蔽或部分遮蔽的方法进行伪装。

2. 红外融合技术

红外融合技术是通过降低对比度来实现目标伪装的方法。降低热对比即降低目标与背景间及目标各部分之间的温差，可通过降低热点温度、隔热、控制发射率等方法来实现。发动机、排气管等热源在热图中十分明显，常常成为判别目标性质的依据，采用遮挡等方法降低其温度可消除目标的暴露征候。对停在地面的飞机，可采用红外涂料实施迷彩伪装，通过热图变形，使敌方难以识别，也可使飞机与背景更好地融合。

3. 红外变形技术

红外变形技术是通过显示目标假外表的方法来掩盖事物的真实性。对于热红外伪装主要是改变目标原有的热特征使识别产生错误，方法有改变目标热特征、运用第二目标热特征、改变目标热踪迹和活动特征等。用红外变形器可以改变目标的热特征，运用第二目标热特征将原目标热图改成另一军事价值不大的目标热图，如将军用飞机改成民用飞机等。

4. 红外示假技术

红外示假技术是用热红外假目标来实施。红外假飞机一般在内部配置热源，以模拟真飞机的发热特征。

红外伪装技术虽然有多种形式,但主要目的只有一个,即改变目标的原有热特征,使目标融合在背景之中,或显示一些假的热特征来欺骗敌方。对停在地面的飞机,可采用遮蔽、变形等方法进行伪装。

9.4.2 红外隐身和可见光学隐身方案

1. 特种照明系统

美国海军早在 1943 年就秘密进行了特种照明系统方面的试验,到 20 世纪 80 年代才予以公开。侵越战争之后,美国防部开始实施一项称为"罗盘幽灵"的计划,通过在 F-4 战斗机的机翼和机身上安装 9 个亮度很高的灯,使敌方发现 F-4 的距离缩短了 30% 以上。1976 年,洛克希德公司臭鼬工厂在"篮色富翁"合同下承担制造隐身飞机,将照明系统付诸使用。目前该公司正在设计在飞机侧面和下表面每隔 0.6 m 设一个光孔,用光纤把这些光孔与中央光源相连,光源的亮度由机背上的传感器依据天空背景的亮度加以控制,使飞机轮廓模糊,与背景相一致。但是,特殊照明系统能耗较大,据称其数值相当于战斗机雷达输出功率的好几倍。

2. 改装蒙皮

改装蒙皮的目的在于对目标表面反射率和发射率进行控制,其常见措施有两种。第一种,由装在飞机各个侧面的可见光传感器控制改变蒙皮的颜色和亮度。蒙皮采用能吸收雷达波的电磁传导性聚苯胺基复合材料制造,在不充电时,它是透光的,可同时改变亮度和颜色。使用这种蒙皮的飞机,在飞行中从上往下看,其上部颜色与下面地表的主体颜色相近;从下往上看,其底部颜色与大空背景一致。蒙皮充电时,能散射雷达波,使跟踪雷达的探测距离缩短一半。第二种,利用一种特殊涂料,可使飞机反射的可见光和自身辐射的红外光产生闪烁,以此干扰来袭导弹的可见光和红外寻的器。

为了降低隐身系数,尽可能提高隐身能力,近年来,对机身红外辐射抑制技术日趋重视,特别是超高速飞行器的出现、战术地地弹成为突出的空中目标以后,抑制红外辐射的技术更显得重要。由于使机身产生热辐射的因素是多种多样的,因此抑制红外辐射的方法也是综合选择的结果。其常用的技术有以下几种:

(1) 红外隐身涂料。一般来讲,热红外低发射率涂料主要是由黏结剂、低发射率功能颜料和着色颜料组成的。环氧树脂拥有良好的附着力、耐候性、化学惰性以及强腐蚀环境下的出色稳定性,广泛应用于保护涂层领域,它在 $8\sim12~\mu m$ 范围内有几种很强的吸收峰,发射率很高,但是 $10~\mu m$ 的薄膜在 $3\sim5~\mu m$ 波段范围内的发射率仅为 0.21,因此可作为一种良好的高温低发射率黏结剂。氯化聚乙烯树脂在结构中不含有氧,只是在 $8~\mu m$ 附近有一个 C-H 弯曲振动引起的中等吸收峰,它具有良好的耐久性和阻燃性。与含氧聚合物相比,该树脂的发射率相对较低,是一种合适的低发射率涂层黏结剂。

目前,国内外报道的具有低发射率功能的颜料主要有金属粉末和掺杂半导体。金属粉末的高反射性有利于降低发射率,但会增加对可见光的反射,不满足光学隐身要求。着色颜料主要是提供涂层光学伪装功能,对红外性能要求不高,但为了不影响涂层的低发射率特性,一般也应具有较低的发射率。涂料的辐射特性不但与其吸收特性有关,而且也与环境温度、涂刷工艺、涂层厚度及基材等因素有关。在某些情况下，这些因素甚至会起决定性的影响。

首先，隐身涂料的性能参数会对目标表面温度产生非常明显的影响，影响幅度可达 10 ℃ 左右，合理调整涂料的性能参数可以有效降低或消除目标与背景的辐射特征差异。

再者，探测系统作用距离与背景温度、气象条件、探测器性能等多种因素相关，根据实际情况调整涂料性能参数可使作用距离最小。

第三，目标与背景的温差是决定目标红外隐身效果的重要因素。当温差低于一定值时（这个值由红外探测器系统参数 NETD、NSR 等确定），可以调节隐身涂料性能参数使得目标与背景的辐射特征差异完全消除；反之，当温差高于一定值时，合理调节隐身涂料性能参数也只能减小目标与背景的辐射特征差异。

（2）红外隐身薄膜。低发射率薄膜是 20 世纪 80 年代后研发应用的红外机身抑制技术。与涂料相比，薄膜用于热红外隐身的主要优点是热红外发射率低，可小于 0.05，主要缺点是制造工艺复杂、价格较高、制备受目标几何形状和尺寸的限制较大，但在巡航导弹和战术地一地导弹上实现较有前景。现有的低发射率薄膜按结构成分可分为金属膜、电介金属多层复合膜、半导体掺杂膜和类金刚石碳膜。半导体掺杂膜由金属氧化物（主体）和掺杂剂（载流子给予体）两种基本组分构成，厚度约为 0.5 μm，积分红外发射率可小于 0.3，这种膜用作热镜材料时综合光学性能优于其余几类膜，成为近年来发展速度最快的光学薄膜品种。

（3）多频谱隐身材料。目前，美国、德国和瑞典等国正在积极研制多波段隐身材料，其研制水平已达到可见光、近红外、中远红外和雷达毫米波四段兼容。德国已取得专利权的多波段隐身材料是将半导体材料掺入热红外、微波、毫米波透明漆、塑料、合成树脂等黏合剂中的一种涂料，其可见光颜色及亮度取决于半导体材料和表面粗糙度。恰当地选择半导体材料的特性参数，可以使该涂料具有可见光及近红外波段的低反射率、红外波段低发射率、微波和毫米波高吸收率特性。

（4）各种隔热或相变温控材料。

3. 对强辐射源进行遮蔽

在动力系统方面，发动机和加力燃烧室是产生红外辐射特征的根源。目前，隐身飞机大多选用涡扇发动机和取消加力燃烧室或减少加力燃烧室的使用的方法来实现其隐身特性。涡扇发动机耗油率低、推力大，与涡喷发动机相比，在同等推力下可以减少燃烧室排气量，能够利用外涵气流对尾喷流进行冷却，降低尾喷管和燃气流温度。加力燃烧室可显著提高飞机的机动性能，但会明显增强飞机的红外辐射特征。现役的、机动性要求不是很高的隐身飞机，如 F-117、B-1 等都取消了加力燃烧室。

飞机尾喷口的设计主要考虑要有利于降低尾喷口壁面和尾喷流红外辐射强度并遮挡它们的红外辐射在威胁方向的传播，主要体现在尾喷口的外形、结构和位置的设计上。现代隐身飞机上主要采用了三种有利于降低红外辐射特征的尾喷口形式。首先是采用扁平的二元喷口，尾喷口内安置导流叶片，尤其在高长宽比的二元喷口内设置了导流叶片，如 F-117 等，从而增强尾喷流与冷空气的混合、削弱尾喷口内的热壁对外的红外辐射；其次是下遮挡喷口，如"全球鹰"等，从而利用喷口的下边缘遮挡尾喷口和尾喷流对下方的红外辐射；再者是采用折线型喷口边缘，如 B-1，喷口的边缘线设计为 V 形或 W 形，这样的边缘对雷达电磁波隐身也是很重要的。由于在喷口处增大了喷流与外流的接触线的长度，因此它对喷流与外流的掺混是有利的。

现代飞机一般把尾喷口设计在轴线上而不突出机身，也就是采用内缩进尾喷口，如X－32等。这样安装的喷管可以利用尾翼和机身对喷口和喷流在一定的视场范围内进行遮挡。如果发动机是背负式安装，则有利于利用机身遮挡喷口和喷流对下方的红外辐射；如果发动机采用的是传统的内嵌式安装，则有利于利用机身和垂尾遮挡喷管和喷流对侧面的红外辐射。目前已经问世的隐身飞机都不同程度地采用了内缩喷口。

另外，现在越来越多的飞机采用一体化设计。飞机后机身与排气系统红外隐身的一体化设计，主要是指在飞机后机身设计中，通过调整飞机后机身各个组成部分的外形、结构和位置，综合运用遮挡、掺混等方法来降低尾喷口和尾喷流的红外辐射强度、调节它们的红外辐射传输方向，最终实现降低飞机在威胁方向上的红外特征的目的。飞机尾翼和尾喷口的组合设计、机身和尾喷口的融合设计、飞机机身外形设计对飞机的红外隐身起到了至关重要的作用。

总之，改变目标红外辐射特征采用的技术主要有以下几种：

（1）改变红外辐射波段。改变红外辐射波段，一是使目标的红外辐射波段处于红外探测器的响应波段之外，二是使目标的红外辐射避开大气窗口而在大气层中被吸收和散射掉。具体技术手段可采用可变红外辐射波长的异型喷管或在燃料中加入特殊的添加剂。

（2）调节红外辐射的传输过程。通常采用在结构上改变红外辐射的方向。对于直升机来说，由于发动机排气并不产生推力，故其排气方向可任意改变，从而能有效抑制红外威胁方向的红外辐射特征。对于高超音速飞机来说，机体与大气摩擦生热是主要问题之一，可采用冷却的方法，吸收飞机下表面热，再使热向上辐射。

（3）模拟背景的红外辐射特征技术。模拟背景红外辐射特征是通过改变目标的红外辐射分布状态，使目标与背景的红外辐射分布状态相协调，从而使目标的红外图像成为整个背景红外辐射图像的部分。这种技术适用于常温目标，通常是采用外辐射伪装网。

（4）红外辐射变形技术。该技术是通过改变目标各部分红外辐射的相对值和相对位置，来改变目标易被红外成像系统所识别的特定红外图像特征，从而使敌方难以识别，目前主要采用的是涂料。

4. 其他隐身技术

等离子体技术是一种近几年才开始发展的新兴隐身技术，是指通过一些技术途径在飞行器表面形成等离子体包层，利用等离子体对雷达波的吸收、耗损作用来达到减小空防武器系统反射面积的目的。所谓等离子体，是指由大量自由电子和离子组成，且在整体上表现为近似中性的电离气体，是物质存在的又一种聚集态。等离子体又称为物质的第四态或等离子态。等离子体的特点是吸波频带宽、吸收率高、隐身效果好、使用简便、使用时间长、价格便宜及维护费用低。飞行器实现等离子体隐身的基本原理是：利用等离子体发生器、发生片或放射性同位素在飞行器表面形成一层等离子云，控制等离子体的能量、电离度、振荡频率等特征参数，使照到等离子体云上的雷达波一部分被吸收，一部分改变传播方向，因而返回到雷达接收机的能量很小，使雷达难以探测，达到隐身的目的。此外，还可通过改变反射信号的频率，使敌雷达测出错误的飞机位置和速度数据以实现隐身。

9.5　红外隐身模型分析与数值计算

下面以目标飞行器的蒙皮特征为对象,分析和验证蒙皮表面温度与发射率变化时,目标红外特征的改变。为验证上述改变是否影响目标的隐身性能,将目标视为点辐射源,主要考察红外探测器的探测距离的变化。由于红外辐射在大气传输的过程中衰减作用明显,因此在仿真过程中加入了大气透过率的计算。

9.5.1　大气传输模型计算

为了描述红外辐射在大气中的传输特性,利用布格尔－朗伯定律,可以表示出大气传输中光谱透过率 $\tau(\lambda)$ 和衰减系数 $\mu(\lambda)$ 之间的关系:

$$\tau(\lambda) = \exp[-\mu(\lambda)R] \tag{9-50}$$

在实际应用中,探测器都有一定的响应波段,为了描述在某一波段内的大气透射性质,引入大气的平均透过率的概念如下:

$$\bar{\tau} = \frac{1}{\lambda_2 - \lambda_1} \int_{\lambda_1}^{\lambda_2} \tau(\lambda)\mathrm{d}\lambda \tag{9-51}$$

平均衰减系数:

$$\bar{\mu} = \frac{1}{\lambda_2 - \lambda_1} \int_{\lambda_1}^{\lambda_2} \mu(\lambda)\mathrm{d}\lambda \tag{9-52}$$

大气对辐射强度的衰减作用称为消光,大气的消光作用主要是由于大气中各种气体成分及气溶胶粒子(大气中的许多小悬浮微粒的综合体)对辐射的吸收与散射造成的。在辐射通过大气的衰减过程中,大气对辐射的吸收和散射对热成像系统的影响最显著,它会使景物信息衰减及图像边缘模糊。因此,在系统分析和设计中主要对大气中各种气体成分及气溶胶粒子对辐射的吸收和散射做估算。

理论与实践表明,大气不同成分与不同物理过程造成的消光效应具有线性叠加特性,即总的透射比为各单项透射比之积:

$$\tau_a(\lambda) = \tau_s(\lambda)\tau_x(\lambda) \tag{9-53}$$

其中,$\tau_x(\lambda)$、$\tau_s(\lambda)$ 分别为大气分子和气溶胶粒子吸收、散射的大气光谱透过率。

1. 大气对红外辐射的吸收衰减

根据实测的海平面水平路程上水蒸气的光谱透射率数据,可整理出对应于不同水蒸气含量的 $3\sim5\ \mu m$ 和 $8\sim13\ \mu m$ 两个红外大气窗口的平均大气透射比(均为海平面的透过率),如表 9-2 所示。

表 9-2　海平面水平路程上水蒸气的吸收透过率

波段/	海平面水平路程长度/km									
μm	0.2	0.5	1	2	5	10	20	50	100	200
$3\sim5$	0.9516	0.9259	0.8936	0.8508	0.7750	0.7016	0.6177	0.5086	0.4348	0.3727
$8\sim13$	0.9917	0.9906	0.9841	0.9679	0.9453	0.8513	0.7268	0.6023	0.5236	0.4329

利用表 9-2 中的数据，运用 MATLAB 的 cftool 工具箱可以拟合得到 H_2O 吸收透过率与可降水分毫米数的关系。在 $3\sim5\ \mu m$ 大气窗口满足：

$$\tau_{H_2O} = 0.3692\exp(-0.09587x) + 0.5678\exp(-0.002242x) \qquad (9-54)$$

式中，x 是海平面水平路程长度，单位为 km。此时，拟合度为 0.9948。

在 $8\sim13\ \mu m$ 大气窗口满足：

$$\tau_{H_2O} = 0.3905\exp(-0.14737x) + 0.6141\exp(-0.001729x) \qquad (9-55)$$

此时，拟合度为 0.997。

拟合曲线如图 9-7 所示。

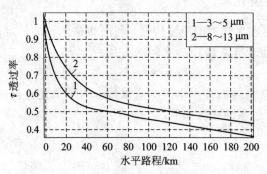

图 9-7 水蒸气对大气衰减作用的拟合曲线

下面计算二氧化碳（CO_2）气体对红外辐射的吸收。二氧化碳是气体的不变组分，在空气中的体积比为 330 ppm（1 ppm 为 10^{-6} 的浓度），在不同地区的分布基本均匀。由于二氧化碳在大气中的浓度随时间和地点的变化很小，因此由二氧化碳吸收造成的辐射衰减可以认为与气象条件无关。

二氧化碳的主要吸收带位于 $2.7\ \mu m$、$4.3\ \mu m$、$10\ \mu m$、$14.7\ \mu m$ 处。此处的处理方法也跟水蒸气的处理方法类似，查表并进行数据处理，得出所需要的 $3\sim5\ \mu m$ 和 $8\sim13\ \mu m$ 两个红外大气窗口的 CO_2 的大气平均透过率，如表 9-3 所示。

表 9-3 海平面水平路程上二氧化碳的吸收透过率

波段/μm	海平面路程长度/km									
	0.2	0.5	1	2	5	10	20	50	100	200
$3\sim5$	0.8856	0.8631	0.8412	0.8255	0.8073	0.7899	0.7688	0.7263	0.6909	0.6552
$8\sim13$	0.9995	0.9979	0.9952	0.9899	0.9752	0.9526	0.9138	0.8273	0.7398	0.6431

同理，利用表 9-3 中的数据，研究 CO_2 吸收规律的数学表达式即 CO_2 吸收透过率与海平面路程长度之间的关系。在 $3\sim5\ \mu m$ 大气窗口满足：

$$\tau_{CO_2} = 0.104\exp(-0.1723L + 0.767\exp(-0.0008506L) \qquad (9-56)$$

式中，L 为海平面路程长度，单位为 km。

此时，拟合度为 0.9752。

在 $8\sim13\ \mu m$ 大气窗口满足：

$$\tau_{CO_2} = 0.1989\exp(-0.02113L) + 0.80126\exp(-0.001122L) \qquad (9-57)$$

此时，拟合度为 1。

拟合曲线如图 9-8 所示。在海平面上大气平均透过率随着水蒸气（或二氧化碳气体）的含量的增大逐渐下降，并且在 $3\sim5~\mu m$ 波段的大气平均透过率比 $8\sim13~\mu m$ 波段的要小一些，更容易受水蒸气（或二氧化碳气体）的影响，即大气中水蒸气（或二氧化碳气体）对 $8\sim13~\mu m$ 波段的红外辐射衰减小一些。

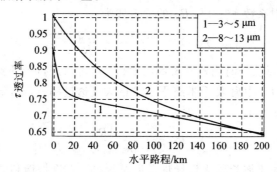

图 9-8　二氧化碳对大气衰减作用的拟合曲线

2. 大气对红外辐射的散射衰减

辐射在大气中传输时，除因吸收引起辐射衰减外，大气中的分子和各种悬浮微粒的散射作用也会导致辐射衰减。在红外区，随着波长的增加，散射衰减逐渐减少。但在吸收很低的大气窗口区，相对来讲，散射就是辐射衰减的重要原因了。在仅考虑散射的情况下，由布格尔定律知传输距离 R 的透过率为

$$\tau_s(\lambda) = \exp[-\gamma(\lambda)R] \tag{9-58}$$

其中，$\gamma(\lambda)$ 为散射系数，它描述该点散射的强弱。

在确定大气散射决定的透过率的经验方法中，可利用气象学距离，以经验公式计算大气对给定辐射波长的散射系数。

气象学距离或可见距离通常定义为人眼对着地平线刚好能分辨出大的黑色（无反射）目标的平均距离，严格来讲，就是在可见区的指定波长 λ_0（通常取 λ_0 为 $0.55~\mu m$ 或 $0.61~\mu m$）处目标与背景对比度降低到它在零距离值的 2% 的距离。

在一定距离 R 处的目标物和背景所发出的光（自身或反射和散射辐射），经过一段空气柱的衰减，若观察者实际接收到的目标和背景（通常是天空）的表观亮度为 $L_R(t)$ 和 $L(b)$，则在距观察点 R 千米的目标与背景对比度为

$$C_R = \frac{L_R(t) - L(b)}{L(b)} \tag{9-59}$$

若用 C_{RV} 和 C_0 分别表示上述对比度在 $R = R_V$ 和 $R = 0$ 处的值，则根据气象学距离的定义，满足关系式

$$\frac{C_{RV}}{C_0} = \frac{\dfrac{L_{RV}(t) - L(b)}{L(b)}}{\dfrac{L_0(t) - L(b)}{L(b)}} = 0.02 \tag{9-60}$$

的距离 R_V 就是气象学距离。因天空背景的表观亮度不随距离变化，故当 $L(t) \gg L(b)$ 时，式（9-60）简化为

$$\frac{C_{RV}}{C_0} \approx \frac{L_{RV}(t)}{L_0(t)} = 0.02 \tag{9-61}$$

因在选定的波长 λ_0 处大气吸收可以忽略，所以在距离 R_V 千米内的大气对 λ_0 辐射的透过率完全由大气散射所决定：

$$\tau_s(\lambda_0, R_V) = \frac{L_{R_V}(t)}{L_0(t)} = \exp[-\gamma(\lambda_0) \cdot R_V] \tag{9-62}$$

因此得到波长 λ_0 的散射系数 $\gamma(\lambda_0)$ 与 R_V 的关系式为

$$\gamma(\lambda_0) = \frac{\ln 0.02}{R_V} = \frac{3.91}{R_V} \tag{9-63}$$

气象学距离 R_V 可以从当时当地气象部门取得，也可以进行野外测量。用 $\lambda_0 = 0.55\ \mu m$ 或 $0.61\ \mu m$ 辐射，在给定距离 R 千米路程上测量大气透过率 $\tau_s(\lambda_0, R)$，因波长 λ_0 的辐射在大气中的吸收为零，所以

$$R_V = -\frac{3.91R}{\ln\tau(\lambda_0)} \tag{9-64}$$

除了粒子半径远大于波长的无选择性散射情况外，无论是瑞利散射还是米氏散射，散射系数 $\gamma(\lambda)$ 都是波长的函数，并且随着波长的增加而减小。因此，原则上，可设想把散射系数表示成下列形式：

$$\gamma(\lambda) = A\lambda^{-q} + A_1\lambda^{-4} \tag{9-65}$$

式中，A、A_1 和 q 都是待定参数。其中第二项正好表示瑞利散射，在红外区可忽略，于是可写作：

$$\gamma(\lambda) = A\lambda^{-q} \tag{9-66}$$

当 $R_V > 50\ km$ 时，取式中经验常数 $q = 1.6$，在中等能见度的典型大气中，$q = 1.3$，对于 $R_V < 6\ km$ 的浓霾大气，可取 $q = 0.585R_V^{1/3}$。于是，

$$\gamma(\lambda_0) = \frac{3.91}{R_V} = A\lambda_0^{-q} \tag{9-67}$$

由此可以确定出待定参数

$$A = \frac{3.91}{R_V}\lambda_0^q \tag{9-68}$$

所以，任意波长 λ 的散射系数为

$$\gamma(\lambda_0) = \frac{3.91}{R_V}\left(\frac{\lambda_0}{\lambda}\right)^q \tag{9-69}$$

故仅考虑散射情况下，路程为 R 的大气散射透过率为

$$\tau_s(\lambda) = \exp[-\gamma(\lambda)R] = \exp\left[-\frac{3.91}{R_V}\left(\frac{\lambda_0}{\lambda}\right)^q R\right] \tag{9-70}$$

仅考虑散射情况下，在 $\lambda_1 \sim \lambda_2$ 波段范围内，传输距离为 R 时的平均大气散射透过率为

$$\tau_s(\lambda) = \exp[-\bar{\gamma}(\lambda)R] = \exp\left[-\frac{1}{\lambda_2 - \lambda_1}\int_{\lambda_1}^{\lambda_2}\frac{3.91}{R_V}\left(\frac{\lambda_0}{\lambda}\right)^q d\lambda \cdot R\right] \tag{9-71}$$

取 $\lambda_0 = 0.55\ \mu m$，分别计算不同能见度范围大气窗口散射透过率。

（1）当 $R_V > 50\ km$，取经验常数 $q = 1.6$，此时在 $3 \sim 5\ \mu m$ 和 $8 \sim 13\ \mu m$ 大气窗口波段范围内的平均散射透过率分别为

$$\tau_s^{3\sim5}(\lambda) = \exp\left[-\frac{1}{5-3}\int_3^5\frac{3.91}{R_V}\left(\frac{0.55}{\lambda}\right)^{1.6} d\lambda \cdot R\right] = \exp\left(-\frac{0.170\ 950\ 705}{R_V}R\right)$$

$$\tag{9-72}$$

$$\tau_s^{8\sim13}(\lambda) = \exp\left[-\frac{1}{13-8}\int_3^{13}\frac{3.91}{R_V}\left(\frac{0.55}{\lambda}\right)^{1.6}\mathrm{d}\lambda \cdot R\right] = \exp\left(-\frac{0.036\,341\,917}{R_V}R\right)$$

$$(9-73)$$

（2）中等能见度时，取经验常数 $q = 1.3$，此时在 $3\sim5~\mu\mathrm{m}$ 和 $8\sim13~\mu\mathrm{m}$ 大气窗口波段范围内的平均散射透过率分别为

$$\tau_s^{3\sim5}(\lambda) = \exp\left[-\frac{1}{5-3}\int_3^{5}\frac{3.91}{R_V}\left(\frac{0.55}{\lambda}\right)^{1.3}\mathrm{d}\lambda \cdot R\right] = \exp\left(-\frac{0.306\,127\,2}{R_V}R\right) \quad(9-74)$$

$$\tau_s^{8\sim13}(\lambda) = \exp\left[-\frac{1}{13-8}\int_3^{13}\frac{3.91}{R_V}\left(\frac{0.55}{\lambda}\right)^{1.3}\mathrm{d}\lambda \cdot R\right] = \exp\left(-\frac{0.087\,036\,8}{R_V}R\right)$$

$$(9-75)$$

9.5.2　红外传感器探测距离模型计算

当热成像系统探测很远距离的目标时，这类目标在系统焦平面上的像很小，以致目标的张角小于或等于系统的瞬时视场，这时称目标为点目标。显然，点目标是一个相对概念，并非目标的实际尺寸就一定很小。

在点目标探测情况下，目标细节已不可能探测，但从能量的观点看，只要信号足够大就能够探测到，即要求信噪比大于探测阈值。此时光学系统表面的目标和背景两部分单色辐照度之差为

$$R = \left[I_\mathrm{T}\frac{\pi\tau(R)\tau_0 D_0 D^*}{4F \cdot \mathrm{SNR}(\omega\Delta f)^{1/2}}\right]^{1/2} \tag{9-76}$$

式中：R 为探测系统的作用距离；$\tau(R)$ 为大气对红外辐射的透过率，与作用距离有关；τ_0 为光学系统透过率；D_0 为系统通光孔直径；D^* 为探测器归一化探测率；F 为焦比；SNR 为系统信噪比；ω 为瞬时视场角；Δf 为等效噪声带宽；I_T 为目标辐射强度。

可以将飞机简化为一个如图 9-9 所示的四面体，其中 A 代表机头的位置；l、w、h 分别为飞机的长度、宽度和高度。对于前视

$$A_\mathrm{p} = \frac{1}{2}w \times h \tag{9-77}$$

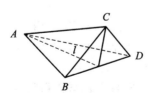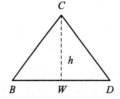

图 9-9　飞行器的简化模型

以国外某型战斗机为例，机长 $l = 15.03~\mathrm{m}$，翼展 $w = 9.45~\mathrm{m}$，机高 $h = 5.09~\mathrm{m}$，将上述数值代入上式得机身蒙皮的有效辐射面积 $A_\mathrm{p} = 24.05~\mathrm{m}^2$。目标发射率 ε_T 取 $0.4\sim0.9$。

假定环境温度为 235.3 K，背景发射率为 $\varepsilon_\mathrm{B} = 1$。红外探测系统选用 Catherine-GP 热像仪，其主要参数性能为：瞬时视场角 $\omega = 3°\times3°$；通光孔直径 $D_0 = 125~\mathrm{mm}$；探测器归一化探测率 $D^* = 2.3\times10^{11}~\mathrm{cm} \cdot \mathrm{Hz}^{1/2} \cdot \mathrm{W}^{-1}$；系统的信噪比 $\mathrm{SNR} = 6$；光学系统透过率 $\tau_0 = 0.8$；等效噪声带宽 $\Delta f = 2\times10^3$；焦比 $F = 1.7$。

利用 MATLAB 分别计算 $T_T=245$ K，270 K，300 K，330 K，360 K 时发射率 ε_T 与探测器作用距离 R 的关系，并绘图，如图 9-10 和图 9-11 所示。

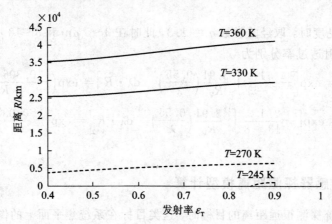

图 9-10 3～5 μm 波段不同温度下发射率 ε_T 与作用距离 R 的关系曲线

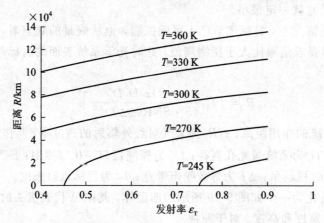

图 9-11 8～13 μm 波段不同温度下发射率 ε_T 与作用距离 R 的关系曲线

（1）3～5 μm 波段。在此波段不同温度下发射率 ε_T 与作用距离 R 的关系曲线如图 9-10 所示。

（2）8～13 μm 波段。在此波段不同温度下发射率 ε_T 与作用距离 R 的关系曲线如图 9-11 所示。如表 9-4 所示，当蒙皮温度为 300 K 时，将发射率由 0.9 降至 0.5 时，探测器的作用距离由 82.61 km 降至 57.9 km，即作用距离衰减 29.9%。

表 9-4 8～13 μm 波段不同温度下发射率 ε_T 与作用距离 R 的关系

	$T_T=360$ K	$T_T=330$ K	$T_T=300$ K	$T_T=270$ K	$T_T=245$ K
$\varepsilon_T=0.9$	135.8	111.7	82.61	52.31	23.52
$\varepsilon_T=0.8$	130.7	107.1	78.25	47.6	14.33
$\varepsilon_T=0.7$	124.4	101.2	72.72	41.26	
$\varepsilon_T=0.6$	117.3	94.69	66.35	33.21	
$\varepsilon_T=0.5$	108.7	86.44	57.9	19.32	

当飞行器以 1.8 Ma 的速度巡航时,利用 2.3 节求得飞行器机翼前缘驻点温度为 360 K,由于飞行器被视为点目标,所以该点温度可以作为目标温度,即 $T_T = 360$ K;若采用上节所示的方案,对蒙皮进行改装,将其温度降至 $T_T = 330$ K,在发射率 $\varepsilon_T = 0.7$ 的情况下,探测器的作用距离由 124.4 km 降至 101.2 km,衰减幅度为 18.65%;将其温度降至 $T_T = 300$ K,探测器的作用距离由 124.4 km 降至 72.72 km,衰减幅度为 41.54%。

9.6　红外隐身效果评估

红外或更广意义上的光电隐身系统设计通常包括目标的红外隐身设计、光电隐身材料的制备与使用和光电隐身效果评估试验三个步骤。评估试验主要完成对光电隐身设计的合理性和光电隐身材料的性能及整个隐身的对抗效果进行评估。

9.6.1　光电隐身性能的表征

光电隐身性能的表征主要内容有两个:一是材料性能的表征,二是隐身效果的表征。评价光学隐身材料的性能需要根据具体的波段来考虑。一般情况下,除了要求目标与背景的光谱反射率曲线尽可能一致以外,还要求光学隐身材料具有适合的亮度和光泽度。

红外隐身是指消除、减弱、改变或模拟目标和背景之间的中远红外波段两个大气窗口($3\sim5~\mu m$、$8\sim14~\mu m$)辐射特性的差别,以对抗红外探测所实施的隐身。目标达到红外隐身的目的有以下基本途径:① 降低目标的红外辐射;② 降低红外探测器至目标光路上的大气透过率;③ 改变目标辐射特性及调节红外辐射传输过程。红外隐身的方法是根据热成像系统的工作原理,采用红外遮蔽、红外融合、红外变形等手段对目标实施红外隐身。

对于红外隐身效果评估方法的研究主要两种手段:指标测试与综合评价。在指标测试方面,根据红外成像系统探测能力,要使目标不被红外成像系统探测到的基本条件是:① 目标等效空间宽度对红外成像系统的张角应小于红外成像系统的空间分辨率;② 目标与背景的黑体等效温差应小于红外成像系统的温度分辨率。在综合评价方面,主要是利用红外成像系统在不同距离上对实施不同红外隐身程度的目标进行空间搜索、识别,统计目标的发现、识别概率,从而做出对隐身效果的评价。

9.6.2　光电隐身效果评估方法

根据以上对光电隐身性能的表征分析,效果的评估应从隐身材料性能参数考察和隐身效果评估两方面来设计评估方法。

大部分红外隐身并不是采用发射率尽量低的材料涂覆被保护目标表面,减弱目标红外辐射强度以达到对目标的隐身,而是研究制备各种红外发射率的材料,然后对目标进行红外迷彩设计,使目标的红外辐射特征分布与背景一致而实现红外隐身。红外隐身效果的评价主要是对运用隐身材料按照特定目标的红外辐射特性进行隐身设计的干扰效果进行鉴定。与红外隐身效果的表征相应,其评价也有定性和定量两种手段。

在指标测试方面,主要是从红外成像系统的探测能力出发,根据目标的特性和红外辐射在大气中传输的特点,找出实现目标红外隐身的条件。假设目标与背景的黑体等效温差为 Δt_{OS},目标斑块间的黑体等效温差为 Δt_O。当 Δt_{OS} 增大时,目标与背景间的对比度增大;

当 Δt_O 增大时，目标各部分间的对比度增大。试验中测定在不同距离时 Δt_{OS}、Δt_O 的变化阈值，Δt_{OS}、Δt_O 在多大范围内变化时，目标不被红外成像系统所探测到。试验方法如图 9 - 12 所示。

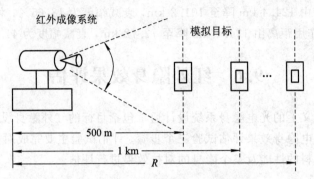

图 9 - 12　红外隐身效果的远场测试示意图

首先将红外成像跟踪系统布设于实施隐身的模拟目标前方，选定某一距离，记录试验距离和初始时刻的目标与背景及目标各斑块的温度，使红外成像跟踪系统对选定空间范围进行扫描搜索。若发现目标，则调整试验距离，等待做下一次试验。若未发现目标，则对目标加热升温，直至红外成像跟踪系统发现并锁定目标，记录目标当前温度。待目标冷却后，对目标的不同斑块各自升温，直至红外热像仪识别并锁定目标，记录目标各斑块的温度。至此，一次试验结束。然后可在几个不同距离上测试红外热像仪标称识别、跟踪距离，反复进行以上试验，对不同隐身目标的隐身效果进行评价。

在综合评价方面，观察红外成像系统对实施不同隐身目标的发现、识别概率，从而对隐身效果做出评价。

一种方法是将红外成像跟踪系统架设于海边，隐身模拟目标于海上同一距离移动，红外成像跟踪系统对选定海域进行搜索。在锁定目标后，人为使跟踪系统偏离目标，将系统的状态改为搜索状态，如此多次对模拟目标进行搜索探测，统计对目标的探测概率。然后使目标改变距离，在不同的距离上反复进行上述试验，进而评价目标隐身的效果。

另一种方法是采用红外热像仪，在野外采集大量包含背景的有关隐身目标的红外图像，然后组织有经验的人员对红外图像进行判读，或使用计算机数字图像处理技术对红外图像进行特征提取，找出合适的图像特征统计参数，目标与背景的数字统计特征参数相差越大，目标隐身效果越差，据此对隐身效果做出评价。

9.6.3　红外隐身性能评估模型

1. "隐身效率"的概念

定义实施隐身前后的目标探测距离差值与未涂隐身材料的目标探测距离的比值为隐身效率 C：

$$C = \frac{R_1 - R_2}{R_1} \tag{9 - 78}$$

式中：R_2 为涂覆隐身材料以后的目标的探测距离；R_1 为未涂隐身材料的目标的探测距离。

由式(9-78)可知，C 值越大，红外隐身材料的隐身效果就越好。通常 C 值介于 0 到 1 之间，因此可以通过 C 值的大小对隐身材料的隐身效果进行评价。

2. 目标红外辐射特征

根据斯蒂芬—玻耳兹曼定律以及发射率的定义，物体在全波长范围内的辐射出射度为

$$M = \varepsilon M_b = \frac{\varepsilon \sigma T^4 W}{m^2} \qquad (9-79)$$

式中：ε 为物体的全发射率；M_b 为黑体的辐射出射度；σ 为斯蒂芬—玻耳兹曼常数；T 为目标的绝对温度。考虑到实际的红外探测系统只能对某一波段范围内的辐射能量进行探测，因此需要对物体在某波段范围内的红外辐射特性进行研究。

设被观测目标为漫射体，且忽略被观测目标对环境的反射，则其应遵守郎伯余弦定律，此时，如果取系统对被观测目标所张的立体角为 $\pi D_0^2/(4R^2)$（D_0 为光学系统的通光口径），则经过路径长度 R 的大气衰减后，在扫过探测器的瞬间，探测器所接收到的来自被观测目标相对应面元的辐射通量为

$$\Phi_\lambda = \frac{M_1(T_T)}{4} D_0^2 \tau_a(R) \alpha \beta \tau_0(\lambda) \qquad (9-80)$$

式中：$\tau_0(\lambda)$ 为红外成像系统光学系统的光谱透射比；$\tau_a(R)$ 为距离 R 上的平均大气透射比；α、β 分别是成像系统的瞬时水平、垂直视场角。由式(9-80)可以得到目标和背景在探测器上的辐射通量差为

$$\Delta\Phi_\lambda = \frac{D_0^2}{4} \alpha \beta \tau_a \tau_0 \left[\varepsilon_T M(T_T) - \varepsilon_B M(T_B) \right] \qquad (9-81)$$

3. 视距估算模型及其修正

1）视距估算模型

根据红外成像系统的图像探测理论可知，对某一特定空间频率 f_T 的目标，如果目标与背景的实际温差在经过大气衰减后，到达热成像系统时仍大于或等于系统对该频率的最小可分辨温差 MRTD(f)，则认为目标可探测，即

$$\begin{cases} \Delta T = \Delta T_e \tau_a(R) \geqslant \text{MRTD}(f) \\ \dfrac{H}{n_e R} \geqslant \Delta\theta = \dfrac{1}{2f} \end{cases} \qquad (9-82)$$

式中：ΔT 为经过大气衰减后目标与背景的视在温差；ΔT_e 为目标与背景的实际温差；R 为目标到探测系统的距离；$\tau_a(R)$ 为距离 R 上的平均大气透射比；f 为目标的空间频率；H 为被观测目标高度；n_e 为在不同观察等级下的目标等效线对数。同时满足式(9-82)两个关系式的距离 R 即为该红外成像系统对被观测目标的探测距离。

2）模型的修正

(1) 观察等级的确定。根据约翰逊准则，按分辨力情况将被观测目标的成像分为三级，即发现、识别和认清。在同样的探测概率 P 下，不同分辨等级所要求能分清的线对数 n_e 不同。其典型值如表 9-5 所示。因此，在分析和估算热成像系统视距时应明确观察等级，例如发现距离、识别距离和认清距离等。

表 9 - 5   根据约翰逊准则得出的线对数 n_e

P	等级		
	发现	识别	认清
1.0	3	12	24
0.95	2	8	16
0.8	1.5	6	12
0.5	1	4	8
0.3	0.75	3	6
0.1	0.50	2	4
0.02	0.25	1	2

(2) 目标形状的影响。对于红外成像系统，其性能参量 MRTD 的定义针对的是标准测试图案，即高宽比为 7：1 的 4 条带目标。然而实际试验目标一般不满足这一条件。因此，在视距估算时应根据实际目标等效条带图案的高宽比对 MRTD 进行修正。

设目标的方向因子(高宽比)为 a_0，相应观察等级所需的条带数为 n_e，则实际目标等效条带图案的高宽比为

$$\varepsilon = \begin{cases} n_e a_0, & x \text{ 方向} \\ \dfrac{n_e}{a_0}, & y \text{ 方向} \end{cases}$$

因此，对考虑高宽比变化的实际目标 MRTD₁ 应修正为

$$\mathrm{MRTD}_1(f) = \sqrt{\frac{7}{\varepsilon}}\, \mathrm{MRTD}(f) \tag{9-83}$$

(3) 大气传输衰减。大气传输衰减对热成像系统的视距影响较为明显，视距估算模型中一般采用的是传输路径上的大气平均透射比。

根据式(9-81)，将辐射通量差 $\Delta\Phi_\lambda$ 带入 MRTD 式，即可建立被观测目标的红外辐射特征与成像系统的联系：

$$\mathrm{MRTD} = \frac{\pi^2}{4\sqrt{14}} \cdot \frac{\mathrm{SNR}_{\mathrm{DT}} \cdot f}{\mathrm{NTF}_s(f) \cdot \mathrm{MTF}_e(f)} \cdot \frac{\Delta T}{\Delta\Phi_\lambda \cdot D^*} \cdot \sqrt{\frac{\alpha \cdot \beta \cdot A_d}{\tau_d \cdot t_e \cdot f_p}} \tag{9-84}$$

式中：$\mathrm{SNR}_{\mathrm{DT}}$ 是人眼阈值信噪比；A_d 为探测器面积；τ_d 为驻留时间；t_e 为人眼积分时间；f_p 为系统带宽；$\mathrm{MTF}_s(f) = \exp(-2\pi^2 \delta_s^2 f^2)$ 为成像系统的调制传递函数，其中 δ_s 为系统特征参量，取 $\delta_s = 0.15$；$\mathrm{MTF}_s(f) = \exp(-Kf/\Gamma)$ 为人眼调制传递函数，其中 Γ 为系统角放大率，K 为与显示屏亮度有关的参量。

将式(9-84)代入式(9-82)中，利用 MATLAB 进行数值迭代运算即可求得目标与背景温差为 ΔT 时系统的探测距离 R。设目标隐身前后与背景的温差分别为 ΔT_1 和 ΔT_2，对应系统的探测距离为 R_1 和 R_{21}，代入式(9-78)即可得出某装备在一定探测概率下的红外隐身效率，从而实现对该装备红外隐身性能的定量评估。

参 考 文 献

[1] 梅遂生. 光电子技术：信息化武器装备的新天地. 北京：国防工业出版社，2008

[2] 熊群力. 综合电子战：信息化战争的杀手锏. 北京：国防工业出版社，2008

[3] 王海晏. 光电技术原理及应用. 北京：国防工业出版社，2008

[4] 王清正，胡渝，林崇杰. 光电探测技术. 北京：电子工业出版社，1994

[5] 侯印鸣. 综合电子战：现代战争的杀手锏. 北京：国防工业出版社，2006

[6] 崔屹. 国外机载电子对抗手册. 北京：航空工业出版社，1989

[7] 张伟. 电子对抗装备. 北京：航空工业出版社，2007

[8] 王星. 航空电子对抗原理. 北京：国防工业出版社，2008

[9] 王永仲. 智能光电系统. 北京：科学出版社，1999

[10] 刘卫国. 高技术条件下军事欺骗. 北京：国防大学出版社，2001

[11] 安毓英，曾晓东. 光电探测原理. 西安：西安电子科技大学出版社，2004

[12] 吴健，等. 大气中光的传输理论. 北京：北京邮电大学出版社，2005

[13] Rogalski A. Infrared Detectors for the Future. Acta PHYSICA POLONICA A 2009，116：389 - 405

[14] 陈亚孚，等. 超晶格量子阱物理. 北京：兵器工业出版社，2002

[15] 高稚允，等. 军用光电系统. 北京：北京理工大学出版社，1996

[16] 邹异松，等. 光电成像原理. 北京：北京理工大学出版社，1997

[17] 西尔瓦诺·多纳特. 光电仪器：激光传感与测量. 赵宏，等译. 西安：西安交通大学出版社，2006

[18] 航天三院 8358 所. 光电对抗系统

[19] 樊宏杰，等. 空中目标反射辐射特性工程算法. 红外技术，2013，35(5)：289 - 294

[20] 徐南荣，等. 红外辐射与制导. 北京：国防工业出版社，1997

[21] 刘恩科，等. 半导体物理. 北京：电子工业出版社，2003

[22] 范纪红，等. 红外探测器光谱响应度测试技术研究. 应用光学，2006，27(5)

[23] Junhao Chu，Arden Sher. Device Physics of Narrow Gap Semiconductors Springer Science Business Media，2010

[24] Daniel Lasaosa. Traveling - wave Amplifier - Photodetectors. UNIVERSITY OF CALIFORNIA Santa Barbara，2004

[25] Harald Schneider Quantum Well Infrared Photodetectors. Springer Science Business Media，2007

[26] 傅竹西. 共振腔增强型光电探测器. 物理，1999，28(4)：282—285

[27] 陆卫，等. 红外光电子学中的新族：量子阱红外探测器. 中国科学. G 辑：2009，39(3)：336—343

[28] Jozef Piotrowski，Antoni Rogalski. High - operating - temperature infrared photodetectors. SPIE Press Bellingham，Washington USA 2007

[29] Hermann A. Haus Electromagnetic Noise and Quantum Optical Measurements. Berlin：Springer - Verlag，2000

[30] MASSIMILIANO DI VENTRA. ELECTRICAL. TRANSPORT IN NANOSCALE SYSTEMS. New York：Cambridge University Press，2008

[31] Joseph H. Simmons Optical Materials Academic Press，2000

[32] C. M. Krowne Physics of Negative Refraction and Negative Index Materials. Berlin：Springer - Ver-

lag，2007

[33] Ricardo Marque's. Metamaterials with Negative Parameters. New Jersey：John Wiley & Sons，Inc. Hoboken，2008

[34] 张兴德，等. 机载光电设备红外窗口技术. 红外与激光工程，2010，39(4)：601－606

[35] 聂秋华，等. 负折射材料的研究进展. 材料导报，2007，21(12)：6－11

[36] 张敬贤，等. 微光与红外成像技术. 北京：北京理工大学出版社，1995

[37] 杨宜和，等. 成像跟踪技术导论. 西安：西安电子科技大学出版社，1992

[38] 郑名扬. 基于纠缠光源的量子成像理论与实验研究. 中国科学技术大学博士学位论文，2013

[39] 邓仁亮. 光学制导技术. 北京：国防工业出版社，1992

[40] 郭修煌. 精确制导技术. 北京：国防工业出版社，1999

[41] 王永仲. 现代军用光学技术. 北京：科学出版社，2003